• 沈玮 甄田甜 徐丽 编著

Excel 2010
数据处理
高级应用

苏州大学出版社
Soochow University Press

图书在版编目(CIP)数据

Excel 2010 数据处理高级应用/沈玮,甄田甜,徐
丽编著. —苏州:苏州大学出版社,2016.1
ISBN 978-7-5672-1657-0

Ⅰ. ①E… Ⅱ. ①沈… ②甄… ③徐… Ⅲ. ①表处理
软件 Ⅳ. ①TP391.13

中国版本图书馆 CIP 数据核字(2016)第 000619 号

Excel 2010 数据处理高级应用

沈 玮 甄田甜 徐 丽 编著

责任编辑 刘一霖

苏州大学出版社出版发行

(地址:苏州市十梓街1号 邮编:215006)

苏州工业园区美柯乐制版印务有限责任公司印装

(地址:苏州工业园区娄葑镇东兴路7-1号 邮编:215021)

开本 787 mm×1 092 mm 1/16 印张 17 字数 404 千
2016 年 1 月第 1 版 2016 年 1 月第 1 次印刷
ISBN 978-7-5672-1657-0 定价:39.00 元

苏州大学版图书若有印装错误,本社负责调换
苏州大学出版社营销部 电话:0512-65225020
苏州大学出版社网址 http://www.sudapress.com

前　言

Preface

　　Excel 2010 作为 Office 2010 组件中的一个重要组成部分,除了具备一些简单的电子表格功能以外,还提供了丰富的函数、灵活的图表、强大的数据分析和处理以及辅助决策工具等众多功能。使用 Excel 2010 可简便、快捷地进行各种数据处理和分析工作,真正实现图、文、表三者的完美结合。Excel 被广泛应用于日常事务的处理、财政金融的管理、数据的分析统计等各个领域。除此以外,高级用户还可以通过使用 Excel 提供的 VBA(Visual Basic for Application) ,自己编写代码,实现更灵活、更强大的功能。

　　本书略过了 Excel 中的工作表编辑、格式设置等基本操作,着重介绍数据处理、函数应用、数据分析和 VBA 程序设计等内容。在介绍知识点的同时,采用了大量的实例,使读者在了解知识点的同时,能够灵活地运用到具体的实际问题中。本书采用图文结合的讲解方式,重要的操作步骤均附有插图,使读者在学习过程中能够更加直观地看清具体的操作步骤和实现效果,更易于理解和掌握。

　　本书由沈玮策划和统稿,由沈玮、甄田甜、徐丽共同编写完成。在本书编写过程中,得到了苏州大学计算机科学与技术学院公共教学部各位领导和老师的鼎力相助,也得到了苏州大学出版社刘一霖编辑的大力支持和帮助,在此深表感谢!

　　由于时间仓促、编者水平有限,虽然编者在编写本书的过程中倾注了大量心血,但书中还是难免有不足与疏漏之处,恳请广大读者批评指正。若读者在阅读与使用本书的过程中遇到问题,欢迎来信切磋或指教。我们的联系方式为: sw_js@ suda. edu. cn。

目录

第一章 绪 论 …………………………………………………………… 1

1.1 数据分析处理的步骤 ……………………………………………… 1

1.1.1 需求分析 ……………………………………………………… 1

1.1.2 数据采集 ……………………………………………………… 1

1.1.3 数据处理 ……………………………………………………… 2

1.1.4 数据分析 ……………………………………………………… 2

1.1.5 数据展现 ……………………………………………………… 2

1.1.6 数据分析工具 ………………………………………………… 3

1.2 学习方法 …………………………………………………………… 3

第二章 数据输入与处理 ……………………………………………… 6

2.1 数据的输入 ………………………………………………………… 6

2.1.1 基本数据输入 ………………………………………………… 6

2.1.2 有规律数据的输入 …………………………………………… 10

2.1.3 利用记录单输入数据 ………………………………………… 14

2.1.4 数据有效性的设置 …………………………………………… 16

2.1.5 公式的输入 …………………………………………………… 19

2.2 数据的格式化 ……………………………………………………… 23

2.2.1 基本数据的格式设置 ………………………………………… 23

2.2.2 自定义格式设置 ……………………………………………… 26

2.2.3 样式的定义和设置 …………………………………………… 28

2.2.4 条件格式的设置 ……………………………………………… 32

2.3 数据处理 …………………………………………………………… 34

2.3.1 数据的合并计算 ……………………………………………… 34

2.3.2 数据的排序 ……………………………………… 39

2.3.3 数据的筛选 ……………………………………… 45

2.3.4 数据的分类汇总 ………………………………… 54

2.3.5 图表 ……………………………………………… 61

2.3.6 数据透视表 ……………………………………… 72

第三章 函 数 ……………………………………………… 79

3.1 函数的基本使用方法 ……………………………… 79

3.2 数学函数 …………………………………………… 80

3.2.1 基本数学函数 …………………………………… 80

3.2.2 三角函数 ………………………………………… 85

3.2.3 舍入类函数 ……………………………………… 85

3.2.4 数组函数 ………………………………………… 89

3.3 日期函数 …………………………………………… 95

3.3.2 与日期相关的函数 ……………………………… 95

3.3.2 与时间相关的函数 ……………………………… 101

3.4 逻辑函数 …………………………………………… 103

3.5 文本函数 …………………………………………… 106

3.6 查找与引用函数 …………………………………… 113

3.7 统计函数 …………………………………………… 128

3.8 数据库函数 ………………………………………… 134

3.9 财务函数 …………………………………………… 137

3.9.1 计算本金和利息的函数 ………………………… 137

3.9.2 计算投资的函数 ………………………………… 138

3.9.3 计算折旧的函数 ………………………………… 140

3.9.4 计算偿还率的函数 ……………………………… 142

3.10 信息函数 ………………………………………… 145

3.10.1 IS 类函数 ……………………………………… 145

3.10.2 错误信息函数 ………………………………… 146

3.10.3 其他信息函数 ………………………………… 148

第四章 数据分析 …………………………………………… 151

4.1 模拟运算表 ………………………………………… 151

4.1.1 单变量模拟运算表 ……………………………… 151

4.1.2 双变量模拟运算表 ……………………………… 152

4.2 单变量求解 ………………………………………… 153

4.3 方案分析 …………………………………………… 156

4.3.1 命名单元格 ……………………………………… 156

4.3.2　创建方案　………………………………………………………… 157

4.3.3　建立方案摘要　…………………………………………………… 158

4.4　规划求解　……………………………………………………………… 158

4.4.1　建立规划模型　…………………………………………………… 159

4.4.2　求解规划模型　…………………………………………………… 160

4.4.3　修改规划求解选项　……………………………………………… 164

4.5　求解线性方程组　……………………………………………………… 165

4.5.1　数组运算　………………………………………………………… 166

4.5.2　矩阵运算　………………………………………………………… 167

4.5.3　求解线性方程组　………………………………………………… 167

4.6　统计分析　……………………………………………………………… 169

4.6.1　描述统计　………………………………………………………… 169

4.6.2　直方图　…………………………………………………………… 171

第五章　宏与VBA　………………………………………………………… 174

5.1　宏的录制与执行　……………………………………………………… 174

5.1.1　什么是宏　………………………………………………………… 174

5.1.2　录制宏　…………………………………………………………… 175

5.1.3　执行宏　…………………………………………………………… 176

5.2　自定义宏——VBA　…………………………………………………… 177

5.2.1　VBA 开发环境简介　……………………………………………… 177

5.2.2　宏安全性　………………………………………………………… 178

5.2.3　第一个 VBA 过程代码　…………………………………………… 180

5.2.4　Microsoft Excel 对象模型　……………………………………… 181

5.2.5　数据类型、常量、变量　…………………………………………… 183

5.2.6　运算符与表达式　………………………………………………… 184

5.2.7　常用的 VBA 函数　………………………………………………… 186

5.2.8　程序控制语句　…………………………………………………… 192

5.2.9　使用 VBA 控制 Excel　…………………………………………… 199

5.2.10　VBA 开发实例 1：文秘工作日程提醒　………………………… 205

5.2.11　VBA 开发实例 2：工资管理系统　……………………………… 209

第六章　共享与协作　……………………………………………………… 222

6.1　共享工作簿　…………………………………………………………… 222

6.1.1　新建共享工作簿　………………………………………………… 222

6.1.2　设置共享工作簿　………………………………………………… 223

6.1.3　查看与合并修订　………………………………………………… 223

6.1.4　合并共享工作簿　………………………………………………… 225

　　6.1.5　保护共享工作簿 ……………………………………………… 226

　6.2　Excel 与其他 Office 软件间的协作 ………………………………… 227

　　6.2.1　Excel 与 Word、PowerPoint 的协作 ……………………………… 227

　　6.2.2　Excel 与 Access 的协作 ………………………………………… 229

　6.3　Excel 通过 MS Query 操作外部数据 ……………………………… 234

第七章　实用案例 ……………………………………………………… 243

　7.1　个人财务计算案 …………………………………………………… 243

　　7.1.1　个税反向查询 ………………………………………………… 243

　　7.1.2　计算等额存款金额 …………………………………………… 244

　7.2　人力资源管理案例 ………………………………………………… 245

　　7.2.1　创建人事信息表 ……………………………………………… 245

　　7.2.2　打印人事信息卡 ……………………………………………… 250

　　7.2.3　销售奖金计算 ………………………………………………… 256

　7.3　学校管理案例 ……………………………………………………… 257

　　7.3.1　使用 Excel 生成成绩条 ……………………………………… 257

　　7.3.2　党校成绩处理 ………………………………………………… 261

第一章

绪 论

本章的内容虽不涉及具体的 Excel 应用技巧,却是本书的精华所在。我们建议您认真理解本章中所提到的内容,从整体上把握使用 Excel 进行数据分析处理的步骤,以及采用何种学习方法来快速提高操作水平。

1.1 数据分析处理的步骤

现如今是信息爆炸的时代,人们每天都要面对巨量的并且不断快速增长的数据,各行各业都需要对这些庞大的数据进行处理和分析。大到商业组织的市场分析、生产企业的质量管理、金融机构的趋势预测,小到普通办公文员的考勤报表、工资明细单等。

数据处理分析工作到底是什么? 分为哪几个步骤?

从专业的角度来说,数据分析是指用适当的统计分析方法对收集来的数据进行分析,以求理解数据,并挖掘数据所表达的知识。数据处理分析工作通常包含五大工作:需求分析、数据采集、数据处理、数据分析和数据展现。

1.1.1 需求分析

以制作菜肴来类比以帮助我们理解。厨师在进行制作前,应该对服务对象进行充分的了解,偏爱南方菜系还是北方菜系,是喜欢甜的还是喜欢辣的,是喜欢菜肴精致还是喜欢豪爽的,有无忌口,有无因身体状况不适合的食材等。对顾客进行需求分析是厨师提供服务的必要前期准备。

与此类似,数据的需求分析是制作数据报告的必要和首要环节。我们必须了解阅读者的需求,才能确定数据分析的目标、方式和方法。

在实际工作中,如果需要制作数据报告,应该先调查清楚报告的用途、形式、重点目标和完成时限。即使已有草样,也应该进行事前详细的数据需求分析,根据实际情况,进行数据分析和处理。若是事先忽略这个步骤,可能会导致数据的不完整、细节不充分,从而导致报告不能完全满足阅读者的要求,需要重新返工。

1.1.2 数据采集

厨师在进行顾客需求分析之后,就需要去挑选购买合适的食材和辅材,选择合适的烹饪工具,从而保证这些工具和材料的数量和质量能够满足菜肴制作的需求。

　　与此类似,在完成前期的数据需求分析过程之后,就要开始收集原始数据材料。数据采集就是收集相关原始数据的过程,为数据报告提供最基本的素材来源。

　　在现实生活中,数据的来源方式有很多,比如网站运营时在服务器数据库中产生的大量运营数据,企业进行市场调查活动所收集的客户反馈表,公司历年经营所产生的财务报表,生产企业历年生产产品的规格参数表等。这些生产经营活动都会产生大量的数据信息。数据采集工作所要做的就是获取和收集这些数据,并集中统一地保存到合适的文档中用于后期处理。

　　采集数据的数量足够的多,才能从中发现有价值的数据规律。此外,采集的数据也要符合其自身的科学规律,虚假或者错误的数据都无法最终生成可信而可行的数据报告。这就要求在数据收集的过程中,不仅需要科学而严谨的方法,而且对异常数据要具有一定的甄别能力。

1.1.3　数据处理

　　在原材料和工具准备好的条件下,厨师可根据食材和辅材的不同特性,对其进行切、削、剁等处理,使得食材和辅材形成条、片、丁、块等不同形状,方便后续烹饪操作。

　　与此类似,采集到的数据需要继续进行加工整理,才能形成合理的规范样式,用于后续的数据分析运算。因此,数据处理是整个过程中必不可少的中间步骤,是数据分析的前提和基础。数据进行加工和处理,提高了可读性,更方便后续的分析和运算。反之,如果跳过这个过程,会影响后期的运算效率,更有可能出现错误的分析结果。

　　例如,在收集到客户的市场调查反馈数据以后,所得到的数据都是对问卷调查的答案选项,这些 A、B、C、D 的选项数据并不能直接用于统计分析,而是需要进行一些加工处理,比如将选项文字转换为对应的数字,这样才能更好地进行后续的数据运算和统计。

1.1.4　数据分析

　　厨师准备好所需食材、辅材、烹饪工具后,按照顾客的需求,结合烹饪工具的使用,采取适合的烹饪方法,完成一道色香味俱全的菜肴。

　　与此类似,经过加工处理后的数据,可用于进行运算统计分析。采用专门的统计分析工具和数据挖掘技术,能对数据进行分析和研究,从中发现数据的内在关系和规律,获取有意义的信息。

　　例如,通过市场调查分析,可获知产品的主要顾客对象、顾客的消费习惯、消费特点、潜在的竞争对手等一系列有利于进行产品市场定位决策的知识点。

　　数据分析过程中,需要大量的统计和计算,通常需要科学的统计方法和专门的软件来实现,Excel 软件中就包含了大量的函数工具以及专门统计分析模块来处理这些需求。

1.1.5　数据展现

　　当菜肴制作好后,如何使得每一种食物的位置都恰到好处,使得整个菜品摆放更具美感,增加顾客享受美食的味觉和视觉的愉悦感,就需要厨师具有审美的眼光,对菜品进行展现。

与此类似,数据分析的结果最终要形成结论,这个结论以数据报告的形式展现给决策者和用户。数据报告中的结论要简洁而鲜明,让人一目了然。

表格和图表是两种常见的数据展现方式。通常情况下,比起表格,人们更加容易接受图表。图表既有图形的直观形象的特点,又具有表格的清晰准确的特点,可以化繁为简,化抽象为具体,使得数据和数据关系得到直接有效的表达。如表现一个公司的经营状况的趋势性结论,使用一串枯燥的数字远不如一个柱形图更能说明问题。

经过上面的这几个步骤的操作,一份完整的数据报告就形成了,其中的价值会在决策和具体实践中得以体现。

1.1.6 数据分析工具

现在有很多功能强大的数据分析软件可供选择,常用的包括 SPSS、SAS、Excel。

SPSS(Statistical Product and Service Solutions),中文意思为"统计产品与服务解决方案"。SPSS 的分析结果清晰、直观、易学易用,而且可以直接读取 Excel 及 DBF 数据文件,现已被推广到多种操作系统的计算机上,是国际上最有影响的统计软件之一。SPSS 的基本功能包括数据管理、统计分析、图表分析、输出管理等,突出特点是操作界面极为友好,输出结果美观漂亮。

Clementine 是数据挖掘软件,它通过处理各种类型迥异的数据,以不同的方式来为企业解决各种商务问题,提供最出色、最广泛的数据挖掘技术,确保最恰当的分析技术来处理相应的问题,从而得到最优的结果以应对随时出现的商业问题。Clementine 软件提供大量的人工智能和数据统计分析模型,如神经网络、关联分析、聚类分析等。通常情况和 SPSS 配合使用,适合于有一定数据分析基础的理工科人员。

SAS(Statistical Analysis System),中文意思为"统计分析系统"。SAS 提供了从基本统计数的计算到各种试验设计的方差分析、相关回归分析以及多变数分析等多种统计分析过程,几乎囊括了所有最新分析方法,其分析技术先进可靠。SAS 相对 SPSS 功能更强大,但 SAS 更难学。

Excel 是全球应用最为广泛的办公软件,相对于其他数据分析工具软件来说,它的最大优势是功能全面而强大,操作比较简单。因此,Excel 也是许多专业数据分析工作者常用的入门工具之一。Excel 可以让数据分析工具变得轻松又简单。许多 Excel 使用者即便并未从事与专业数据分析直接相关的工作,也可以通过掌握 Excel 的数据处理和分析技巧,极大地提升数字办公的工作效率,从枯燥繁重的机械式劳动中解放出来。

1.2 学习方法

如何成为 Excel 应用高手,熟练地使用 Excel,快速完成工作中的数据处理?我们认为拥有积极的学习心态,正确认识学习层次和持之以恒地努力,并且在学习过程中主动挖掘各种资源,就能在短时间内获得较大进步。

1. 积极的学习心态

Excel 软件是 Microsoft Office 系统中应用最为广泛的办公软件之一。Excel 是一种数据计算与分析的平台，集成了最优秀的数据计算与分析功能。用户完全可以按照自己的思路来创建表格，并在 Excel 的帮助下完成工作任务。Excel 实际上已经成为一种生产工具，在各个行业、各个部门的核心工作中发挥着重要作用。只要和数据打交道，都离不开它。当我们掌握 Excel 的使用方法后，在学习其他同类软件时会更容易。

2. 正确认识学习层次

正确认识自己的实际水平，并选择合适的学习方法，能使人高效快速地学习。所以在一开始，我们有必要了解学习 Excel 软件的 5 个层次进阶。Excel 用户大致分为新手、初级用户、中级用户、高级用户和专家五个层次。

对于新手，学习者大致了解 Excel 的基本操作方法和常用功能，诸如输入数据、查找数据、设置单元格格式、排序、汇总、筛选和保存文件等。如果学习者有使用其他 Office 应用软件的经验，则这个过程会很快。

当了解并掌握部分常用功能，并且会使用简单的公式和函数，能够建立一张表格，会生成简单的图表时，这个层级就是人们常说的初级用户水平。

接下来，要向中级用户进军。成为中级用户有三个标志：一是理解并熟练使用各个 Excel 菜单命令；二是熟练使用数据透视表；三是至少掌握 20 个常用函数以及函数的嵌套运用，必须掌握 Sum 函数、If 函数、Vlookup 函数、Index 函数、Match 函数、Offset 函数、Text 函数等。当然有些中级用户还会使用简单的宏和函数的嵌套。虽然很多中级用户已经能够解决工作中遇到的绝大多数问题，但并不意味着 Excel 无法提供出更优秀的解决方案。

成为一个高级用户，我们需要完成对三项知识的升级。一是熟练运用数组公式。普通公式的计算结果是单一值，数组公式计算结果却可以是多个值。数组公式是对多个元素组成的矩阵的计算，而这个矩阵可以是一维的、二维的或者多维的。二是能够利用 VBA 编写自定义函数或者过程。三是掌握简单的 SQL 语法以便完成比较复杂的数据查询任务。如果进入这三项知识领域，学习者会发现以前看似很多无法解决的问题，如今能很轻松快速地解决。

当然，我们学习 Excel 软件，最终目的是为了服务于自己的专业工作。Excel 专家往往是某个或者多个行业的专家，他们拥有丰富的行业知识经验。高超的 Excel 技术配合行业经验，才能将 Excel 功能发挥到极致。

3. 挑战旧有习惯

新版 Excel 2010 与 Excel 2003 或者更早期版本相比，界面变动比较大，用户体验感也不同。我们从旧有的使用习惯中摆脱出来接受完全不同的界面，确非易事。很多用户因为难以适应新界面而选择仍然使用 Excel 2003。但微软新版 Excel 采用更为先进和更加人性化的方式来组织不断增加的功能命令，带给使用者更加方便快捷的使用体验。基于这一点，我们花费一些时间来熟悉新界面是值得的。

4. 善用各种资源

当我们在学习和使用过程中遇到问题时，可以查看 Excel 自带的联机帮助，尤其是在使用 Excel 函数时特别适用。Excel 有几百个函数，我们不可能都记住所有函数的参数与用法。使用【F1】功能键查看 Excel 提供的帮助资源，可以在没有网络资源、没有办法求助他人的情况下自行查找相关用法和解释。

如果对所遇到的问题无从下手，也不能确定 Excel 能否提供解决方法，我们可以上网搜索解决方案或者到 BBS 论坛中寻求帮助。总之，当遇到问题时，我们可以利用各种资源来解决实际问题。

第二章

数据输入与处理

　　操作者在进行数据分析之前,应准备好源数据,并对源数据进行基本处理。在本章中,第一部分主要介绍了源数据的几种分类,以及每种数据在进行输入时所需要注意的事项;第二部分主要介绍了源数据的格式设置;第三部分主要介绍了源数据的基本处理操作,如合并计算、排序、筛选、分类汇总、图表操作以及建立透视图表。

2.1　数据的输入

　　工作表是使用 Excel 进行数据输入与处理的工作平台。当用户向工作表中输入信息时,Excel 会自动对输入的数据类型进行判断。

2.1.1　基本数据输入

　　Excel 可以识别的基本数据类型有以下几种：文本类型、数值类型、日期和时间类型等。用户了解 Excel 所识别单元格数据类型,可以最大限度地避免因数据类型错误而造成的麻烦。

1. 文本的输入

　　文本类型也叫字符型,由汉字、字母、空格、数字、标点符号等字符组成。例如,"学生成绩表""SCORE""A3001"等都是文本类型的数据。文本的输入比较简单,一般的文本直接输入即可。

　　如果文本由纯数字组成,例如学生的学号、手机号、邮政编码等,在输入时应该在数字前加一个英文的单引号作为纯数字文本的前导符,如某学生的学号为"′1027504002"。纯数字文本的前导符本身并不作为文本的内容。输入一个纯数字的文本时,在单元格的左上角会出现一个绿色的三角形标记,如图 2-1 所示。

	A	B	C	D	E	F	G
1	学号	姓名	性别	平时	期中	期末	总评
2	1027504001	王勇	男	87	90	78	81.3
3	1027504002	刘田	女	85	83	88	86.7
4							
5							

图 2-1　文本与数值输入的区别

图 2-1 的 A2 单元格中的学号即为纯数字文本,而 A3 单元格中的学号则为数值型数据。文本型数据默认的对齐方式为左对齐,数值型数据默认的对齐方式为右对齐。

Excel 中文本的最大长度为 32000 个字符,当输入的文本超过了单元格的宽度时,系统会自动将文本依次显示在右边相邻的单元格中,但内容仍然存储在当前单元格中。如果相邻的单元格中有数据存在,则本单元格中超出部分的文本不显示。

如果想要将所有文本显示在本单元格中,可以在输入时按下组合键【Alt】+【Enter】在单元格内换行,或者通过设置单元格格式为"自动换行"实现,如图 2-2 所示。

图 2-2 自动换行

☞ **注意:**

通常,双击单元格即可直接输入数据。输入结束后,按下【Enter】键可以在当前列中的下一个单元格中输入内容,或者按下【Tab】键在当前行中的下一个单元格中输入内容。

2. 数值的输入

数值型数据由数字 0~9、正负号(+ 、 –)、小数点(.)、百分号(%)、千位分隔符(,)、货币符号(¥ 或 $)、指数符号(E 或 e)、分数符号(/)等组成。

例如,"123.456""$200,345.678""1.4E – 5""1 2/3"等都是有效的数值型数据。

在输入时,特别要注意一下负数、分数的输入方法。

(1) 负数的输入。

可以直接输入负号及数字,另外还可以用圆括号来进行负数的输入,如输入"(100)"就相当于" – 100"。

（2）分数的输入。

若要输入分数"1/2"，方法是先输入一个"0"，然后输入一个空格，再输入"1/2"，即"0 1/2"。若不输入"0"与空格而直接输入"1/2"，系统会以日期数据"1月2日"显示。

此外，用户还可以自动设置小数点或后续0的个数，方法是：

单击"文件"选项卡，在左边栏目中，选择"选项"，弹出"Excel选项"对话框，然后在"高级"选项卡中选中"自动插入小数点"，如图2-3所示。在小数点数位的微调框中设置小数点的位数。若设置位数为2，则输入"123"后回车，系统将自动显示为"1.23"。若设置位数为 -2，则表示在输入的数后加2个后续0，如输入"123"，则自动显示为"12300"。

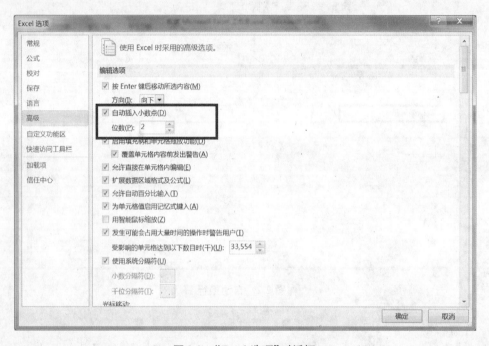

图2-3　"Excel选项"对话框

☞ **注意：**

该设置仅对设置后的输入起作用，之前的数保持不变。

按照人们输入数字的习惯，输入实数时，手动输入小数点，所以一般情况这个"自动插入小数点"设置应处于关闭状态。

数值数据可以为整数、实数，也可以用百分号形式、科学计数法形式输入。以下是数值数据输入、系统显示及存储值对照表，如表2-1所示。

表 2-1　数值数据的输入、显示及存储值

输入值	显示值	存储值	说明
327.67	327.67	327.67	普通实数
− 200	− 200	− 200	负数
（200）	− 200	− 200	负数
.25	0.25	0.25	纯小数
60%	60%	0.6	百分数
0 1/2	1/2	0.5	分数
3 1/2	3 1/2	3.5	分数
1.5E10	1.50E + 10	15000000000	科学记数法
1.5E − 5	1.50E − 05	0.000015	科学记数法
¥1234.5678	¥ 1,234.57	1234.5678	货币
2 ∗ ∗ 3	2.00E + 03	2000	

在输入数值数据时,可以先直接输入相关数据,然后再设置成指定格式,也可以先设置好单元格格式,再在单元格中输入数据。

3. 日期和时间的输入

日期与时间的输入要遵循一定的格式,否则系统会把输入的数据当作文本来处理。

日期的一般格式为"年 − 月 − 日"或"月 − 日"或"日 − 月"。如果日期中没有给定年份,则系统默认使用当前的年份(以计算机系统的时间为准)。若输入的年份为两位整数时,默认情况下,输入的年份在 30 ~ 99 时,系统会在前面自动加上 19,而输入的年份在 00 ~ 29 之间时,系统会在前面自动加上 20。

时间的一般格式为"时: 分: 秒",如果要同时输入日期与时间,需要在日期与时间之间输入一个空格。可以按 24 小时制输入时间,也可以按 12 小时制输入时间,系统默认为 24 小时制。

日期和时间数据默认的对齐方式为右对齐,按下快捷键【Ctrl】+【;】可以输入当时系统的日期;按下快捷键【Ctrl】+【Shift】+【;】可以输入当前系统时间。

日期和时间输入的形式有很多种,可以参考如下对照表。如表 2-2 所示。

表 2-2　日期和时间数据的输入、显示及存储值

输入值	显示值	存储值	说明
10 − 1 或 10/1	10 月 1 日	2010 − 10 − 1	假设当前年份为 2010
13 − 10 或 13/10	10 月 13 日	2010 − 10 − 13	假设当前年份为 2010
10 − 10 − 1 或 10/10/1	2010 − 10 − 1	2010 − 10 − 1	
2010 − 10 − 1	2010 − 10 − 1	2010 − 10 − 1	
2010/10/1	2010 − 10 − 1	2010 − 10 − 1	
Oct − 1	1 − Oct	2010 − 10 − 1	假设当前年份为 2010

续表

输入值	显示值	存储值	说明
1 – Oct – 2010	1 – Oct – 10	2010 – 10 – 1	
2010 年 10 月 1 日	2010 年 10 月 1 日	2010 – 10 – 1	
8：00	8：00	8：00：00	
20：00	20：00	20：00：00	
8：0 a 或 8：0 am	8：00：00 AM	8：00：00	a 或 am 之前要有空格
8：0 p 或 8：0 pm	8：00：00 PM	20：00：00	p 或 pm 之前要有空格
8 时 30 分	8 时 30 分	8：00：00	
下午 8 时 30 分	下午 8 时 30 分	20：30：00	

☞ **注意：**

通常，输入日期的一个常见误区是用户经常将点号"."作为日期分隔符，Excel 会将其识别为普通文本或数值，如 2015.10.1 和 10.1 将会被识别为文本和数值。

2.1.2　有规律数据的输入

如果输入的数据具有规律性，则可利用 Excel 提供的填充功能简化操作，这样可以大大提高工作效率。

1. 快速填充相同数据

在若干单元格中填充相同数据有以下五种方法：使用菜单命令、使用填充柄、使用快捷键填充、记忆式填充、选择列表。

（1）使用菜单命令填充。

➤ 选定单元格 A1，然后输入第一个数据，如"100"。

➤ 选定 A1：A10 单元格区域。

➤ 单击"开始"选项卡，在"编辑"功能组中单击"填充"按钮，选择"向下填充"命令。

此时，在 A1：A10 单元格中全部填充了相同的数据"100"。

根据填充的内容与有内容单元格的位置关系，可以选择"向下填充""向上填充""向左填充""向右填充"。

（2）使用填充柄。

在 A1 单元格中输入 100，然后向下拖动 A1 单元格的填充柄到 A10 单元格，可以在 A1—A10 单元格中快速填充相同数据。

☞ **注意：**

这种方法适用于数值数据与其他非序列数据。

在 B1 单元格输入"1 月"，按住【Ctrl】键拖动 B1 单元格的填充柄向下填充，可以将"1 月"填充到指定的区域中。如果不按下【Ctrl】键拖动填充柄，会产生一个序列。

（3）使用快捷键填充。

选定需要数据的区域（可以连续，也可以不连续），在最后一个选定的单元格中输入数据后按下【Ctrl】+【Enter】即可以在所有选中的单元格中填充相同数据。

（4）记忆式填充。

在某单元格中输入文本时，Excel 会记下单元格所在列中各单元格的内容。当在该列的某单元格中输入内容时，如果输入的第一个或前几个字符与该列中已存在的内容的第一个或前几个字符相同，Excel 就会自动输入已存的数据来填充。如果用户确实需要这个数据，可以直接按下【Enter】。如图 2-4 所示。

图 2-4　记忆式填充

如果用户不希望有记忆式填充功能，可以单击"文件"选项卡中的"选项"按钮，在"Excel 选项"对话框中单击"高级"选项卡，取消选中"启动填充柄和单元格拖放功能"复选框。如图 2-5 所示。

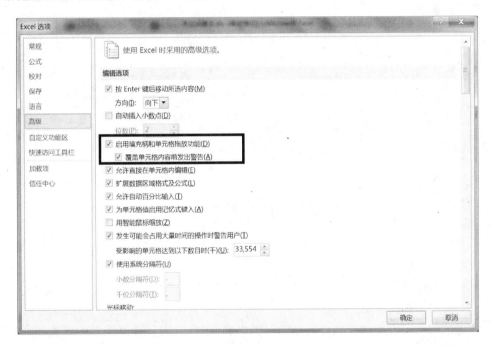

图 2-5　"选项"设置

（5）选择列表。

在实际应用中，手工输入可能会导致本来应该相同的内容不一致。为了避免这种情况的发生，同时为了提高输入效率，可以使用 Excel 的选择列表功能。

【例 2-1】　使用选择列表快速输入文本。

➤ 在 A1—A4 单元格中分别输入"华东地区""华南地区""西北地区""华北地区"。

➤ 右击 A5 单元格，在快捷菜单中选择"从下拉列表中选择"，如图 2-6 所示。

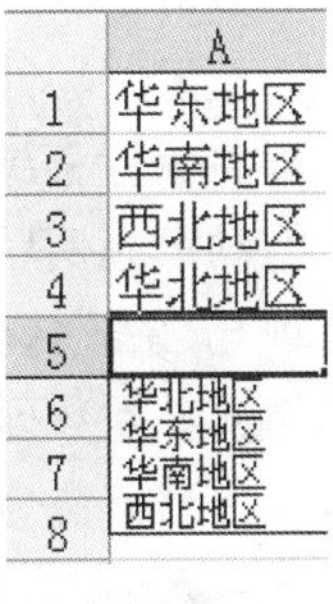

图 2-6　选择列表

➢ 在弹出的列表中选择一项,即可完成输入。

☞ **注意:**

　　记忆式输入与选择列表只适用于文本的输入。

2. 快速填充序列

在 Excel 中,有规律的数据被称为序列。序列的填充一般有以下两种方法:使用菜单命令和使用填充柄。

(1) 使用菜单命令填充。

➢ 单击"开始"选项卡,在"编辑"功能组中单击"填充"按钮,选择"系列"命令,会弹出如图 2-7 所示的对话框。

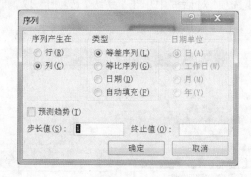

图 2-7　"序列"对话框

使用这种方法可以填充等差数列、等比数列、日期序列等。

【例 2-2】　在 G 列中输入等比数列 2、4、8、16、32、64、128。

➢ 选定 G1 单元格,输入数字 2。

➢ 选择 G1:G7 单元格区域,然后单击"开始"选项卡,在"编辑"功能组中单击"填充"按钮,选择"系列"命令。

➢ 在对话框中,"类型"选择"等比序列",输入步长 2,单击"确定"按钮,完成操作。

(2) 使用填充柄填充。

利用填充柄可以实现非数值数据的序列填充,也可以实现数值数据的等差数列的填充,无法实现等比数列的填充。

非数值数据序列的填充方法为:

➢ 选定某单元格(如 A1),输入第一个数据,如"星期一"。

➢ 将鼠标移到 A1 单元格右下角的填充柄,拖动填充柄。

拖动填充柄后,会产生一个序列"星期一""星期二"……"星期日"。继续拖动填充柄进行填充,系统将循环填充。

填充等差数列有两种方法:

第一种方法为:

➢ 选定 B1 单元格,输入数据"1"。

➢ 在 B2 单元格中输入"3"。

➤ 选定 B1:B2 单元格,鼠标移到 B2 单元格的右下角,指向填充柄。

➤ 向下拖动填充柄。

第二种方法为:

➤ 选定 B1 单元格,输入数据"1"。

➤ 按住【Ctrl】键的同时,拖动 B1 单元格的填充柄。

☞ **注意:**

第一种方法产生步长为 2 的等差数列,第二种方法只能产生步长为 1 的等差数列。

3. 自定义序列的自动填充

若在 A1 单元格中输入"赵",然后拖动 A1 单元格的填充柄,此时将会在相关单元格区域中填充相同的数据。

【**例 2-3**】 要得到"赵、钱、孙、李、周、吴、郑、王"序列,可以使用自定义序列的方法。

➤ 打开"文件"选项卡,单击"选项",打开"Excel 选项"对话框中的"高级"菜单,单击 "编辑自定义列表"按钮。如图 2-8 所示。

图 2-8 "选项"设置

➤ 选中"自定义序列"列表框中的"新序列"。

➤ 在"输入序列"列表框中输入自定义序列。每个数据一行,或用逗号分隔。如图2-9 所示。

➤ 单击"添加"按钮,将自定义序列添加到序列列表中。单击"确定"。

➤ 回到工作表中,选中 A1 单元格,输入"赵"。

➤ 拖动 A1 单元格的填充柄,就可以得到"赵、钱、孙、李、周、吴、郑、王"序列。

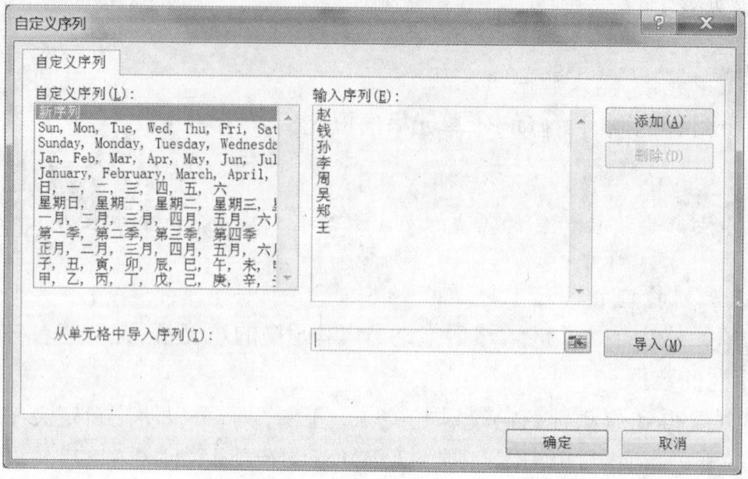

图 2-9 "自定义序列"对话框

4. 在多张工作表中同时输入相同内容

Excel 中可以同时在多个工作表的相同区域输入相同内容,方法是同时选中几张工作表,然后输入内容。经此操作后,被选中的工作表的相同区域中便会有相同的内容。

同时选中多张工作表的方法为:按住【Ctrl】键,然后用鼠标单击工作表的标签。

2.1.3 利用记录单输入数据

当行数或者列数较多时,利用原始的方式输入数据会给用户带来很多麻烦,例如常出现串行或者串列等现象。如果利用记录单输入数据,会避免出现类似情况。

【例2-4】 利用记录单输入数据,以下列学生成绩为例,具体操作步骤如下:

➤ 选择 A1:F13 单元格区域,如图 2-10 所示。

	A	B	C	D	E	F	G
1	学号	姓名	性别	计算机	高等数学	英语	
2		李媛					
3		艾文					
4		张俊敏					
5		赵亚杰					
6		张力					
7		孙华利					
8		方锐					
9		曾凡海					
10		张瀚之					
11		曾令君			2		
12		黄方方					
13		郑燕					

学生表 / Sheet1 / Sheet2

图 2-10 学生表

➤ 单击"文件"选项卡,然后单击"选项",打开"Excel 选项"对话框。如图 2-11 所示。

图 2-11 "选项"设置

➤ 单击"自定义功能区",然后在右侧"从下列位置选择命令"下拉框中选择"不在功能区的命令"。

➤ 下拉滑块,找到"记录单"并选中。

➤ 在"自定义功能区"单击"新建选项卡"。

➤ 单击中间按钮"添加",最后单击"确认"。此时"记录单"功能重新放置于自定义选项卡中。

➤ 回到主编辑界面,在自定义选项卡中单击"记录单"按钮,打开"学生表"对话框。

➤ 在该对话框中输入相应信息即可,如图 2-12 所示。

➤ 输入完一条记录后,单击"新建"按钮,记录就会被添加到工作表中,同时对话框就会被清空,然后可以继续输入下一条信息。

图 2-12 学生表输入对话框

这种方式适合输入大量有规律的信息,用户在输入时不会出现串行或者串列的现象。

2.1.4　数据有效性的设置

为了在输入数据时尽量少出错,可以通过使用 Excel 的数据有效性功能来设置单元格中允许输入的数据类型或者有效数据的取值范围。默认情况下,输入单元格的有效数据为任意值。当输入值不符合指定的约束条件时,系统将拒绝接受数据。

选中某单元格后,单击"数据"选项卡,在"数据工具"功能组中选择"数据有效性",弹出如图 2-13 所示的"数据有效性"对话框。

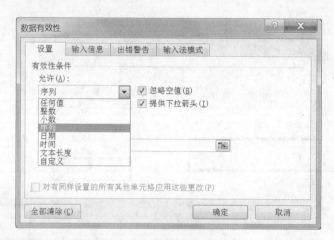

图 2-13　"数据有效性"对话框

在"允许"下拉列表框中有如下有效性类型,见表 2-3。

表 2-3　数据有效性类型及含义

类型	含　义
任何值	数据无约束
整数	输入的数据必须是符合条件的整数
小数	输入的数据必须是符合条件的小数
序列	输入的数据必须是指定序列内的数据
日期	输入的数据必须是符合条件的日期
时间	输入的数据必须是符合条件的时间
文本长度	输入的数据的长度必须满足指定的条件
自定义	允许使用公式、表达式指定单元格中数据必须满足的条件。公式或表达式的返回值为 TRUE 时数据有效,返回值为 FALSE 时数据无效

在制作如图 2-14 所示的考试成绩表时,可以为"性别"与各科成绩数据设置数据有效性。在设置数据有效性的同时,还可以设置输入提示信息与出错警告信息。

	A	B	C	D	E	F	G	H	I	J	K
1					高二(4)班考试成绩						
2	姓名	性别	语文	数学	英语	物理	化学	生物	总分	平均分	
3	王胜	男	116	126	132	100	93	90			
4	龚珊珊	女	119	130	132	93	93	86			
5	何性峰	男	112	139	118	95	100	87			
6	杨思	男	113	148	118	98	94	79			
7	别依田	女	109	144	123	91	91	88			
8	吴铭	男	113	124	135	94	92	87			
9	黄欣	女	119	135	130	80	92	86			
10	陈嘉琦	男	108	140	116	95	89	91			
11	王恒旭	男	109	144	123	90	91	80			
12	彭圣	男	114	120	129	95	90	87			
13	章诗然	女	110	127	128	86	95	88			
14	高超	男	109	144	117	93	93	78			
15	郭宁	男	119	131	121	86	93	81			
16	左凡	男	105	136	119	91	98	80			
17	毛梦雪	女	108	123	124	92	90	86			
18	卢磊	男	108	133	125	96	77	83			

图 2-14 考试成绩表

1. 设置性别有效性

【例 2-5】 在如图 2-14 所示的考试成绩表中,设置性别字段的有效性:性别只能为男或女。

➤ 选中 B3:B69 单元格区域,在"数据"选项卡的"数据工具"功能组中单击"数据有效性"。

➤ 在弹出的对话框中,在"设置"选项卡的"允许"下拉列表中选择"序列"。

➤ 在"来源"编辑框中输入"男,女"。

➤ 在"输入信息"选项卡中,输入如图 2-15 所示的提示信息。

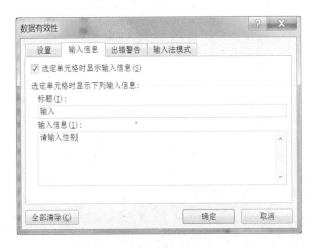

图 2-15 输入提示信息

➤ 在"出错警告"选项卡中,输入如图 2-16 所示的出错警告信息。

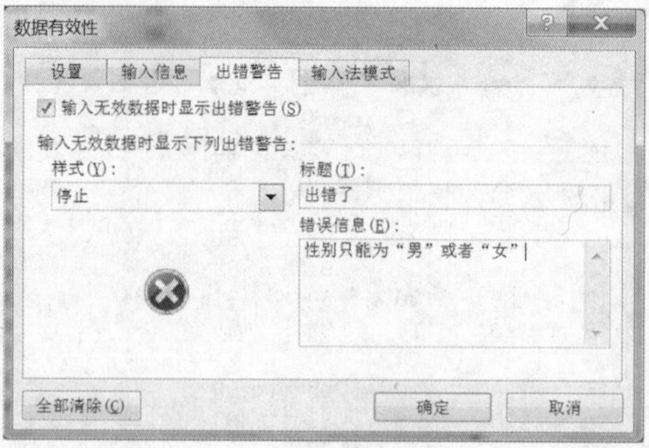

图2-16   出错警告信息

➢ 单击"确定"按钮。

设置完成后,当光标在性别列中时,会自动出现一个下拉列表。用户既可以在列表中选择数据,也可以直接输入数据。若输入的性别不是"男"或"女",则系统会提示出错警告,如图2-17所示。

图2-17   出错警告

☞ **注意:**

在输入序列时,序列中各数据项用半角的逗号分隔。输入提示与出错警告不是必需的。

2. 设置各科成绩数据有效性

【**例2-6**】 在如图2-14所示的考试成绩表中,设置各门课程成绩的有效性:成绩只能在0~100之间。

➢ 选中C3:H69单元格区域,在"数据"选项卡的"数据工具"功能组中单击"数据有效性"命令。

➢ 在弹出的对话框中,在"设置"选项卡的"允许"下拉列表中选择"整数"。

➢ 在"数据"下拉列表中选择"介于"。

➢ 在"最小值"编辑框中输入"0",在"最大值"编辑框中输入"100"。

➢ 单击"确定"按钮。

☞ **注意:**

在"出错警告"选项卡中设置的出错信息的"样式"由重到轻分为"停止""警告"和"信息"三种。

当使用"停止"样式时,无效数据绝对不允许出现在单元格中。

当使用"警告"样式时,无效数据可以出现在单元格中,但系统会警告这样的操作可能会出现错误。

当选择"信息"样式时,无效数据只是被当作特殊的形式被单元格接受,并相应地给出出现这种特殊形式的处理方案。

用户在使用的时候可以根据具体的情况和需要,选择不同程度的出错样式。

2.1.5 公式的输入

Excel 最突出的特点就是可以使用公式进行数据处理。

公式有普通公式与数组公式两种，公式可以由运算符、常量、单元格引用以及函数组成。

在输入公式时，必须以"＝"开头。普通公式在输入完成后直接按下【Enter】，或用鼠标点击公式编辑栏上的 ✔ 按钮即可。例如，输入"＝A1＋B2"。数组公式的输入方法与普通公式一样，但在输入结束后需要同时按下【Ctrl】＋【Shift】＋【Enter】，或同时按住【Ctrl】＋【Shift】，再单击公式编辑栏上的 ✔ 按钮。

1. 运算符

Excel 常用的运算符有数值运算符、字符运算符和关系运算符。

（1）数值运算符。

数值运算符的运算对象主要是数值类型的数据。数值运算符主要有"＋""－""＊""/"和"^"。由数值运算符、数值类型的数据以及相关函数组成的数值表达式，其返回结果为数值类型。

（2）字符运算符。

字符运算符的运算对象为文本类型的数据，只有一种连接运算"&"，连接运算的结果类型仍然为文本类型。文本类型的常量在连接运算时需要加上双引号，但纯数字文本外的引号可以省略。例如，"123"&"456"与 123&456 的结果都为文本 123456，如图 2-18 所示。

	A	B
1	公式	结果
2	=123&456	123456
3	="123"&"456"	123456

图 2-18 数字字符的连接

（3）关系运算符。

关系运算符运算的对象是两个相同类型的数据。关系运算符包括："＝""<>"">"">=""<"和"<="。关系表达式的运算结果为逻辑型，即其值只能是"TRUE"或"FALSE"。

文本数据的大小约定为：汉字比字母大；字母比数字大；字母"A"最小，"Z"最大；同一个字母大小写相等；汉字以对应的拼音字母大小顺序为准；数字"0"最小，"9"最大。

数值数据的大小与数学中的约定相同。逻辑型数据中的"TRUE"比"FALSE"大。日期时间的大小以转换为数值后的大小为准。

2. 单元格的引用

在公式中经常要用到工作表中的单元格或单元格区域，用于指明公式中处理的数据所处的位置。在公式中不但可以引用同一工作表中的单元格，也可以引用不同工作表中的单元格以及不同工作簿中的单元格。

单元格的引用有三种方法：相对引用、绝对引用和混合引用。默认情况下，Excel 使用相对引用。

在引用单元格区域时，可以用到引用运算符冒号"："与逗号"，"。若有单元格区域为 A1:C4，则表示以 A1 单元格与 C4 单元格为顶点的一个矩形区域。若有单元格区域为 A1,C4，则表示只有 A1 单元格与 C4 单元格的区域。

引用运算符除了冒号与逗号之外,还有空格运算符。空格运算符的含义是求前后两个单元格区域的交集,即既包含在第一个区域中,也包含在第二个区域中的单元格区域。若两个单元格区域无重叠区域,则公式将返回"#NULL!"。

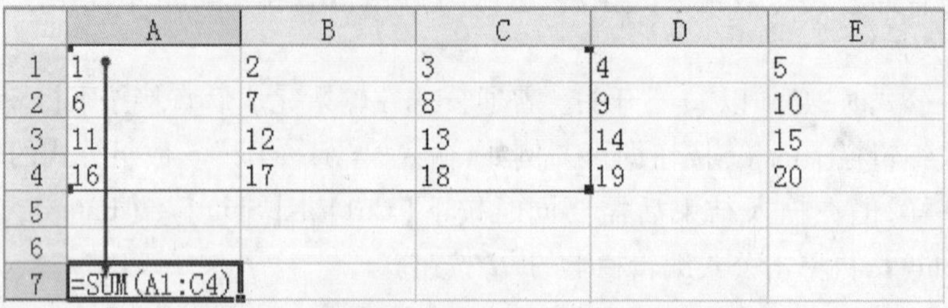

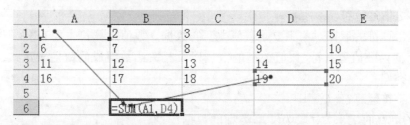

图 2-19　公式"=SUM(A1:D4)"的引用区域

图 2-20　公式"=SUM(A1,D4)"的引用区域

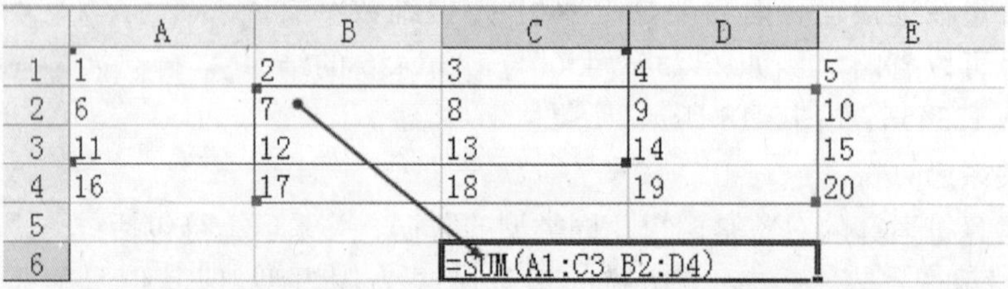

图 2-21　公式"=SUM(A1:C3 B2:D4)"的引用区域

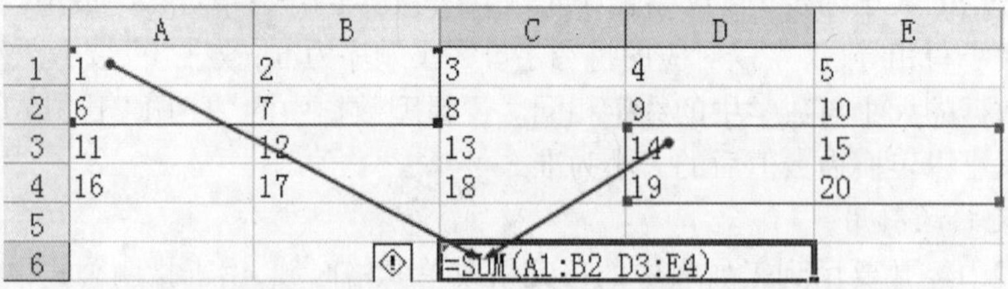

图 2-22　公式"=SUM(A1:B2 D3:E4)"的引用区域

在图 2-22 中的公式返回值为"#NULL!",即无计算数据。

下面以"某公司 2010 年度销售业绩"为例介绍各种引用。

	A	B	C	D	E	F	G	H
1	某公司2010年度销售业绩							
2						单位：（万元）		
3	序列	销售地区	交换机	电话机	传真	电脑	总计	比例
4	1	华东地区	100	50	80	77		
5	2	华南地区	200	67	100	68		
6	3	西北地区	75	40	30	43		
7	4	华北地区	34	20	18	30		
8		合计						

图 2-23　某公司 2010 年度销售业绩

（1）相对引用。

直接给出列号与行号的引用方法为相对引用，如 A1、C5 等。

如果需要计算各地区的销售总计，可以在 G4 单元格中输入公式" = C4 + D4 + E4 + F4"。

当将 G4 单元格中的公式复制到 G5 单元格时，会发现公式变成"=C5 + D5 + E5 + F5"，被计算的单元格区域由 C4:F4 变成 C5:F5。这是因为使用了相对引用。当复制一个包含有相对引用的公式时，公式中的相对引用会自动调整，保持与结果单元格的相对关系不变。

☞ **注意：**

　　公式或函数输入时可以有两种方法输入单元格的相对引用：第一种方法，在需要使用单元格引用时，直接输入单元格地址（大小写字母等价）；第二种方法，在需要使用单元格引用时，用鼠标点击相关单元格即可。

选定 G4 单元格，鼠标移到单元格右下角的填充柄上，此时鼠标会变为实心" + "，拖动鼠标到 G7，便可以将公式复制到 G5—G7 单元格。

练习：利用公式，计算出各地区各商品的销售合计及年度销售总计。

（2）绝对引用。

在列号与行号的前面加符号" $ "的引用方法为绝对引用，如 $A $2、$C $5 等。

图 2-23 中，若需要计算某地区的销售额占年度总销售额的比例时，作为分母的年度总销售额是固定的，无论将公式复制到或填充到什么位置，都不希望它发生改变，此时就需要使用单元格的绝对引用。

【例 2-7】　计算各地区年度销售额占总销售额的比例。

➢ 选定 H4 单元格。

➢ 输入公式" = G4/ $G $8"后按下【Enter】键。

	A	B	C	D	E	F	G	H
1	某公司2010年度销售业绩							
2						单位：（万元）		
3	序列	销售地区	交换机	电话机	传真	电脑	总计	比例
4	1	华东地区	100	50	80	77	307	29.7%
5	2	华南地区	200	67	100	68	435	42.2%
6	3	西北地区	75	40	30	43	188	18.2%
7	4	华北地区	34	20	18	30	102	9.9%
8		合计	409	177	228	218	1032	

图 2-24　绝对引用示例

➢ 选定 H4 单元格,打开"设置单元格格式"对话框,设置其格式为百分比样式,保留一位小数。

➢ 再次选定 H4 单元格,向下拖动其填充柄到 H7,即可求出其他地区的销售比例。

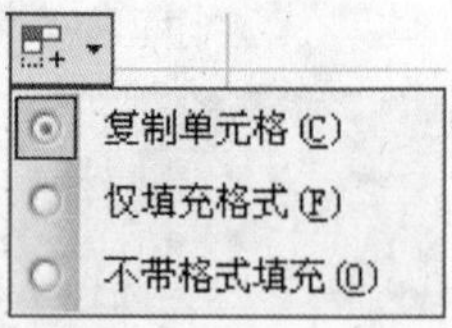

当拖动填充柄完成填充后,在填充区域的右下角会出现"自动填充选项"智能标记▣。单击智能标记会出一个智能标记选项,如图 2-25 所示。可以在此选项中选择拖动填充柄后要执行的操作。

图 2-25　智能标记选项

☞ **注意**:

在输入相对引用后按【F4】功能键可以在相对引用、绝对引用及混合引用之间循环切换。如,在某单元格中输入"= A1",然后按下【F4】,此时公式变为"= $A $1",再按【F4】,单元格地址变为"A$1",再次按【F4】,单元格地址又变为"$A1"。

(3) 混合引用。

有时希望公式中的单元格地址一部分固定不变,另一部分随目标单元格的变化自动变化,这时可以使用混合引用。

混合引用有两种:行绝对列相对,如 A $1;行相对列绝对,如 $A1。

(4) 不同工作表中单元格的引用。

不同工作表中单元格的引用要用到工作表名,格式为:

工作表名! 单元格引用

在单元格前加上工作表名,并使用"!"作为引用符。

【例 2-8】　在工作表 Sheet1 的 A1 单元格中存放工作表 Sheet2 的 A1 与 A2 单元格的和。

➢ 选定工作表 Sheet1 的 A1 单元格。

➢ 输入公式"= Sheet2!A1 + Sheet2!A2"后按下【Enter】。

更简单的鼠标操作:在输入"="后,用鼠标点击 Sheet2 的标签,切换到 Sheet2 工作表中。用鼠标点击 A1 单元格,然后再输入"+"号,再单击 A2 单元格,最后按下【Enter】。

不同工作表中单元格引用的应用很广,一定要熟练掌握这种操作。

(5) 不同工作簿中单元格的引用。

不同工作簿中单元格的引用一般格式为:

[工作簿文件名]工作表名! 单元格引用

一般情况下,在引用不同工作簿(即 Excel 文件)中的单元格时,应该将相关的工作簿打开。

【例 2-9】　在当前工作表的 A4 单元格中引用工作簿"招生统计. xlsx"中的 A1 单元格内容。

➢ 选中当前工作表 A4 单元格。

➢ 输入"=",然后单击任务栏上的"招生统计"工作簿,单击 A1 单元格后按下【Enter】。

此时,在当前工作表中 A4 单元格的引用地址为"[招生统计.xlsx]Sheet1! $A $1"。

引用不同工作簿中的单元格时,默认是用绝对引用,也可以在编辑栏中选定公式中单元格引用部分,然后按【F4】进行切换。

2.2　数据的格式化

2.2.1　基本数据的格式设置

基本数据的格式化包括文本、日期和时间、数值等的格式化。

1. 文本的设置格式

文本格式是单元格格式中最常用的功能之一,我们可以通过四种方式来选择合适的文本格式。

(1) 功能组命令。

"开始"选项卡的"字体"功能组提供了一些常用的文本格式,如图 2-26 所示。

图 2-26　"字体"设置

(2) 浮动工具栏。

在当前单元格或者单元格区域上,单击鼠标右键,使用浮动工具栏,应用一些常用文本设置会比较方便。

(3) 快捷键。

对常用的文本格式,Excel 提供了一些相应的快捷键,用户可以记住这些快捷键。

(4) 单元格格式对话框。

单元格格式对话框中集合了所有文本设置。当用户无法采用以上三种方式使用功能时,可以直接打开单元格格式对话框。

☞ 注意:

　　无论为单元格应用了何种格式,都是只会改变单元格的现实形式,不会改变单元格存储的真正的内容,而可能是原始内容经过各种变化后的一种表现形式。如果用户需要在改变格式的同时也改变实际内容,则需要借助函数来实现。

【例 2-10】　以学生成绩统计表为例,对文本进行格式化,具体操作步骤如下:

➢ 在工作表中选择 A1:F1 单元格区域,单击"开始"选项卡,在"对齐方式"功能组中单击"合并后居中"按钮,使单元格的内容居中并合并相应的单元格。

➢ 选中 A1 单元格,在"字体"下拉列表中选择"华文行楷",在"字号"下拉列表中选择“18”。

- 在 A2 单元格中输入“科目”，按下【Alt】+【Enter】组合键，在该单元格中换行，接着输入“姓名”，然后在“科目”的前面加几个空格，并使得“姓名”居左显示。
- 选择 A2 单元格，单击鼠标右键，选择“设置单元格格式”命令。在打开的“设置单元格格式”对话框中，切换到“边框”选项卡，然后在“线条”组合框中选择合适的线条样式，再单击合适的“斜线”按钮（图 2-27），即可在 A2 单元格上添加一条斜线。

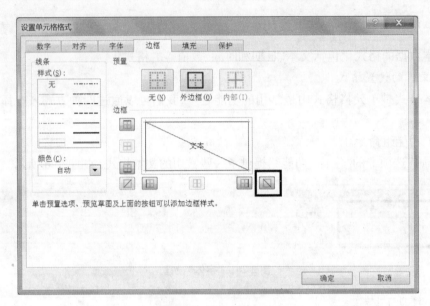

图 2-27 “边框”设置

	A	B	C	D	E	F
1	学生成绩统计表					
2	科目 姓名	数学	英语	语文	美术	体育
3	李媛	84	78	91	87	优
4	艾文	85	76	81	94	良
5	张俊敏	86	95	72	78	良
6	赵亚杰	92	86	72	71	优
7	张力	74	81	68	79	良
8	孙华利	81	78	85	86	良
9	方锐	95	76	86	86	优
10	曾凡海	81	75	92	84	优

图 2-28 学生成绩统计表

其他数据可依次输入，并可根据自己的需要设置自动换行、文本显示方向、字体、背景图案等。本例设置效果如图 2-28 所示。

2. 数值的设置格式

在工作表中输入数据，有时要求输入的数据符合某种要求，例如，在数值前面添加货币符号、小数保留一定位数等。我们采取以下两种常见方式来设置。我们可以在"设置单元格格式"对话框的"数字"选项卡中设置符号、小数位数等。如图 2-29 所示。

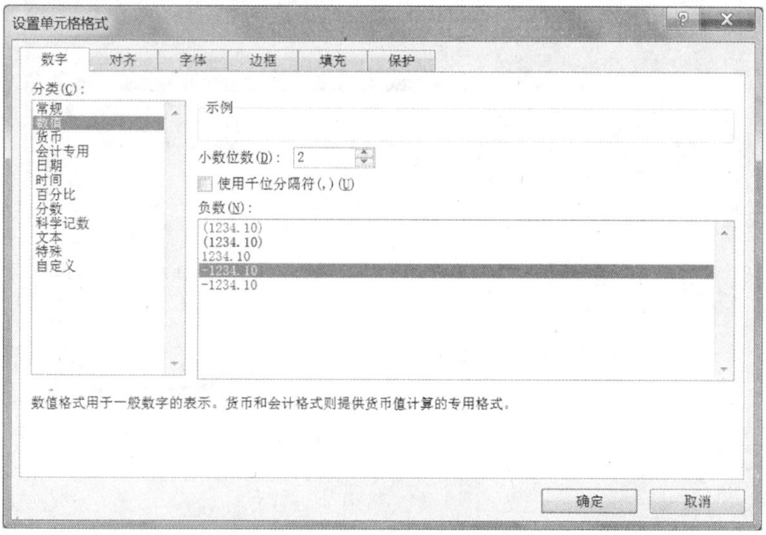

图 2-29 "数字"设置

3. 日期和时间的设置格式

在不同工作环境中,日期和时间的表示方式有所不同,例如,中国和欧美国家对日期和时间的表示就有所不同。Excel 提供了日期和时间的一些格式,用户可以根据需要定义显示方式或者设置日期和时间的输入格式。如图 2-30、图 2-31 所示。

图 2-30 "日期"设置

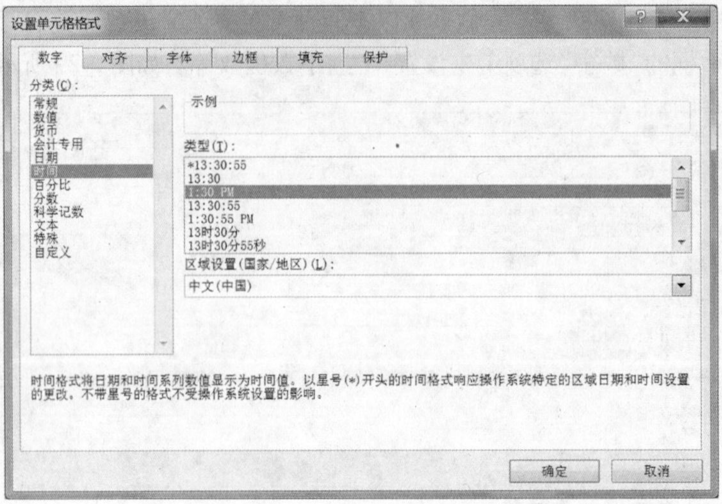

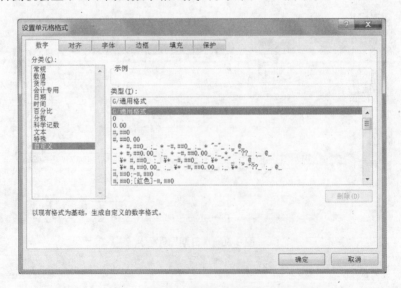

图 2-31 "时间"设置

☞ 注意:

　　如果时间格式中包括"AM"或者"PM",则表示时间按 12 小时计时,否则就按 24 小时计时。"AM"或者"A"表示从午夜 0 点到中午 12 点之间的时间,"PM"或者"P"表示从中午 12 点到午夜 0 点之间的时间。

2.2.2 自定义格式设置

　　当 Excel 内置的数字格式不能满足用户要求时,用户可以创建自定义数字格式。

　　在"设置单元格格式"对话框中"数字"选项卡的"分类"列表中选择"自定义"类型,对话框的右侧就会显示出不同的数字格式代码。如图 2-32 所示。

图 2-32 "自定义"设置

☞ **注意：**

如果选中某项自定义数字格式代码，对话框中的"删除"按钮呈现灰色不可用状态，则说明它为 Excel 内置的数字格式代码，不允许删除。

【例 2-11】 假设在统计学生成绩时，需要输入学生的学号。学号的特点是：前几位数字相同，最后几位不同，而且学号的数字位数比较多，输入时往往容易出错。解决这个问题，可以对学号这一列自定义格式，具体步骤如下：

➤ 在第一列前面增加一列，在"A2"单元格中写入"学号"，调整边框。
➤ 选中单元格区域 A3：A10，单击鼠标右键，选择"设置单元格格式"按钮，打开"设置单元格格式"对话框，切换到"数字"选项卡。
➤ 在"分类"列表框中选择"自定义"选项，然后在"类型"文本框中输入""2015340820"00"，如图 2-33 所示。

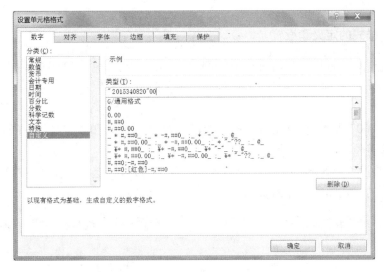

图 2-33 "自定义"设置

➤ 单击"确定"按钮，这样选中的单元格区域的自定义格式就设置完成了。
➤ 定义结束后，用户在输入学生学号时，输入最后两位即可，如输入"01"。如图 2-34所示。

	A	B	C	D	E	F	G
1				学生成绩统计表			
2	学号	科目 姓名	数学	英语	语文	美术	体育
3	01	李媛	84	78	91	87	优
4		艾文	85	76	81	94	良
5		张俊敏	86	95	72	78	良
6		赵亚杰	92	86	72	71	优
7		张力	74	81	68	79	良
8		孙华利	81	78	85	86	良
9		方锐	95	76	86	86	优
10		曾凡海	81	75	92	84	优

图 2-34 输入数字

➤ 按【Enter】键后,显示"201534082001"。如图 2-35 所示。

	A	B	C	D	E	F	G
1			\multicolumn{5}{c}{学生成绩统计表}				
2	学号	科目 姓名	数学	英语	语文	美术	体育
3	201534082001	李媛	84	78	91	87	优
4		艾文	85	76	81	94	良
5		张俊敏	86	95	72	78	良
6		赵亚杰	92	86	72	71	优
7		张力	74	81	68	79	良
8		孙华利	81	78	85	86	良
9		方锐	95	76	86	86	优
10		曾凡海	81	75	92	84	优

图 2-35　显示学号

自定义格式代码有很多格式要求,有兴趣的读者可以查看相关技术文档,进一步掌握和了解自定义格式。

2.2.3　样式的定义和设置

样式是指单元格显示模式,直接单击即可应用。用户非常容易将单元格设置成理想的显示模式 Excel 提供了自主定义,能满足多种需求。

1. 内置样式

Excel 自 2007 版本起,单元格样式功能得到很大的提升和改进。用户可以轻松选择 Excel 提供的多种内置式单元格样式。

选择需要设置样式的单元格或者单元格区域,在"开始"选项卡中单击"单元格样式"按钮,在弹出的样式库中选择需要的样式即可。如图 2-36 所示。

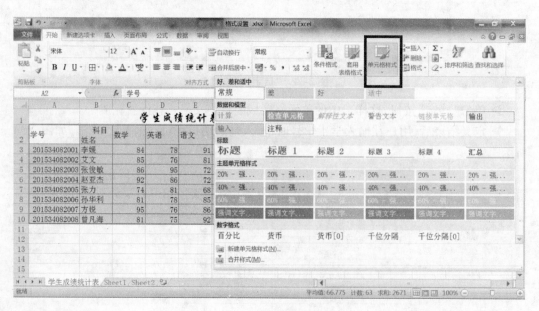

图 2-36　样式库

单元格样式具有实时预览功能,在不同的样式选项之间移动鼠标时,选中的单元格或者区域将会立即显示相应的样式。单击所需样式,即可为选中区域应用相应的样式。

2. 修改样式

当用户不满意当前样式的效果时,可以对其进行修改。具体操作步骤如下:

➤ 在"开始"选项卡中,单击"单元格样式"按钮,在弹出的样式库中,在需要修改的样式上单击鼠标右键,在弹出的快捷菜单中,选择"修改"命令。如图 2-37 所示。

图 2-37 修改样式

➤ 在弹出的"样式"对话框中单击"格式"按钮。如图 2-38 所示。

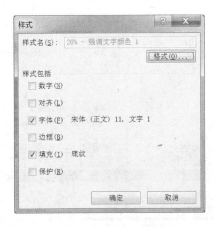

图 2-38 "样式"对话框

➤ 在打开的"设置单元格格式"对话框中进行相应的设置更改,最后单击"确定"按钮完成设置。如图 2-39 所示。

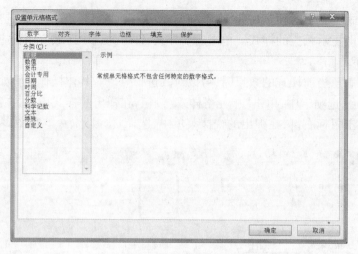

图 2-39   "设置单元格格式"对话框

一种样式最多由 6 种不同属性设置组成,分别对应"设置单元格格式"对话框中 6 个选项卡。当用户修改某个样式的格式后,所有应用该样式的单元格都会统一变成新样式。

☞ 注意:

通过修改"常规"样式的格式属性,可以修改工作簿的默认格式。

3. 创建新样式

除了使用 Excel 内置样式之外,用户还可以自己创建样式。具体操作步骤如下:

➢ 在"开始"选项卡中单击"单元格样式"按钮,在弹出的样式库中,选择底部的"新建单元格样式"命令。如图 2-40 所示。弹出的"样式"对话框,如图 2-41 所示。

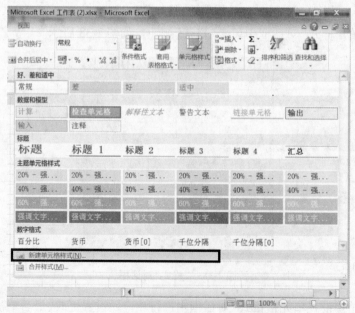

图 2-40   新建单元格样式

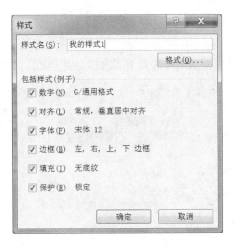

图 2-41 "样式"对话框

➢ 在"样式名"文本框中输入样式的名字(如"我的样式 1"),单击"格式"按钮,打开"设置单元格格式"对话框,按照自己的需求进行单元格的格式设置后,单击"确定"按钮,最后再一次单击"样式"对话框上的"确定"按钮。

➢ 新建的自定义样式显示在样式库的最上方"自定义"样式区内。如图 2-42 所示。

图 2-42 自定义样式

4. 共享自定义样式

用户创建的自定义样式只能在当前工作簿中使用,如果希望在其他工作簿中实现共享,可以使用合并样式来实现,具体步骤如下:

打开含有样式的源工作簿(如"学生成绩统计表.xlsx")和需要合并样式的目标工作

簿(如"记录单使用. xlsx")。

> 打开源工作簿(如"学生成绩统计表. xlsx"),在"开始"选项卡中单击"单元格样式"按钮,在弹出的样式库中,选择底部的"合并样式"命令。如图 2-43 所示。

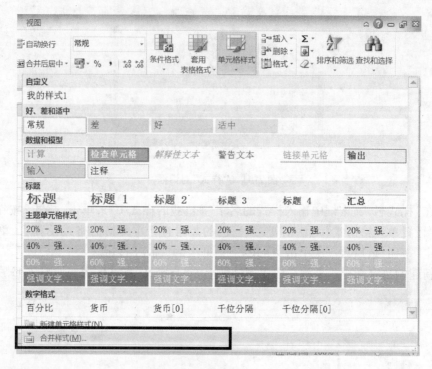

图 2-43 "合并样式"命令

> 弹出"合并样式"对话框,选择需要合并样式的目标工作簿(如"记录单使用. xlsx")。如图 2-44 所示。

> 单击"确定"按钮。

通过上述操作,即可将自选样式从所选工作簿中复制到其他工作簿中。

创建一个包含所有自定义样式的模板文件,在一个团队内共享,可以确保团队内所有人做的表格风格样式统一。

图 2-44 "合并样式"对话框

2.2.4 条件格式的设置

在表格中,对数据进行分析处理,有时需要通过一些特征条件来找到特定数据,并且将他们标记起来,以便以直观的形式展现数据规律。Excel 中"条件格式"功能就是为这种需求提供的解决方案。

条件格式可以根据用户所设定的条件对单元格中的数据进行判别,符合条件的单元格可以用特殊定义的格式来显示。每个单元格中都可以添加多种不同的条件判断和相应的显示格式。通过规则的过滤,让表格自动标识需要的特征数据,按照颜色或者图标等方式来展现数据分布情况。从某种程度上来说,条件格式可以实现数据的可视化。

"条件格式"按钮位于"开始"选项卡中的"样式"功能组内,如图2-45所示。

图2-45 "条件格式"按钮

【例2-12】 将"学生成绩统计表"中"体育"成绩为"优"的单元格用红色显示,具体步骤如下:

➤ 选中要设置条件格式的单元格区域F3:F10,然后在"条件格式"下拉列表中选择"突出显示单元格规则"选项,单击"等于"按钮。如图2-46所示。

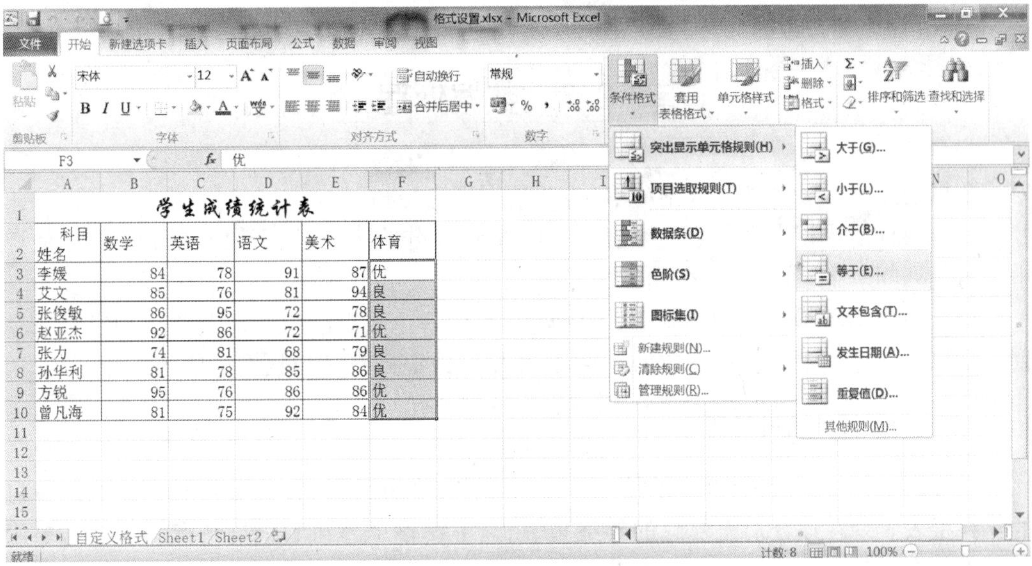

图2-46 "条件格式"设置

➤ 打开"等于"对话框,在第一个文本框中写入"优",格式设置为"浅红填充色深红色文本"。如果需要设置成别的格式,可以设置"自定义格式"。如图2-47所示。

图2-47 "等于"设置

➤ 单击"确定"按钮,则在"体育"一列中满足条件的单元格都被更改了格式。如图2-48所示。

学生成绩统计表					
科目\姓名	数学	英语	语文	美术	体育
李媛	84	78	91	87	优
艾文	85	76	81	94	良
张俊敏	86	95	72	78	良
赵亚杰	92	86	72	71	优
张力	74	81	68	79	良
孙华利	81	78	85	86	良
方锐	95	76	86	86	优
曾凡海	81	75	92	84	优

图 2-48   条件格式设置结果

同样地,可以根据数值的大小表示特定范围,条件格式有"大于""小于""介于"等不同设置;也可以用条件格式来标识出数据组当中的重复项。除了内置条件规则外,如果涉及更为复杂的条件,可以用自定义功能进行设定。

2.3   数据处理

数据的处理一般是基于数据清单(也叫数据列表)进行的。

每个数据清单相当于一个二维表,它由一行文字作为表头,用于说明数据。数据清单中的每一列叫一个字段,每一行叫一个记录。

一个数据清单最好单独占据一个工作表,在同一个数据清单中要避免出现空行或空列。如果在工作表中还有其他数据,应该使用空行或空列将其与数据清单分隔开。

2.3.1   数据的合并计算

在实际工作中,经常有这样的情况:某公司有几个分公司,各分公司分别建立好各自的年终报表。现在该公司需要总的年终报表,以了解整个公司的全局情况。这就需要用到数据的合并计算。

Excel 的合并计算功能可以方便地将多个工作表的数据合并计算并存放到另一个工作表中。在 Excel 中,不但可以对同一工作簿中的不同工作表合并计算,还可以对不同工作簿中的数据进行合并计算。

Excel 提供了两种合并计算功能:按位置合并计算与按类合并计算。下面依次介绍每一种合并计算。

1. 按位置合并计算

按位置合并计算要求各工作表的格式必须相同。

例如,有某便利店 1 月 ~3 月的销售情况表,分别存放在"合计工作表示例. xlsx"文件的"1 月""2 月""3 月"工作表中。见表 2-4、表 2-5、表 2-6。

表 2-4　1 月销售情况表

商品编号	商品名称	销售额	销售利润	利润率
XJD01	电饭煲	15682.5	5488.88	0.35
XJD02	电水壶	12500	4375.00	
XJD03	电火锅	13005	4551.75	
XJD04	台灯	5690	1991.50	
XDP01	洗衣粉	17525.8	4381.45	0.25
XDP02	肥皂香皂	3560	890.00	
XDP03	领洁净	2666	666.50	
XPD04	洗涤灵	3784	946.00	

表 2-5　2 月销售情况表

商品编号	商品名称	销售额	销售利润	利润率
XJD01	电饭煲	13682	4788.70	0.35
XJD02	电水壶	13000	4550.00	
XJD03	电火锅	15260	5341.00	
XJD04	台灯	4050	1417.50	
XDP01	洗衣粉	18765	4691.25	0.25
XDP02	肥皂香皂	5400	1350.00	
XDP03	领洁净	2768	692.00	
XPD04	洗涤灵	4051	1012.75	

表 2-6　3 月销售情况表

商品编号	商品名称	销售额	销售利润	利润率
XJD01	电饭煲	16203	5671.05	0.35
XJD02	电水壶	13452	4708.20	
XJD03	电火锅	13000	4550.00	
XJD04	台灯	6700	2345.00	
XDP01	洗衣粉	17050	4262.50	0.25
XDP02	肥皂香皂	4000	1000.00	
XDP03	领洁净	2500	625.00	
XPD04	洗涤灵	3865	966.25	

【例 2-13】　将上述 3 个工作表中的数据合并到"1 季度"工作表中。

➢ 选定"1 季度"工作表为当前工作表,选定要存放数据的区域。如图 2-49 所示。

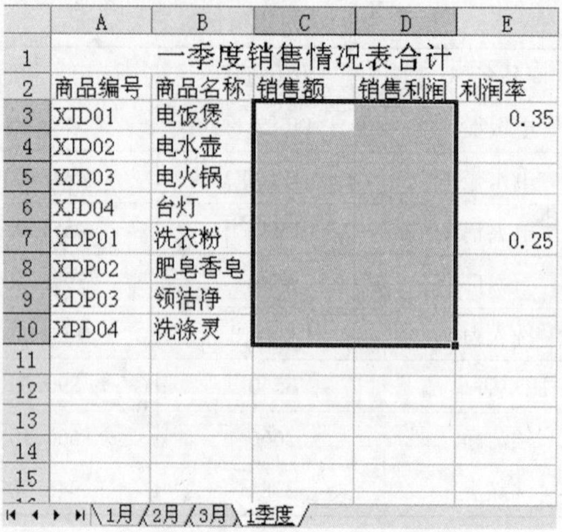

	A	B	C	D	E
1	一季度销售情况表合计				
2	商品编号	商品名称	销售额	销售利润	利润率
3	XJD01	电饭煲			0.35
4	XJD02	电水壶			
5	XJD03	电火锅			
6	XJD04	台灯			
7	XDP01	洗衣粉			0.25
8	XDP02	肥皂香皂			
9	XDP03	领洁净			
10	XPD04	洗涤灵			
11					
12					
13					
14					
15					

◄ ◄ ► ►► \ 1月 ⟨ 2月 ⟨ 3月 \ 1季度 /

图 2-49　选定目标区域

➤ 单击"数据"选项卡,在"数据工具"功能组中单击"合并计算"。如图 2-50 所示。

图 2-50　"合并计算"命令

➤ 弹出"合并计算"对话框。如图 2-51 所示。

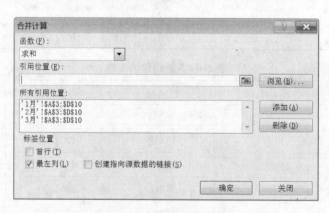

图 2-51　"合并计算"对话框

➤ 在"函数"下拉列表中选择"求和"。
➤ 删除默认引用位置。在"所有引用位置"编辑框中,选择位置"'1 月'!＄A＄3：
　＄D＄10",单击"删除"按钮。如图 2-52 所示。

图 2-52 删除默认引用位置

➤ 与上一步骤相似,依次删除位置"'2 月'!＄A＄3:＄D＄10"和"'3 月'!＄A＄3: ＄D＄10"。

➤ 添加新的引用位置。在"引用位置"文本框中添加"'1 月'!＄C＄3:＄D＄10"内容, 单击"添加"按钮。如图 2-53 所示。

图 2-53 添加新的引用位置

➤ 与上一步骤相似,依次添加新的位置"'2 月'!＄C＄3:＄D＄10","'3 月'!＄C＄3: ＄D＄10"。

➤ 在"函数"选项中,选择"求和",取消勾选标签位置"最左列",并选中"创建指向源 数据的连接"。如图 2-54 所示。

➤ 单击"确定"按钮,合并计算的结果。如图 2-55 所示。

由于在合并计算时选定了"创建指向源数据的链接",在存放合并结果的工作表中存 放的并不是合并的数据,而是用于合并计算的公式。可以单击工作表左侧的分级显示按 钮 查看源数据。当源数据变动时,合并的结果会自动更新。如果不选中"创建指向源 数据的链接",则合并结果中保存的是结果数据,当源数据发生变动时,合并结果不会自动 更新。这时需要重新合并计算。

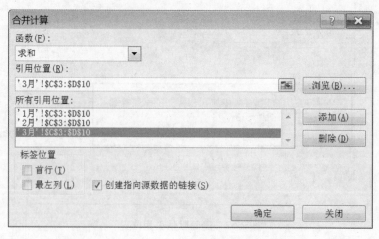

图 2-54 设置各类属性

1 2		A	B	C	D	E
	1		一季度销售情况表合计			
	2	商品编号	商品名称	销售额	销售利润	利润率
+	6	XJD01	电饭煲	45567.5	15948.63	0.35
+	10	XJD02	电水壶	38952	13633.20	
+	14	XJD03	电火锅	41265	14442.75	
+	18	XJD04	台灯	16440	5754.00	
+	22	XDP01	洗衣粉	53340.8	13335.20	0.25
+	26	XDP02	肥皂香皂	12960	3240.00	
+	30	XDP03	领洁净	7934	1983.50	
+	34	XPD04	洗涤灵	11700	2925.00	
	35					
	36					
	37					
	38					
	39					

图 2-55 合并计算的结果

2. 按类合并计算

如果各月的销售商品种类不尽相同,则不能使用按位置合并计算进行数据的汇总,而应该使用按类合并计算。

按类合并计算的方法与按位置合并计算的方法类似。

【例 2-14】 按类合并一季度的销售情况。

➢ 选择"1 季度"工作表为当前工作表,删除该工作表在上例中添加的数据。

➢ 选定合并结果数据的目标单元格区域,选择 A3:D3 单元格区域,如图 2-56 所示。因为不能确切知道有多少类别,可以只选定目标区域的第一行。

➢ 在"数据"选项卡的"数据工具"功能组中单

图 2-56 选定目标区域

击"合并计算"命令。弹出"合并计算"对话框。

➢ 选择合并计算的函数,然后添加各工作表中需要合并计算的源数据区域。注意引用位置的变动。

➢ 函数设置为"求和"。

➢ "商品编号"的分类标志在最左列,则选中"最左列"。

➢ 此处不勾选"创建指向源数据的链接"。如图 2-57 所示。

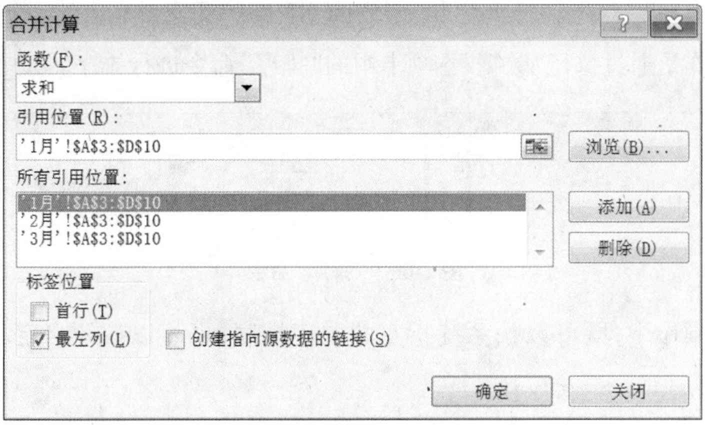

图 2-57 添加合并计算区域

➢ 单击"确定"按钮,合并计算的结果如图 2-58 所示。

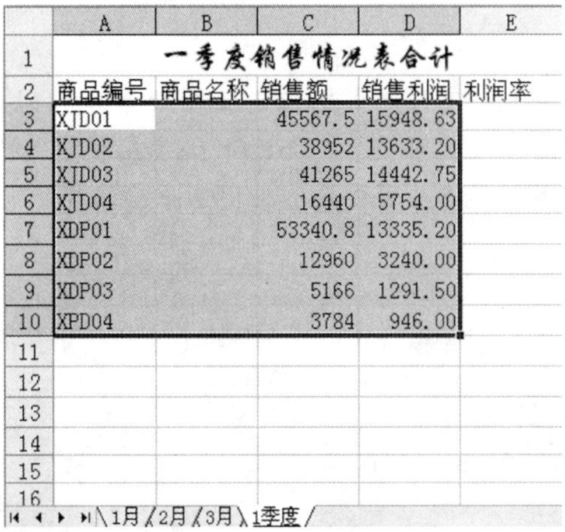

图 2-58 合并计算的结果

☞ 注意:

由于合并计算只针对数值数据,因此含有文字的单元格区域被看作空白单元格。

2.3.2 数据的排序

Excel 中提供了两种操作:

一种操作是通过单击工具栏上的"升序"或"降序"按钮进行快速排序。如图 2-59 所示。

图 2-59 "升序"或"降序"按钮

另一种操作是通过执行"数据"选项卡中的"排序"命令进行排序。如图 2-60 所示。

图 2-60 "排序"命令

在第二种操作中,既可以按系统指定的顺序排序,也可以按照自定义的顺序进行排序。

1. 使用工具栏进行排序

使用工具栏进行排序的方法如下:

➢ 将光标定位在需要排序的列的任何一个单元格中。

➢ 单击工具栏上的"升序"或"降序"按钮。其中, $\frac{A}{Z}\downarrow$ 为升序排序, $\frac{Z}{A}\downarrow$ 为降序排序。

☞ **注意:**

用这种方法进行排序时,只需要将光标定位在欲排序的列中即可,不需要选中整个列。若选中整个列,Excel 会给出如图 2-61 所示的警告。此时用户可以只排序当前列,也可以选择"扩展选定区域"来实现整个数据清单的排序。

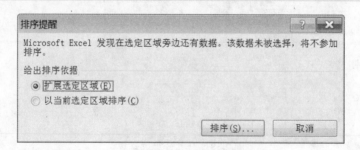

图 2-61 排序警告

Excel 中的排序规则:

① 数值数据按数学上的大小规则进行排序。

② 文本数据按字符的 ASCII 码进行排序,数字小于大写字母,大写字母小于小写字母,小写字母小于汉字,汉字按字母顺序排。

③ 日期时间数据按日期时间对应的数值的大小进行排序。

若在同一列中有多种数据,则排序的规则如下:

① 按降序排列时,顺序为:错误值、逻辑值、汉字、字母、数字、空格。

② 按升序排列时,顺序为:数字、字母、汉字、逻辑值、错误值、空格。

不管是升序排列还是降序排列,空格总是在最后。

2. 使用菜单进行排序

【例2-15】 在图2-62所示的某药店日销售清单中,按药品类别升序排列,若类别相同则按零售价降序排列,操作方法为:

➤ 将光标定位在数据清单内某一单元格中。

	A	B	C	D	E	F	G	H
1	日期	药品编号	药品类别	品名	零售价	数量	金额	零售单位
2	2008-1-8	YPYL001	饮片原料	人参	￥ 0.13	250	￥ 32.50	元/g
3	2008-1-8	BJP002	保健品	红桃K	￥ 44.80	1	￥ 44.80	元/瓶
4	2008-1-8	YLQ007	医疗器械	月球车	￥ 58.00	1	￥ 58.00	元/个
5	2008-1-8	BJP003	保健品	排毒养颜	￥ 67.20	2	￥ 134.40	元/盒
6	2008-1-8	YLQ004	医疗器械	505神功元气带	￥ 69.50	1	￥ 69.50	元/个
7	2008-1-8	ZCY002	中成药	舒肝和胃丸	￥ 11.00	2	￥ 22.00	元/盒
8	2008-1-8	YPYL007	饮片原料	枸杞	￥ 18.00	2	￥ 36.00	元/袋 (100g)
9	2008-1-8	XY004	西药	青霉素	￥ 25.00	1	￥ 25.00	元/盒
10	2008-1-8	YPYL003	饮片原料	灵芝草	￥ 150.00	2	￥ 300.00	元/袋 (250g)
11	2008-1-8	YLQ003	医疗器械	颈椎治疗仪	￥ 198.00	1	￥ 198.00	元/个
12	2008-1-8	BJP007	保健品	燕窝	￥ 198.00	1	￥ 198.00	元/盒
13	2008-1-8	YLQ002	医疗器械	周林频谱仪	￥ 225.00	1	￥ 225.00	元/台
14	2008-1-8	YPYL004	饮片原料	冬虫夏草	￥ 260.00	1	￥ 260.00	元/盒 (10g)
15	2008-1-8	ZCY007	中成药	国公酒	￥ 11.40	5	￥ 57.00	元/瓶
16	2008-1-8	ZCY005	中成药	感冒冲剂	￥ 12.30	2	￥ 24.60	元/盒
17	2008-1-8	BJP004	保健品	太太口服液	￥ 38.00	3	￥ 114.00	元/盒
18	2008-1-8	BJP005	保健品	朵儿胶囊	￥ 77.40	2	￥ 154.80	元/盒
19	2008-1-8	XY006	西药	去痛片	￥ 8.60	2	￥ 17.20	元/瓶
20	2008-1-8	BJP005	保健品	朵儿胶囊	￥ 77.40	1	￥ 77.40	元/盒

日销售清单／Sheet2／Sheet3／

图2-62 某药店日销售清单

➤ 单击"数据"选项卡,选择"排序"命令,弹出如图2-63所示的"排序"对话框。

图2-63 "排序"对话框

➤ 在对话框中选择"主要关键字"为"药品类别",并选中主要关键字后的"升序"。"次要关键字"选择"零售价",然后选中次要关键字后的"降序"。

➤ 单击"确定"按钮,完成排序操作。

☞ **注意：**

　　如果数据清单中的数据安排很规则，符合数据清单的约定，则 Excel 会自动选中整个数据清单中的数据。如果数据清单中的数据安排不符合约定，如图 2-64 所示，单元格区域 F2：G2 填表日期会让 Excel 很困惑，不知道属于还是不属于排序范围，这种情况下若要进行排序，则应该先手工选定整个数据清单。

	A	B	C	D	E	F	G
1			高三（3）班学生成绩登记表				
2						填表日期	2010-11-28
3	学号	姓名	性别	语文	数学	英语	总分
4	2008060301	王勇	男	89	98	70	257
5	2008060302	刘田田	女	78	67	90	235
6	2008060303	李冰	女	80	90	78	248
7	2008060304	任卫杰	男	67	78	59	204
8	2008060305	吴晓丽	女	90	88	96	274
9	2008060306	刘唱	男	67	89	76	232
10	2008060307	王强	男	88	97	89	274
11	2008060308	马爱军	男	95	80	79	254
12	2008060309	张晓华	女	67	89	98	254
13	2008060310	朱刚	男	94	89	87	270
14							

图 2-64　成绩登记表

☞ **注意：**

　　在进行排序的时候，需要特别注意数据表中的空行或者空列，因为 Excel 只能自行识别空行前面的数据或者空列左边的数据，而漏掉空行下面或者空列右边的数据。

　　3．三个以上关键字的排序

　　在上面的例子中，一次可以同时设定三个关键字进行排序。如果排序关键字多于三个，Excel 能实现排序吗？答案是肯定的。

　　三个以上关键字排序的一般做法是：先将优先级别低的几个关键字排序，然后按照优先级别高的几个关键字再次排序。

　　例如，某工作表需要按关键字 A、B、C、D、E、F 进行排序，其中各关键字的优先级为按字母序列 A 最优先，列 F 优先级最低。排序的方法为：先按列 D、E、F 进行排序，主要关键字为 D，次要关键字为 E，第三关键字为 F；然后再按列 A、B、C 进行排序，主要关键字为 A，次要关键字为 B，第三关键字为 C。

☞ **注意：**

　　Excel 的排序有这样的特性，当两个字段值大小相同时，会保留原来的或上次的排序顺序。

练习：将图2-65所示的人事档案表按部门、性别、职称、基本工资进行排序，其中部门最优先。

	A	B	C	D	E	F	G	H
1				人事档案表				
2	职工号	部门	姓名	性别	出生日期	职称	婚姻	基本工资
3	1003	经贸系	徐园	女	1963-12-03	副教授	已婚	1320
4	1004	经贸系	张山	女	1961-01-03	教授	已婚	1480
5	1005	经贸系	陈林	男	1978-08-02	讲师	已婚	1260
6	1006	经贸系	钱进	男	1972-08-12	副教授	已婚	1450
7	1007	经贸系	赵川	男	1983-11-28	助教	未婚	1230
8	3002	金融系	余昊昱	女	1970-01-08	讲师	已婚	1300
9	3005	金融系	吴昊	男	1958-09-07	教授	已婚	1500
10	3010	金融系	李宁宁	女	1965-04-06	副教授	已婚	1318
11	4001	财会系	张乐	女	1960-02-21	副教授	已婚	1342
12	4002	财会系	高俊	男	1962-10-08	副教授	已婚	1325
13	4003	财会系	李阳	男	1970-10-01	副教授	已婚	1304
14	4004	财会系	张进明	男	1980-05-10	讲师	未婚	1260
15	4005	财会系	陆小东	男	1986-06-08	助教	未婚	1200
16	4006	财会系	胡方	男	1948-10-23	教授	已婚	1560
17	4007	财会系	杨玲	女	1967-10-01	副教授	已婚	1331
18	4008	财会系	林泰	男	1970-03-25	讲师	已婚	1280

图2-65　人事档案表

☞ **注意**：

　　Excel对多次排序的处理原则是：在多列表格中，先被排序过的列会在后续其他列的排序过程中尽量保持自己的顺序。因此，在使用该方法排序时，应先排序较为次要的列，后排序较为重要的列。

　　4. 自定义排序

　　有时候不希望按照Excel提供的标准顺序进行排序，而是希望按照某种特殊的顺序来排列，如职称、星期、月份等数据。

　　【例2-16】 对于图2-65中的人事档案表，按"职称"从低到高的顺序进行排序。若使用系统进行排序，则得到的结果是按不同职称的拼音顺序进行排序。而实际上职称从低到高的顺序是：助教、讲师、副教授、教授。实现上述排序效果的方法为：

➢ 新建职称的自定义序列。在"文件"选项卡中选择"选项"命令，在弹出的"Excel选项"对话框的"高级"功能中，选中"编辑自定义列表"命令。如2-66图示。

➢ 在弹出的"自定义序列"对话框中选中"新序列"，在"输入序列"列表框中分别输入"助教""讲师""副教授""教授"，每个数据一行。单击"添加"按钮，然后单击"确定"。如2-67图示。在"Excel选项"对话框中单击"确定"。

➢ 选择A2:H18数据区域，执行"数据"选项卡中的"排序"命令，弹出"排序"对话框。

➢ 在"排序"对话框中，"主要关键字"选择"职称"。

➢ 在"次序"下拉列表框中选择"自定义序列"。

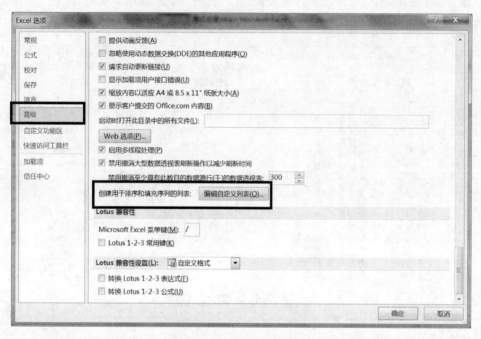

图 2-66　编辑自定义列表

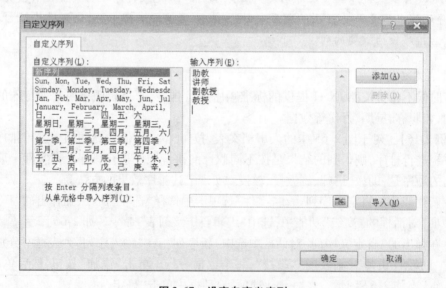

图 2-67　设定自定义序列

➢ 在"自定义序列"下拉列表中,选择序列"助教、讲师、副教授、教授"后单击"确定"
按钮。如图 2-68 所示。

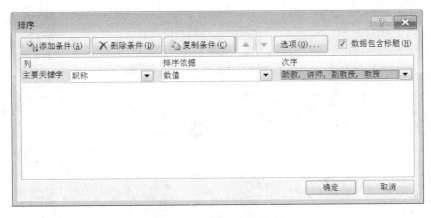

图2-68 "排序选项"对话框

➤ 返回"排序"对话框后再单击"确定"按钮。

➤ 数据将按照职称由低到高进行排序,结果如图2-69所示。

	A	B	C	D	E	F	G	H
1				人事档案表				
2	职工号	部门	姓名	性别	出生日期	职称	婚姻	基本工资
3	1007	经贸系	赵川	男	1983/11/28	助教	未婚	1230
4	4005	财会系	陆小东	男	1986/06/08	助教	未婚	1200
5	1005	经贸系	陈林	男	1978/08/02	讲师	已婚	1260
6	3002	金融系	余昊昱	女	1970/01/08	讲师	已婚	1300
7	4004	财会系	张进明	男	1980/05/10	讲师	未婚	1260
8	4008	财会系	林泰	男	1970/03/25	讲师	已婚	1280
9	1003	经贸系	徐园	女	1963/12/03	副教授	已婚	1320
10	1006	经贸系	钱进	男	1972/08/12	副教授	已婚	1450
11	3010	金融系	李宁宁	女	1965/04/06	副教授	已婚	1318
12	4001	财会系	张乐	女	1960/02/21	副教授	已婚	1342
13	4002	财会系	高俊	男	1962/10/08	副教授	已婚	1325
14	4003	财会系	李阳	男	1970/10/01	副教授	已婚	1304
15	4007	财会系	杨玲	女	1967/10/01	副教授	已婚	1331

图2-69 排序结果

2.3.3 数据的筛选

数据筛选的功能是查询出满足条件的数据。Excel中有三种方法可以实现数据的筛选功能:利用记录单实现筛选、自动筛选和高级筛选。

1. 利用记录单查找记录

在"记录单"对话框中,只要在空白表单中输入查询条件,即可查找出满足条件的数据。

查询条件由比较运算符和数值表达式或字符表达式组成。

【例2-17】 图2-70是某文化用品公司的销售情况表,若想查找2000年1月下旬"佳能牌"的销售情况,可以按以下方法实现:

	A	B	C	D	E	F	G	H	I	J
1	文化用品公司销售情况表									
2	日期	业务员	商品代码	品牌	克重	规格	单价	数量	销售额	订货单位
3	2000-01-04	方依然	SG80A3	三工牌	80g	A3	260	97	¥ 25,220.00	明月商场
4	2000-01-04	方依然	JD70B4	金达牌	70g	B4	260	40	¥ 10,400.00	开缘商场
5	2000-01-04	张一帆	SP70A4	三普牌	70g	A4	220	46	¥ 10,120.00	开心商场
6	2000-01-04	高嘉文	SG80A3	三工牌	80g	A3	295	70	¥ 20,650.00	白云出版社
7	2000-01-05	高嘉文	JN70B5	佳能牌	70g	B5	189	24	¥ 4,536.00	阳光公司
8	2000-01-05	何宏禹	SP70A4	三普牌	70g	A4	225	40	¥ 9,000.00	星光出版社
9	2000-01-05	高嘉文	SG80A3	三工牌	80g	A3	295	117	¥ 34,515.00	白云出版社
10	2000-01-06	张一帆	SP70A4	三普牌	70g	A4	220	70	¥ 15,400.00	开心商场
11	2000-01-07	高嘉文	JN70B5	佳能牌	70g	B5	189	67	¥ 12,663.00	阳光公司
12	2000-01-07	高嘉文	SG80A3	三工牌	80g	A3	295	78	¥ 23,010.00	白云出版社
13	2000-01-07	何宏禹	XL70A4	雪莲牌	70g	A4	290	123	¥ 35,670.00	蓝图公司
14	2000-01-07	何宏禹	XL70A4	雪莲牌	70g	A4	290	72	¥ 20,880.00	蓝图公司
15	2000-01-08	叶佳	JD70B5	金达牌	70g	B5	210	22	¥ 4,620.00	蓝图公司
16	2000-01-08	李良	FG80A4	富工牌	80g	A4	330	52	¥ 17,160.00	海天公司
17	2000-01-08	高嘉文	FG80A4	富工牌	80g	A4	330	59	¥ 19,470.00	白云出版社
18	2000-01-08	何宏禹	FG80A4	富工牌	80g	A4	330	53	¥ 17,490.00	白云出版社

图 2-70　某文化用品公司销售情况表

➤ 光标定位于数据清单内,执行"记录单"命令,弹出如图 2-71 所示的对话框。如果需要详细了解如何打开记录单,请阅读 2.1.3 节内容。

➤ 单击对话框中的"条件"按钮,此时 Excel 会清除各个字段编辑框中的内容,出现空白表单。

➤ 在"日期"字段中输入" >= 2000 – 1 – 21",在"品牌"字段中输入"佳能牌"。如图 2-72 所示。

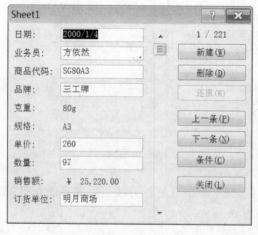

图 2-71　记录单

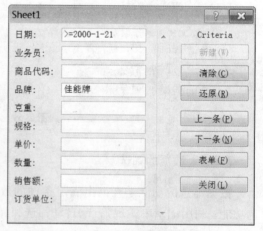

图 2-72　输入查找条件

➤ 单击"上一条"或"下一条"按钮,Excel 将从当前记录开始向上或向下查找,并定位于第一个满足条件的记录上,同时显示该记录内容。

➤ 继续单击"上一条"或"下一条"按钮,可以在所有满足条件的记录间进行浏览。

若想要取消条件查找,可以先单击对话框中的"条件"按钮,再单击对话框中的"表单"按钮。最后,单击"关闭"按钮。关闭记录单。

2．自动筛选

利用记录单只能实现简单的查找功能,若要实现更复杂的数据查询,则需要使用自动筛选或高级筛选功能。筛选后,满足条件的记录显示,不满足条件的记录隐藏。

将光标定位于数据清单内,执行"数据"→"筛选"命令,此时各字段标题的右侧会出现一个筛选的箭头按钮。单击所需要筛选的字段旁的箭头,可以在下拉列表中选择相关筛选项进行筛选。如图 2-73 所示。

图 2-73　自动筛选

【例 2-18】　筛选出所有"富工牌"A4 纸的操作方法为:

➤ 将光标定位在数据清单内,执行"数据"→"筛选"命令。

➤ 单击"品牌"列的筛选按钮,在下拉列表中选择"富工牌"。

➤ 单击"规格"列的筛选按钮,在下拉列表中选择"A4"。

筛选结果如图 2-74 所示。

	A	B	C	D	E	F	G	H	I	J
1				文化用品公司销售情况表						
2	日期	业务员	商品代	品牌	克1	规1	单1	数1	销售额	订货单位
16	2000/01/08	李良	FG80A4	富工牌	80g	A4	330	52	¥ 17,160.00	海天公司
17	2000/01/08	高嘉文	FG80A4	富工牌	80g	A4	330	59	¥ 19,470.00	白云出版社
18	2000/01/08	何宏禹	FG80A4	富工牌	80g	A4	330	53	¥ 17,490.00	白云出版社
19	2000/01/09	叶佳	FG80A4	富工牌	80g	A4	330	44	¥ 14,520.00	白云出版社
30	2000/01/14	游妍妍	FG80A4	富工牌	80g	A4	330	28	¥ 9,240.00	海天公司
31	2000/01/14	李良	FG80A4	富工牌	80g	A4	330	17	¥ 5,610.00	海天公司
44	2000/01/21	李良	FG80A4	富工牌	80g	A4	330	38	¥ 12,540.00	海天公司
47	2000/01/23	李良	FG80A4	富工牌	80g	A4	330	34	¥ 11,220.00	海天公司
72	2000/01/31	高嘉文	FG80A4	富工牌	80g	A4	330	13	¥ 4,290.00	白云出版社
80	2000/02/03	李良	FG80A4	富工牌	80g	A4	330	80	¥ 26,400.00	海天公司
81	2000/02/04	高嘉文	FG80A4	富工牌	80g	A4	330	19	¥ 6,270.00	白云出版社
85	2000/02/04	孙建	FG80A4	富工牌	80g	A4	330	56	¥ 18,480.00	海天公司
90	2000/02/06	李良	FG80A4	富工牌	80g	A4	330	81	¥ 26,730.00	海天公司

图 2-74　筛选结果

练习1：筛选出业务员"叶佳"销售的"金达牌"商品的情况。

练习2：筛选出销售"数量"≥50的数据。

如果要同时查看"富工牌"与"佳能牌"的商品销售情况，这时该怎么办呢？

可以采取两种方法来实现：

一种是在筛选下拉列表中，选择"富工牌"与"佳能牌"就可以实现。如图2-75所示。

图2-75　自动筛选多个条件

另一种是采用自定义筛选。自定义筛选可以设置更为复杂的条件。具体步骤如下：

➢ 将光标定位在数据清单内，执行"数据"→"筛选"命令。

➢ 在下拉列表中选择"文本筛选"，会弹出多种选项，选择"自定义筛选"命令。如图 2-76 所示。

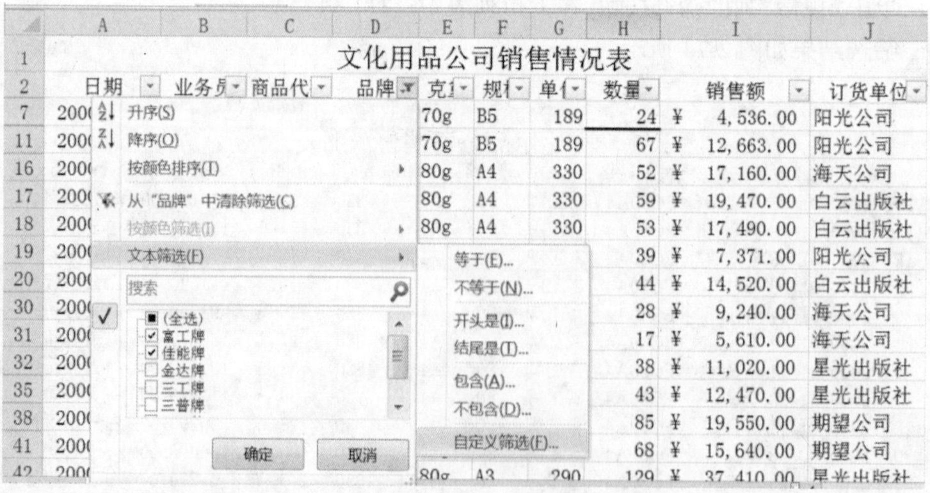

图2-76　自定义筛选

➢ 在"自定义自动筛选方式"对话框中可以设置相关条件。如图2-77所示。

图 2-77　"自定义自动筛选方式"对话框

"自定义自动筛选方式"对话框左侧的下拉列表中列出了 Excel 中全部的筛选运算。右侧是一个组合框,用户既可以直接输入数据,也可以在列表中选择现有数据。

自定义筛选的两个条件可以是"与"的关系,表示同时满足;也可以是"或"的关系,表示只满足其一即可。自定义筛选的条件只能针对同一字段进行设置。表 2-7 列出了各种筛选方式。

表 2-7　筛选运算

运　算	含　义
等于	当前列中数据等于某个指定值
不等于	当前列中数据不等于某个指定值
大于	当前列中数据大于某个指定值
大于或等于	当前列中数据大于或等于某个指定值
小于	当前列中数据小于某个指定值
小于或等于	当前列中数据小于或等于某个指定值
开头是	当前列中数据以指定内容开头
开头不是	当前列中数据不是以指定内容开头
结尾是	当前列中数据以指定内容结尾
结尾不是	当前列中数据不是以指定内容结尾
包含	当前列中数据包含指定数据
不包含	当前列中数据不包含指定数据

当指定值为文本时,可以用"?"代表单个字符,用"＊"代表任意多个字符。如"?? A＊"表示第三个字符为"A"的数据。

如果在指定值中输入"张＊"则 Excel 会自动转换成开头是"张"。

如果指定值为"＊成",Excel 会自动转换成结尾是"成"。

如果指定值为"＊进＊",Excel 会自动转换成包含"进"。

【例 2-19】　查看姓氏以"孙"或"方"开头的业务员的商品销售情况。方法如下:

➢ 将光标定位在数据清单内,执行"数据"选项卡中的"筛选"命令。

➢ 单击"业务员"列的筛选按钮,在下拉列表中的"文本筛选"中选择"自定义筛选"。
➢ 在"自定义自动筛选方式"对话框中,第一个条件设置为"开头是""孙",第二个条件设置为"开头是""方"。
➢ 在对话框中选中"或",如图 2-78 所示。
➢ 单击"确定"按钮。

图 2-78　设定筛选条件

【例 2-20】　筛选出图 2-79 所示的成绩表中语文、数学、英语三门成绩都在 80 分以上的学生。方法为:

	A	B	C	D	E	F	G
1			高三（3）班学生成绩登记表				
2						填表日期	2010/11/28
3	学号	姓名	性别	语文	数学	英语	总分
4	2008060301	王勇	男	89	98	70	257
5	2008060302	刘田田	女	78	67	90	235
6	2008060303	李冰	女	80	90	78	248
7	2008060304	任卫杰	男	67	78	59	204
8	2008060305	吴晓丽	女	90	88	96	274
9	2008060306	刘唱	男	67	89	76	232
10	2008060307	王强	男	88	97	89	274
11	2008060308	马爱军	男	95	80	79	254
12	2008060309	张晓华	女	67	89	98	254
13	2008060310	朱刚	男	94	89	87	270

图 2-79　成绩登记表

➢ 选中 A3：G13 单元格区域。执行"数据"→"筛选"命令。
➢ 单击"语文"列的筛选按钮,在下拉列表中选择"文本筛选",单击"自定义筛选"。在"自定义自动筛选方式"对话框中筛选运算选择"大于或等于",输入值"80",然后单击"确定"按钮。
➢ 单击"数学"列的筛选按钮,在下拉列表中选择"文本筛选",单击"自定义筛选"。在"自定义自动筛选方式"对话框中筛选运算选择"大于或等于",输入值"80",然后单击"确定"按钮。
➢ 单击"英语"列的筛选按钮,在下拉列表中选择"文本筛选",单击"自定义筛选"。在"自定义自动筛选方式"对话框中筛选运算选择"大于或等于",输入值"80",然后单击"确定"按钮。

在本次操作中,有一个选中区域的操作,这是因为图 2-79 所示的成绩表中 F2：G2 单元格中的数据影响了数据清单的规则,Excel将不能正确获取数据清单的范围,所以必须手工先选定数据清单区域。

【**例2-21**】 在图2-80所示的人事档案表中,筛选出"张"姓已婚的高级职称(教授或副教授)的记录,方法如下:

	职工号	部门	姓名	性别	出生日期	职称	婚姻	基本工资
				人事档案表				
3	1003	经贸系	徐园	女	1963/12/03	副教授	已婚	1320
4	1004	经贸系	张山	女	1961/01/03	教授	已婚	1480
5	1005	经贸系	陈林	男	1978/08/02	讲师	已婚	1260
6	1006	经贸系	钱进	男	1972/08/12	副教授	已婚	1450
7	1007	经贸系	赵川	男	1983/11/28	助教	未婚	1230
8	3002	金融系	余昊昱	女	1970/01/08	讲师	已婚	1300
9	3005	金融系	吴昊	男	1958/09/07	教授	已婚	1500
10	3010	金融系	李宁宁	女	1965/04/06	副教授	已婚	1318

图2-80 人事档案表

➢ 光标定位在数据清单内,执行"数据"→"筛选"命令。
➢ 单击"姓名"列的筛选按钮,在下拉列表中选择"文本筛选",单击"自定义筛选"。
➢ 在"自定义自动筛选方式"对话框中筛选运算选择"开头是",在右侧的输入框中输入"张",然后单击"确定"按钮。
➢ 单击"职称"列的筛选按钮,在下拉列表中选择"文本筛选",单击"自定义筛选"。
➢ 在"自定义自动筛选方式"对话框中筛选运算选择"包含",在右侧的输入框中输入"教授",然后单击"确定"按钮。
➢ 单击"婚姻"列的筛选按钮,在下拉列表中选择"已婚"。

筛选条件设置及结果如图2-81所示。

	职工号	部门	姓名	性别	出生日期	职称	婚姻	基本工
				人事档案表				
4	1004	经贸系	张山	女	1961-01-03	教授	已婚	1480
11	4001	财会系	张乐	女	1960-02-21	副教授	已婚	1342

图2-81 筛选结果

3.取消"自动筛选"

取消"自动筛选"有以下两种方法:

(1)在筛选后,逐个单击筛选字段后的按钮,在下拉列表中选择"全部"。

(2)在筛选后,再执行一次"数据"→"筛选"命令。

其中第(2)种方法将退出自动筛选状态,各字段名旁的按钮将消失。

4.高级筛选

高级筛选与自动筛选的差别在于:自动筛选是以下拉列表的方式进行过滤数据,并将符合条件的数据显示到列表上;高级筛选则是必须给出筛选的条件,这个条件可以是多项手动输入的,而不是利用下拉菜单项来筛选数据。

要进行筛选的数据列表中的字段比较少时,利用自动筛选比较简单。而如果需要筛选的数据列表中的字段比较多,而且筛选的条件比较复杂,这时,利用自动筛选就显得过于简单,需要使用高级筛选。

利用高级筛选来查看数据,首先要建立一个条件区域,然后才能进行数据的查询。这个条件区域不是数据清单的一部分,而是作为筛选条件,所以不能将条件区域和数据清单连接在一起,而必须至少用一个空行和空列将它们分隔开来。

一个条件区域至少包含两行:第一行为列标题,即筛选条件中用到的字段名,必须与数据清单中的字段名相同;下面的行用于放置筛选条件。

在筛选条件中,行与行之间的条件是"或"的关系,而行内不同条件之间则是"与"的关系。

(1)同时满足多个条件的筛选。

【例 2-22】 在某文化用品公司销售情况表中筛选出 2000 年 1 月中旬"三工牌"与"三一牌"商品的销售情况,具体步骤如下:

	日期	日期	品牌
224			
225	日期	日期	品牌
226	>=2000-1-10	<=2000-1-20	三工牌
227	>=2000-1-10	<=2000-1-20	三一牌
228			

➤ 在单元区域 A225:C227 中建立条件区域。如图 2-82 所示。

图 2-82 条件区域

➤ 选中数据清单中任意一个非空单元格,然后在"数据"选项卡的"排序和筛选"功能组中单击"高级"按钮。如图 2-83 所示。

图 2-83 "高级筛选"按钮

➤ 打开"高级筛选"对话框,将列表区域设置为"＄A＄2:＄J＄223",将条件区域设置为"Sheet1!＄A＄225:＄C＄227"。如图 2-84 所示。

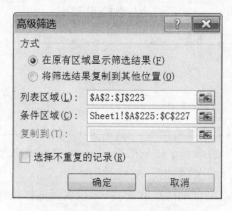

图 2-84 "高级筛选"对话框

➤ 单击"确定"按钮,得到筛选结果。如图 2-85 所示。

	A	B	C	D	E	F	G	H	I	J
1				文化用品公司销售情况表						
2	日期	业务员	商品代码	品牌	克重	规格	单价	数量	销售额	订货单位
29	2000/01/13	高嘉文	SG80A3	三工牌	80g	A3	295	46	¥ 13,570.00	白云出版社
33	2000/01/15	孙建	SG80A3	三工牌	80g	A3	290	74	¥ 21,460.00	明月商场
224										
225	日期	日期	品牌							
226	>=2000-1-10	<=2000-1-20	三工牌							
227	>=2000-1-10	<=2000-1-20	三一牌							
228										

图 2-85　筛选结果

☞ **注意:**

条件区域可以建立在任何空白区域,但它必须与数据清单之间有一个空行,这样 Excel 才能区分哪些区域是数据清单,哪些区域是条件区域。条件区域不必包括数据清单中所有的字段,只需要包括所需字段即可。上例中,条件区域和数据清单属于同一工作表中,也可以将条件区域与数据清单放置在不同工作表中。

(2) 满足其中一个条件的筛选。

【例 2-23】 查询只要满足"单价"小于等于 200、"订货单位"为蓝图公司两个条件中其中一个条件的记录。具体操作步骤如下:

图 2-86　条件区域

➤ 在单元格区域 A225:B227 中建立条件区域,如图 2-86所示。

➤ 选中数据清单中任意一个非空单元格,然后在"数据"选项卡的"排序和筛选"功能组中单击"高级"按钮。

➤ 打开"高级筛选"对话框,将列表区域设置为"＄A＄2:＄J＄223",将条件区域设置为"＄A＄225:＄B＄227"。如图 2-87 所示。

➤ 单击"确定"按钮,得到筛选结果。如图 2-88 所示。

图 2-87　"高级筛选"对话框

	A	B	C	D	E	F	G	H	I	J
1				文化用品公司销售情况表						
2	日期	业务员	商品代码	品牌	克重	规格	单价	数量	销售额	订货单位
7	2000/01/05	高嘉文	JN70B5	佳能牌	70g	B5	189	24	¥ 4,536.00	阳光公司
11	2000/01/07	高嘉文	JN70B5	佳能牌	70g	B5	189	67	¥ 12,663.00	阳光公司
13	2000/01/07	何宏禹	XL70A4	雪莲牌	70g	A4	290	123	¥ 35,670.00	蓝图公司
14	2000/01/07	何宏禹	XL70A4	雪莲牌	70g	A4	290	72	¥ 20,880.00	蓝图公司
15	2000/01/08	叶佳	JD70B5	金达牌	70g	B5	210	22	¥ 4,620.00	蓝图公司
19	2000/01/09	高嘉文	JN70B5	佳能牌	70g	B5	189	39	¥ 7,371.00	阳光公司
23	2000/01/11	何宏禹	XL70A4	雪莲牌	70g	A4	290	28	¥ 8,120.00	蓝图公司
24	2000/01/11	游妍妍	JD70B5	金达牌	70g	B5	200	119	¥ 23,800.00	明月商场

图 2-88　筛选结果

（3）自定义条件的筛选。

高级筛选还可以实现将某一列的数据与一个计算结果进行比较。

【例2-24】 在人事档案表中，筛选出工资比平均工资高出10%的职工。方法为：

➢ 构造条件区域，如图2-89所示。在H21单元格中输入公式"＝AVERAGE（H3：H18）"，在F21单元格输入公式"＝H3＞＄H＄21＊110％"，其他文字参见图2-89所示。

➢ 将光标定位在数据清单内，执行"数据"→"高级"命令。

➢ 在"高级筛选"对话框中，将光标定位在"条件区域"后的编辑框中，选择条件区域"＄F＄20：＄F＄21"。

➢ 单击"确定"按钮。

	A	B	C	D	E	F	G	H
1					人事档案表			
2	职工号	部门	姓名	性别	出生日期	职称	婚姻	基本工资
3	1003	经贸系	徐园	女	1963-12-03	副教授	已婚	1320
4	1004	经贸系	张山	女	1961-01-03	教授	已婚	1480
5	1005	经贸系	陈林	男	1978-08-02	讲师	已婚	1260
6	1006	经贸系	钱进	男	1972-08-12	副教授	已婚	1450
7	1007	经贸系	赵川	男	1983-11-28	助教	未婚	1230
8	3002	金融系	余昊昱	女	1970-01-08	讲师	已婚	1300
9	3005	金融系	吴昊	男	1958-09-07	教授	已婚	1500
10	3010	金融系	李宁宁	女	1965-04-06	副教授	已婚	1318
11	4001	财会系	张乐	女	1960-02-21	副教授	已婚	1342
12	4002	财会系	高俊	男	1962-10-08	副教授	已婚	1325
13	4003	财会系	李阳	男	1970-10-01	副教授	已婚	1304
14	4004	财会系	张进明	男	1980-05-10	讲师	未婚	1260
15	4005	财会系	陆小东	男	1986-06-08	助教	未婚	1200
16	4006	财会系	胡方	男	1948-10-23	副教授	已婚	1560
17	4007	财会系	杨玲	女	1967-10-01	副教授	已婚	1331
18	4008	财会系	林泰	男	1970-03-25	讲师	已婚	1280
19								
20						比平均工资高10%		平均工资
21						FALSE		1341.25

图2-89　筛选结果

该例中，在构造条件区域时，F21单元格对平均工资单元格的引用一定要用绝对引用。因为Excel进行筛选的过程是这样的：将H列中所有的基本工资都与H21单元格乘110％的结果作比较，相当于将一个公式分别应用到H列的各个单元格。如果使用相对引用，即F20中的公式变成"＝H3＞H21＊110％"时，只有H3单元格中的数据被正常比较，而H4单元格中的数据则与H22＊110％作比较、H5单元格中的数据与H23％110％作比较……显然不能得到正确的结果。而公式中对H3单元格的引用要使用相对引用，因为接下来要比较的是H4、H5……

取消"高级筛选"的方法与取消"自动筛选"的方法（2）相同。

2.3.4　数据的分类汇总

分类汇总可以实现对数据的分类合计，即将分类字段中字段值相同的所对应的记录合并为一个组，然后按某一种汇总方式进行合并计算。

Excel在检查分类字段时，每遇到一个不同的字段值就会认为一个分组结束，因此在执行分类汇总操作之前,一定要在分类字段上进行排序,将字段值相同的记录排列在一起。

1. 简单分类汇总

【例 2-25】　在人事档案表中,统计各部门的平均工资。方法为:

➢ 将数据清单按照"部门"升序排序。排序过程请查看 2.3.2 节。

☞ **注意:**

在使用分类汇总之前,需要保证数据清单的各列有列标题,并且同一列中应该包含相似的数据,同时在数据区域中没有空行或者空列。

➢ 在"数据"选项卡的"分级显示"功能组中,选择"分类汇总"命令。如图 2-90 所示。

图 2-90　"分类汇总"命令

➢ 在"分类汇总"对话框中,在"分类字段"下拉列表中选择"部门"。

➢ 在"汇总方式"下拉列表中选择"平均值"。

➢ 在"选定汇总项"列表框中选中"基本工资"。如图 2-91 所示。

➢ 单击"确定"按钮。分类汇总的结果如图 2-92 所示。

在分类汇总的结果中,左侧出现了分级按钮 [1] [2] [3]。若单击 [1] 按钮,则显示总的汇总结果,单击 [2] 按钮可以显示各部门平均值,单击 [3] 按钮可以显示明细数据。

图 2-91　"分类汇总"对话框

此外,也可以单击左侧的 [−] 按钮来隐藏相关的数据,同时按钮变为 [+]。单击 [+] 按钮可以显示相关数据,同时按钮变为 [−]。

若要删除分类汇总,可以执行"数据"→"分类汇总"命令,在"分类汇总"对话框中单击"全部删除"按钮。

☞ **注意:**

在进行分类汇总时,分类字段必须是已经排好序的字段,否则最后汇总的结果是不正确的。并且汇总方式必须与汇总项匹配,例如汇总方式选择求和,而汇总项选择职称,就会出错。

1 2 3		A	B	C	D	E	F	G	H
	1				人事档案表				
	2	职工号	部门	姓名	性别	出生日期	职称	婚姻	基本工资
	3	4001	财会系	张乐	女	1960/02/21	副教授	已婚	1342
	4	4002	财会系	高俊	男	1962/10/08	副教授	已婚	1325
	5	4003	财会系	李阳	男	1970/10/01	副教授	已婚	1304
	6	4004	财会系	张进明	男	1980/05/10	讲师	未婚	1260
	7	4005	财会系	陆小东	男	1986/06/08	助教	未婚	1200
	8	4006	财会系	胡方	男	1948/10/23	教授	已婚	1560
	9	4007	财会系	杨玲	女	1967/10/01	副教授	已婚	1331
	10	4008	财会系	林泰	男	1970/03/25	讲师	已婚	1280
	11		财会系 平均值						1325.25
	12	3002	金融系	余昊昱	女	1970/01/08	讲师	已婚	1300
	13	3005	金融系	吴昊	男	1958/09/07	教授	已婚	1500
	14	3010	金融系	李宁宁	女	1965/04/06	副教授	已婚	1318
	15		金融系 平均值						1372.67
	16	1003	经贸系	徐园	女	1963/12/03	副教授	已婚	1320
	17	1004	经贸系	张山	女	1961/01/03	教授	已婚	1480
	18	1005	经贸系	陈林	男	1978/08/02	讲师	已婚	1260
	19	1006	经贸系	钱进	男	1972/08/12	副教授	已婚	1450
	20	1007	经贸系	赵川	男	1983/11/28	助教	未婚	1230
	21		经贸系 平均值						1348
	22		总计平均值						1341.25

图 2-92　分类汇总结果

2. 高级分类汇总

可以在同一个字段上采用不同的汇总方式进行多次汇总。

【例 2-26】　在人事档案表中,统计各部门平均工资与工资总额。方法为:

➤ 先使用上述分类汇总方法汇总出各部门的平均工资。

➤ 再次执行"数据"→"分类汇总"命令。

➤ 在"分类汇总"对话框中"分类字段"仍然选择"部门","汇总方式"选择"求和", "选定汇总项"仍然选择"基本工资"。

➤ 在对话框中,取消选中"替换当前分类汇总"。

➤ 单击"确定"按钮。

汇总结果如图 2-93 所示。

☞ **注意:**

　　在进行第二次分类汇总操作时,若仍然选中"替换当前分类汇总",则新的分类汇总将替换以前的分类汇总。若要保留上一次分类汇总的结果,则一定要取消选中"替换当前分类汇总"。如果单击"全部删除",所有的分类汇总都将被删除。

1 2 3 4	A	B	C	D	E	F	G	H
1				人事档案表				
2	职工号	部门	姓名	性别	出生日期	职称	婚姻	基本工资
3	4001	财会系	张乐	女	1960/02/21	副教授	已婚	1342
4	4002	财会系	高俊	男	1962/10/08	副教授	已婚	1325
5	4003	财会系	李阳	男	1970/10/01	副教授	已婚	1304
6	4004	财会系	张进明	男	1980/05/10	讲师	未婚	1260
7	4005	财会系	陆小东	男	1986/06/08	助教	未婚	1200
8	4006	财会系	胡方	男	1948/10/23	教授	已婚	1560
9	4007	财会系	杨玲	女	1967/10/01	副教授	已婚	1331
10	4008	财会系	林泰	男	1970/03/25	讲师	已婚	1280
11		财会系 汇总						10602
12		财会系 平均值						1325.25
13	3002	金融系	余昊昱	女	1970/01/08	讲师	已婚	1300
14	3005	金融系	吴昊	男	1958/09/07	教授	已婚	1500
15	3010	金融系	李宁宁	女	1965/04/06	副教授	已婚	1318
16		金融系 汇总						4118
17		金融系 平均值						1372.67
18	1003	经贸系	徐园	女	1963/12/03	副教授	已婚	1320
19	1004	经贸系	张山	女	1961/01/03	教授	已婚	1480
20	1005	经贸系	陈林	男	1978/08/02	讲师	已婚	1260
21	1006	经贸系	钱进	男	1972/08/12	副教授	已婚	1450
22	1007	经贸系	赵川	男	1983/11/28	助教	未婚	1230
23		经贸系 汇总						6740
24		经贸系 平均值						1348
25		总计						21460
26		总计平均值						1341.25

图 2-93 汇总结果

3. 嵌套分类汇总

如果需要在不同字段上进行合计,则应该使用嵌套分类汇总。

在嵌套分类汇总之前,需要对各个分类字段进行排序。可以根据分类的优先级不同设置排序关键字。

【例 2-27】 在人事档案表中,统计各部门男女职工人数。方法如下:

➤ 将光标定位在数据清单内,执行"数据"→"排序"命令。

➤ 在"排序"对话框中,"主要关键字"选择"部门","次要关键字"选择"性别",然后单击"确定"按钮。

➤ 执行"数据"→"分类汇总"命令,弹出"分类汇总"对话框。

➤ 在"分类汇总"对话框中,"分类字段"选择"部门","汇总方式"选择"计数","选定汇总项"中选中"职称"。注意,也可以选择其他字段。这里选择"职称"字段是为了保证显示的数据不被其他内容遮盖。如图 2-94 所示。

➤ 单击"确定"按钮。

➤ 再次执行"数据"→"分类汇总"命令。

➤ 在"分类汇总"对话框中,将"分类字段"更改为"性别","汇总方式"与"选定汇总项"保持不变。取消选中"替换当前分类汇总"。如图 2-95 所示。

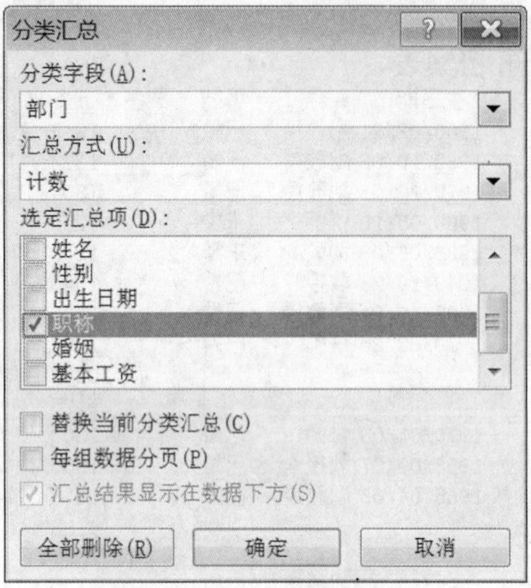

图 2-94　分类汇总设置 1 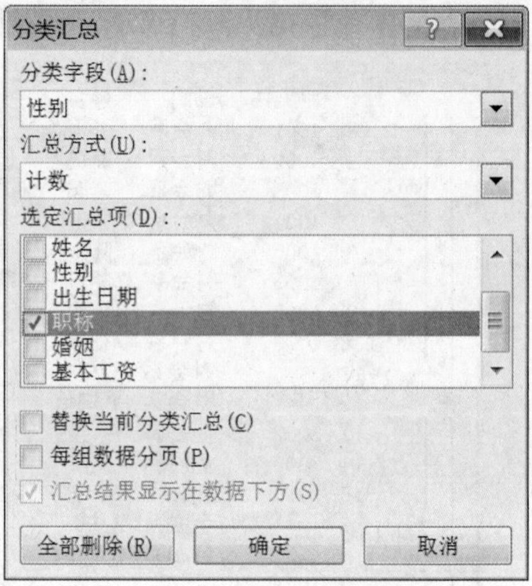　　　　　　　　图 2-95　分类汇总设置 2

➢ 单击"确定"按钮。汇总结果如图 2-96 所示。

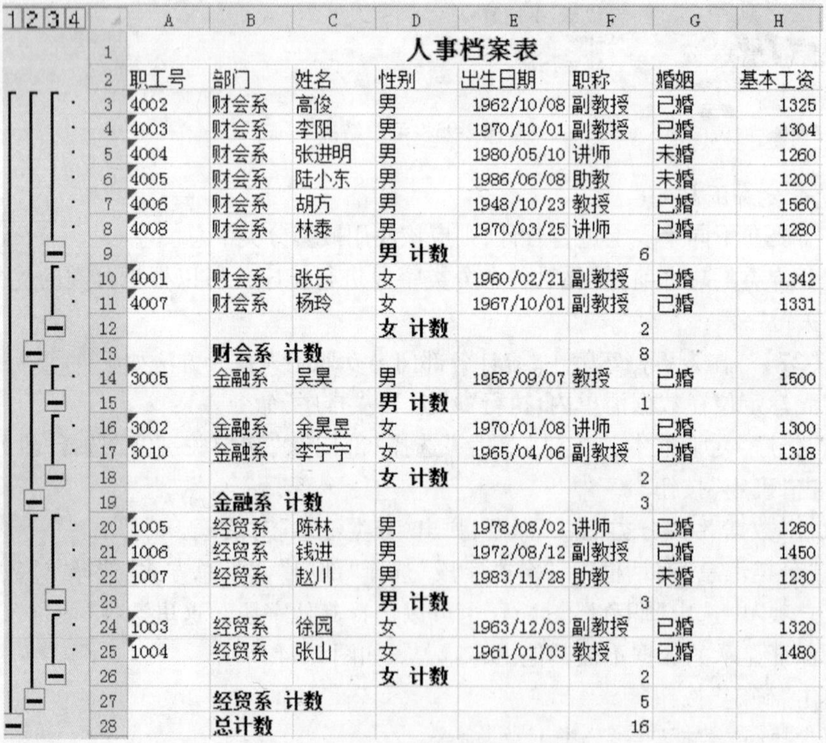

1 2 3 4		A	B	C	D	E	F	G	H
	1				人事档案表				
	2	职工号	部门	姓名	性别	出生日期	职称	婚姻	基本工资
	3	4002	财会系	高俊	男	1962/10/08	副教授	已婚	1325
	4	4003	财会系	李阳	男	1970/10/01	副教授	已婚	1304
	5	4004	财会系	张进明	男	1980/05/10	讲师	未婚	1260
	6	4005	财会系	陆小东	男	1986/06/08	助教	未婚	1200
	7	4006	财会系	胡方	男	1948/10/23	教授	已婚	1560
	8	4008	财会系	林泰	男	1970/03/25	讲师	已婚	1280
	9				男 计数		6		
	10	4001	财会系	张乐	女	1960/02/21	副教授	已婚	1342
	11	4007	财会系	杨玲	女	1967/10/01	副教授	已婚	1331
	12				女 计数		2		
	13		财会系 计数				8		
	14	3005	金融系	吴昊	男	1958/09/07	教授	已婚	1500
	15				男 计数		1		
	16	3002	金融系	余昊昱	女	1970/01/08	讲师	已婚	1300
	17	3010	金融系	李宁宁	女	1965/04/06	副教授	已婚	1318
	18				女 计数		2		
	19		金融系 计数				3		
	20	1005	经贸系	陈林	男	1978/08/02	讲师	已婚	1260
	21	1006	经贸系	钱进	男	1972/08/12	副教授	已婚	1450
	22	1007	经贸系	赵川	男	1983/11/28	助教	未婚	1230
	23				男 计数		3		
	24	1003	经贸系	徐园	女	1963/12/03	副教授	已婚	1320
	25	1004	经贸系	张山	女	1961/01/03	教授	已婚	1480
	26				女 计数		2		
	27		经贸系 计数				5		
	28		总计数				16		

图 2-96　汇总结果

☞ **注意：**

如果要删除分类汇总的结果，恢复到原来的数据清单形式，可以选中分类汇总表中的任意一个单元格，然后打开"分类汇总"对话框，单击"全部删除"按钮，这时数据清单就会恢复到分类汇总前的状态。应该要注意，如果单击"全部删除"按钮，所有的分类汇总结果都将被删除。

4. 分页显示分类汇总结果

分页显示分类汇总是将汇总的每一类数据单独地列在一页中，这样打印出来的数据就会非常清晰、有条理。

【例 2-28】 分页显示各部门平均工资。

方法为：

➤ 将数据清单按照"部门"升序排序。

➤ 执行"数据"→"分类汇总"命令，弹出"分类汇总"对话框。

➤ 在对话框中，"分类字段"选择"部门"，"汇总方式"选择"平均值"，"选定汇总项"选中"基本工资"。在对话框中，选中"每组数据分页"。如图 2-97 所示。

➤ 单击"确定"按钮。分页显示分类汇总的结果如图 2-98 所示。图中的虚线是 Excel 中的分页符。

图 2-97 对话框设置

1 2 3		A	B	C	D	E	F	G	H
	1				**人事档案表**				
	2	职工号	部门	姓名	性别	出生日期	职称	婚姻	基本工资
	3	4002	财会系	高俊	男	1962/10/08	副教授	已婚	1325
	4	4003	财会系	李阳	男	1970/10/01	副教授	已婚	1304
	5	4004	财会系	张进明	男	1980/05/10	讲师	未婚	1260
	6	4005	财会系	陆小东	男	1986/06/08	助教	未婚	1200
	7	4006	财会系	胡方	男	1948/10/23	教授	已婚	1560
	8	4008	财会系	林泰	男	1970/03/25	讲师	已婚	1280
	9	4001	财会系	张乐	女	1960/02/21	副教授	已婚	1342
	10	4007	财会系	杨玲	女	1967/10/01	副教授	已婚	1331
	11		**财会系 平均值**						1325.25
	12	3005	金融系	吴昊	男	1958/09/07	教授	已婚	1500
	13	3002	金融系	余昊昱	女	1970/01/08	讲师	已婚	1300
	14	3010	金融系	李宁宁	女	1965/04/06	副教授	已婚	1318
	15		**金融系 平均值**						1372.67
	16	1005	经贸系	陈林	男	1978/08/02	讲师	已婚	1260
	17	1006	经贸系	钱进	男	1972/08/12	副教授	已婚	1450
	18	1007	经贸系	赵川	男	1983/11/28	助教	未婚	1230
	19	1003	经贸系	徐园	女	1963/12/03	副教授	已婚	1320
	20	1004	经贸系	张山	女	1961/01/03	教授	已婚	1480
	21		**经贸系 平均值**						1348
	22		**总计平均值**						1341.25

图 2-98 汇总结果

➤ 设置打印选项，为整个数据清单加上表格线。

➤ 执行"页面布局"→"打印标题"命令。如图2-99所示。

图2-99 "打印标题"命令

➤ 弹出"页面设置"对话框，单击"工作表"选项卡，单击"顶端标题行"编辑框后输入
" $2：$2"，或者通过鼠标选中第二行。如图2-100所示。

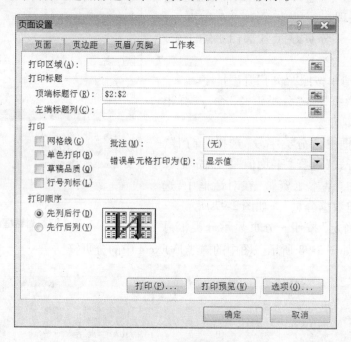

图2-100 "页面设置"对话框

➤ 单击"确定"按钮。页面设置完毕。
➤ 执行"文件"→"打印"，查看"打印预览"，可以看到每一页只有一个部门的汇总情
况。如图2-101所示。

人事档案表

职工号	部门	姓名	性别	出生日期	职称	婚姻	基本工资
4001	财会系	张乐	女	1960/02/21	副教授	已婚	1342
4002	财会系	高俊	男	1962/10/08	副教授	已婚	1325
4003	财会系	李阳	男	1970/10/01	副教授	已婚	1304
4004	财会系	张进明	男	1980/05/10	讲师	未婚	1260
4005	财会系	陆小东	男	1986/06/08	助教	未婚	1200
4006	财会系	胡方	男	1948/10/23	教授	已婚	1560
4007	财会系	杨玲	女	1967/10/01	副教授	已婚	1331
4008	财会系	林泰	男	1970/03/25	讲师	已婚	1280
	财会系 平均值						1325.25

图2-101 打印预览效果

2.3.5 图表

对数据进行处理分析时,通过图表来表示众多数据间的关系,不仅简明直观,而且方便用户查看数据的差异、图案和预测趋势。

Excel 的图表类型有很多,用户根据不同的需要,可以选择适合的图表类型,表 2-8 列出了 Excel 中常用图表类型的适用情形。

表 2-8 图表类型及应用

图表类型	适 用 情 形
柱形图	比较各个类别并显示它们在一定时间内的变化趋势
折线图	表示数据一定时间内的变化趋势,强调时间性和变动率
饼图	强调部分与总体的百分比关系,只表示一个数据系列
条形图	主要强调值之间的差异,不太强调时间
面积图	显示不同数据系列间的对比关系,同时也显示各数据系列与整体的比例关系
XY 散点图	表示两组值之间的关系,显示单个或者多个数据系列的数据在某种时间间隔条件下的变化趋势
股价图	表示股票的价格走势,有股票成交量、开盘、收盘、最高、最低等信息
曲面图	以平面来显示数据的变化情况和趋势
圆环图	显示部分与整体的关系,类似于饼图,但可以包含多个数据系列
气泡图	一种特殊的 XY 散点图,数据标记的大小标示数据中第三个变量的值
雷达图	用于多个数据系列之间的总和值的比较。表示每个数据从中心位置向外延伸的多少,并与其他数据比较

以下我们从创建图表、编辑图表、制作复杂图表三个方面来介绍图表的相关操作。

1. 创建图表

在 Excel 中创建图表的方法包括以下两种:一种是一步创建图表;另一种是利用图表命令创建图表。

(1) 一步创建图表。

【例 2-29】 在图 2-102 所示的教育经费表中一步创建默认图表。方法如下:

	A	B	C	D	E	F
1	教学经费表					
2	系处名称	一季度	二季度	三季度	四季度	合计
3	工经系	1200	990	1300	700	4190
4	经济系	980	1000	2000	700	4680
5	计统系	1322	1300	1000	500	4122
6	会计系	977	1300	1400	900	4577
7	信息系	870	1200	970	1200	4240
8	经研所	1300	990	1400	900	4590
9	出版社	3000	2600	3200	3000	11800
10	后勤处	4200	3900	3000	3200	14300

图 2-102 教学经费表

➢ 选中数据清单部分,直接按下【F11】键即可在工作簿中插入一张图表工作表
"Chart1"。如图 2-103 所示。

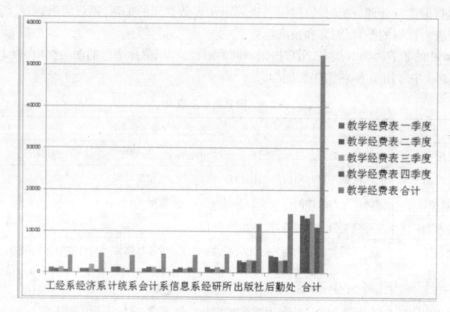

图 2-103   创建的图表工作表

(2)利用图表命令创建图表。

【例 2-30】 在图 2-102 所示的教育经费表中,使用命令创建默认图表。方法如下:

➢ 将光标定位于数据清单部分。

➢ 单击"插入"选项卡,直接单击"图表"功能组中对应的图表类型按钮。如图 2-104
所示。

图 2-104   图表类型按钮

➢ 如果在界面上没有查找到你所需的图表类型,也可以单击"图表"功能组右下角的
按钮显示所有的图表类型,如图 2-105 所示。此时系统会弹出"插入图表"对话框,
如图 2-106 所示。选择"柱形图"第一行第一个图标,单击"确定",工作表中会出
现与图 2-103 所示图表相同的图表。

图 2-105   全部图表类型展开

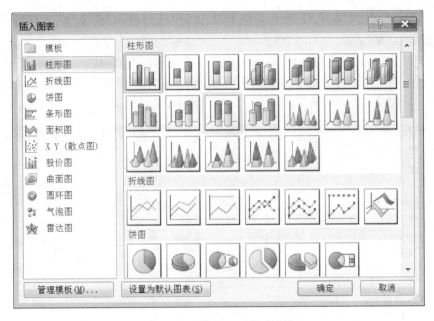

图 2-106 "插入图表"对话框

2. 编辑图表

图表的格式可以进行修改，以下简要地从数据源、数据类型、坐标轴格式、图表标题格式、数据系列格式等方面进行介绍。

【例 2-31】 在教育经费表中，建立各个系部/合计费用的柱形图。方法如下：

（1）数据源的选择和添加。

➢ 先创建一个柱状图表。如图 2-107 所示。

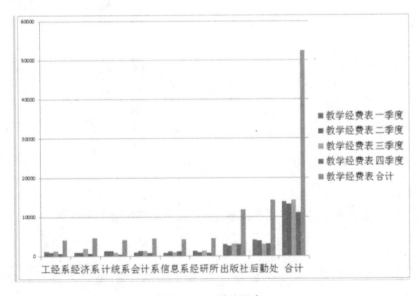

图 2-107 默认图表

➤ 在图表上单击鼠标右键,弹出快捷菜单,选择"选择数据"命令。如图 2-108 所示。

➤ 弹出"选择数据源"对话框,在图表数据区域文本框中填写以下内容:" = Sheet1!$A$2:$A$10,Sheet1!$F$2:$F$10",或者直接选择"系处名称"和"合计"两列。如图 2-109 所示。

图 2-108　快捷菜单

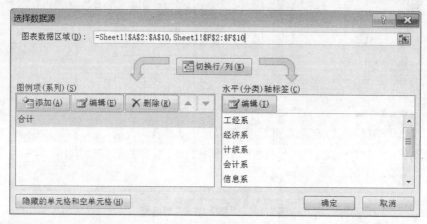

图 2-109　"选择数据源"对话框

➤ 单击"确定"按钮,系统生成一个系部/合计费用的柱状图。如图 2-110 所示。

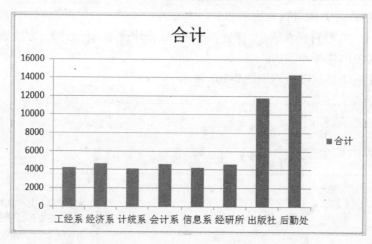

图 2-110　生成图表

(2)图表类型的改变。

➤ 在"设计"选项卡中,选择"更改图表类型"命令。如图 2-111 所示。

图 2-111　"更改图表类型"命令

➢ 打开"更改图表类型"对话框,选择"折线图"第四行第一个图标。如图2-112所示。

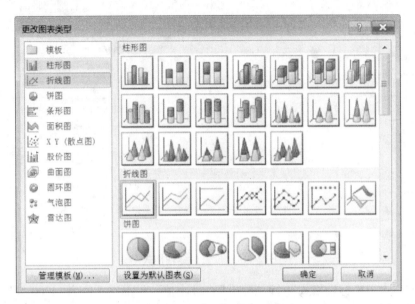

图2-112 "更改图表类型"对话框

➢ 单击"确定"按钮,将柱形图改为折线图。如图2-113所示。

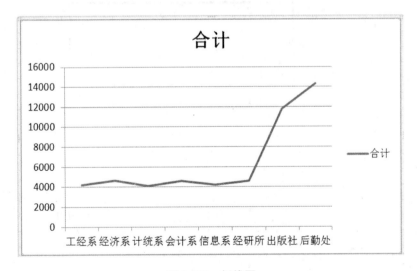

图2-113 折线图

(3)坐标轴的格式设置。

➢ 选中图表,在"布局"选项卡中,依次单击"坐标轴""主要纵坐标轴""其他主要纵坐标轴选项"。如图2-114所示。

图 2-114　设置坐标轴格式

➢ 弹出"设置坐标轴格式"对话框，设置"最小值"项"固定"值为"4000.0"，"主要刻度单位"项"固定"值为"1000.0"。如图 2-115 所示。

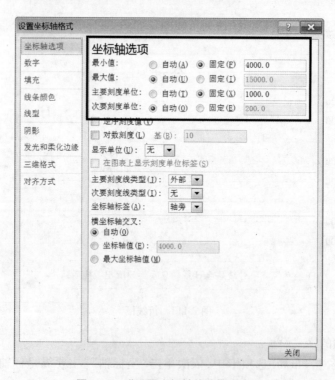

图 2-115　"设置坐标轴格式"对话框

➢ 单击"关闭"按钮，则原图表中的坐标轴发生改变。最小值为 4000，最大值为 15000，刻度为 1000。

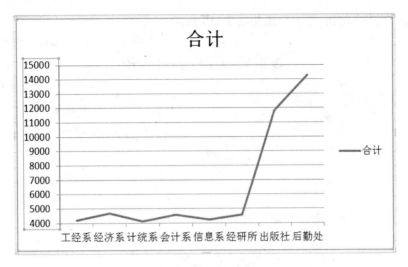

图 2-116 坐标轴改变结果

（4）图表标题的编辑。

➤ 单击图表上的标题"合计"，它会变成可编辑状态，修改标题为"各系处教学经费合计图"。

➤ 将鼠标放到图表标题上，单击鼠标右键，弹出快捷对话框，选择"设置图表标题格式"命令。

➤ 弹出"设置图表标题格式"对话框，设置"填充"项为浅灰色"纯色填充"。如图 2-117所示。

图 2-117 "设置图表标题格式"对话框

➢ 单击"关闭"按钮,图表效果如图 2-118 所示。

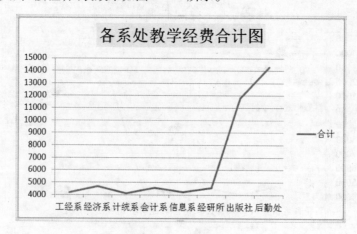

图2-118 标题效果

图表标题格式设置还包括边框颜色、边框样式、阴影、发光和柔化边缘、三维格式、对齐方式等设置。

（5）数据系列格式设置。

➢ 选中图表中的折线,单击鼠标右键,弹出快捷菜单,选择"设置数据系列格式"命令。

➢ 弹出"设置数据系列格式"对话框,设置"线型"项"宽度"为"4 磅"。如图 2-119 所示。

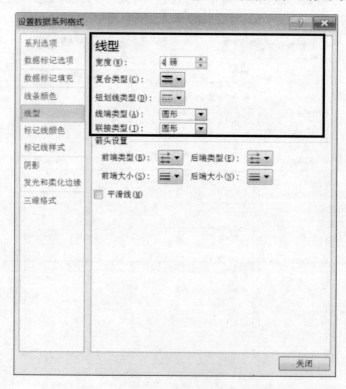

图2-119 "设置数据系列格式"对话框

➤ 单击"关闭"按钮,图表效果如图 2-120 所示。

数据系列格式设置还包括系列选项、数据标记选项、数据标记填充、线条颜色、标记线颜色、标记线样式、阴影、发光和柔化边缘、三维格式等设置。

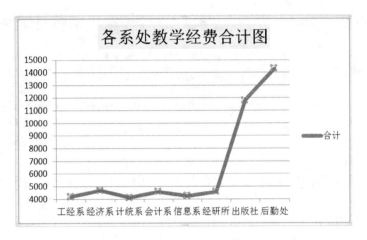

图 2-120　数据系列格式效果

3．制作复杂图表

以上介绍的图表制作方法虽然可以制作出相应的图表,但是在一些特殊情况下并不能满足用户的需求。为此,以下介绍两种特殊的制作表格的方法：动态图表和动态混合图表。

（1）创建动态图表

如果要在一张图表上单独查看每一科的考试情况,则需要借助公式制作动态图表。

【例 2-32】　基于图 2-121 所示的某班学生成绩表中的数据创建动态图表。要求：单击不同科目列则可以显示相应科目的成绩图表。方法如下：

	A	B	C	D	E	F	G
1				高三（3）班学生成绩登记表			
2						填表日期	2010/11/28
3	学号	姓名	性别	语文	数学	英语	总分
4	2008060301	王勇	男	89	98	70	257
5	2008060302	刘田田	女	78	67	90	235
6	2008060303	李冰	女	80	90	78	248
7	2008060304	任卫杰	男	67	78	59	204
8	2008060305	吴晓丽	女	90	88	96	274
9	2008060306	刘唱	男	67	89	76	232
10	2008060307	王强	男	88	97	89	274
11	2008060308	马爱军	男	95	80	79	254
12	2008060309	张晓华	女	67	89	98	254
13	2008060310	朱刚	男	94	89	87	270

图 2-121　某班成绩表

➢ 创建动态数据区域。将 B3：B13 区域复制到 I3：I13，然后在 J3 中输入公式"＝IN-DIRECT（ADDRESS（ROW（D3），CELL（"COL"）））"。

➢ 然后按下【Enter】，此时弹出一个错误提示框，如图 2-122 所示。

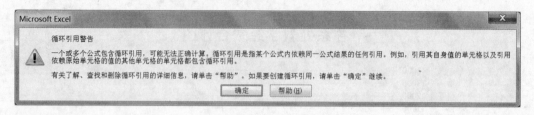

图 2-122　出错信息

➢ 单击"确定"按钮，则在 J3 中显示数值 0。

➢ 拖动 J3 单元格的填充柄，复制数据到 J13。工作表 J3：J13 区域内容均为 0。

➢ 将光标定位于"语文"列中的任何一个单元格，按下【F9】键，这时 J3：J13 中便显示出与 D3：D13 区域相同的数据，如图 2-123 所示。

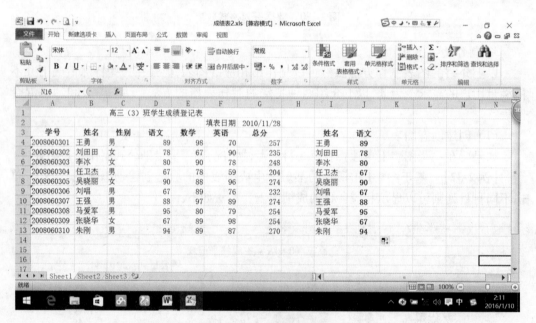

图 2-123　动态数据结果

➢ 选择数据区域 I3：J13，单击"插入"选项卡，依次选择"柱形图""簇状柱形图"命令，向工作表中插入一张簇状柱形图，如图 2-124 所示。

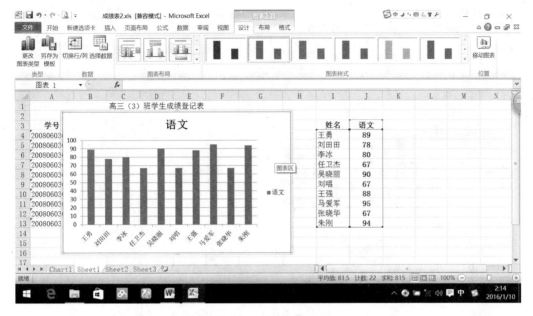

图 2-124　动态图表结果

➤ 单击数学列或者英语列,再按下【F9】键,此时图表便变成了显示数学或英语的成绩。

☞ **注意:**

"=INDIRECT(ADDRESS(ROW(D3), CELL("COL")))"公式中包含循环引用。在输入公式的时候,CELL("COL")返回的是公式所在单元格的列号。如果鼠标单击其他单元格则必须按【F9】,让 Excel 重新计算公式的值。

(2)创建动态混合图表。

上例中,创建的是各科成绩的柱形图,如果能将平均成绩也显示在图表中,就可以很容易地看出哪些学生的某科成绩是在平均分以下或者以上。

【例 2-33】　接着上一张动态图表继续创建一张混合图表,在原有图表基础上,以折线图形式显示各科目的平均分,这样可以清晰地看出哪些学生的成绩在平均分以下。方法为:

➤ 在 K3 单元格内输入"平均分"。

➤ 在 K4 单元格内输入公式"=AVERAGE($J$4:$J$13)",按下【Enter】,忽略出现的错误。

➤ 拖动 K4 单元格的填充柄到 K13,然后设置"平均分"列显示一位小数。

➤ 选中 I3:K13 区域,单击"插入"选项卡,依次选择"柱形图""簇状柱形图"命令,向工作表中插入一张簇状柱形图,如图 2-125 所示。

➤ 如果没有显示,将鼠标放置在"语文"列,点击【F9】键,数据便出现在图表上。

➤ 在图表上,右击"平均分"数据系列,在弹出的快捷菜单中选择"更改图表类型"命令,在"更改图表类型"对话框中选择"折线图",第四行第一个,单击"确定"按钮,此时图表如图 2-126 所示。

➤ 单击其他科目列,然后按下【F9】键,可以查看各科目的成绩与平均分情况。

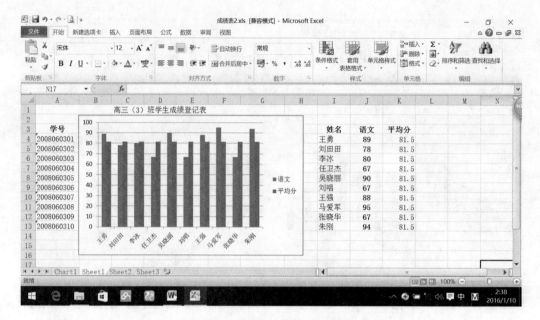

图 2-125　添加"平均分"数据系列

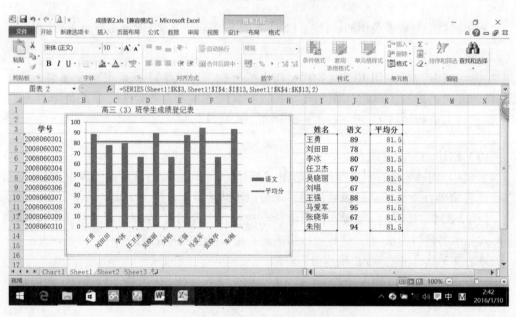

图 2-126　更改"平均分"数据系列图表类型

2.3.6　数据透视表

数据透视表是根据多个工作表或一个较长的数据清单,经过重新组织而建立起来的一个概括性表格,使得用户对某一部分的数据有更清晰的认识。

数据透视表综合了数据排序、筛选和分类汇总等优点,并具有上述功能无法比拟的灵活性,可以方便地调整分类汇总的依据,灵活地以多种不同的方式来展示数据的特征。

下面从创建数据透视表、编辑数据透视表、创建数据透视图几个方面介绍相关操作。

1. 创建数据透视表

【例2-34】 根据某文化用品公司2000年第1季度的销售数据清单建立用于分析业务员销售业绩的数据透视表。如图2-127所示。

➢ 将光标定位于数据清单内。

➢ 在"插入"选项卡中单击"数据透视表"按钮,选择"数据透视表"命令。如图2-128所示。

	A	B	C	D	E	F	G	H	I	J
1				文化用品公司销售情况表						
2	日期	业务员	商品代码	品牌	克重	规格	单价	数量	销售额	订货单位
3	2000/01/04	方依然	SG80A3	三工牌		A3	260	97	¥ 25,220.00	明月商场
4	2000/01/04	方依然	JD70B4	金达牌	70g	B4	260	40	¥ 10,400.00	开缘商场
5	2000/01/04	张一帆	SP70A4	三普牌	70g	A4	220	46	¥ 10,120.00	开心商场
6	2000/01/04	高嘉文	SG80A3	三工牌	80g	A3	295	70	¥ 20,650.00	白云出版社
7	2000/01/05	高嘉文	JN70B5	佳能牌	70g	B5	189	24	¥ 4,536.00	阳光公司
8	2000/01/05	何宏禹	SP70A4	三普牌	70g	A4	225	40	¥ 9,000.00	星光出版社
9	2000/01/05	高嘉文	SG80A3	三工牌	80g	A3	295	117	¥ 34,515.00	白云出版社
10	2000/01/06	张一帆	SP70A4	三普牌	70g	A4	220	70	¥ 15,400.00	开心商场
11	2000/01/07	高嘉文	JN70B5	佳能牌	70g	B5	189	67	¥ 12,663.00	阳光公司
12	2000/01/07	高嘉文	SG80A3	三工牌	80g	A3	295	78	¥ 23,010.00	白云出版社
13	2000/01/07	何宏禹	XL70A4	雪莲牌	70g	A4	290	123	¥ 35,670.00	蓝图公司

图2-127 某文化用品公司销售清单

图2-128 "数据透视表"按钮

➢ 弹出"创建数据透视表"对话框,选择Sheet1工作表的A2：J223单元格区域。也可以直接在区域文本框中填写"Sheet1！$A$2：$J$223"。将"选择放置数据透视表的位置"设置为"新工作表"。如图2-129所示。

图2-129 "创建数据透视表"对话框

➢ 单击"确定"按钮。系统将新建一个新的工作表,增加一个空白数据透视表,并自动打开"数据透视表字段列表"任务窗格。如图 2-130 所示。

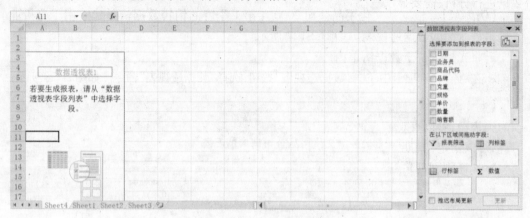

图 2-130　空白数据透视表

➤ 要将"日期""业务员""销售额"作为添加到报表中的字段,则在"数据透视表字段列表"任务窗格中选中这三个字段。"日期"和"销售额"为行标签,是默认值。

➤ "业务员"为列标签,选择"业务员"字段,单击鼠标右键,在弹出的快捷菜单中选择"添加到列标签"命令。如图 2-131 所示。

➤ 生成的数据透视表如图 2-132 所示。

图 2-131　窗格

4	行标签	方依然	高嘉文	何宏禹	李良	林木森	孙建	叶佳	游妍妍	张一帆	总计
5	2000/01/04	35620	20650							10120	66390
6	2000/01/05		39051	9000							48051
7	2000/01/06								15400		15400
8	2000/01/07		35673	56550							92223
9	2000/01/08		19470	17490	17160			4620			58740
10	2000/01/09		7371					14520			21891
11	2000/01/10								14260	18920	33180
12	2000/01/11			8120				25410	23800		57330
13	2000/01/12					17875		25000			42875
14	2000/01/13	2600	13570								16170
15	2000/01/14				5610		11020		9240		25870
16	2000/01/15						21460				21460
17	2000/01/16			15080	12470			13230	27140		67920
18	2000/01/17		11970					19550			31520
19	2000/01/19					3025					3025
20	2000/01/21		3969		49950		34800	15640		20460	124819

图 2-132　数据透视表

2．编辑数据透视表

对于建立好的数据透视表,由于各类分析的具体要求不同,有时还需要对数据透视表进行各种操作。例如,重新组织表格、改变数据透视表的页面布局,以便从不同的角度对数据进行分析;需要显示或隐藏所需的细节数据,进一步概括汇总信息;需要对数据透视表进行排序与筛选等。

（1）对字段分组。

对于日期型字段,可以根据需要,对字段按月、季度、年等分组,从而使得用户从不同角度查看数据。

【例 2-35】 对于前面刚刚创建的数据透视表,行字段是日期,列字段是业务员,数据项为销售额,可以直观地进行比较分析。但表格中显示的明细数据不便于了解总体情况。对此,可以指定"日期"字段按月、季度或年度进行汇总。具体步骤如下:

➤ 选择刚刚创建的数据透视表中的"日期"字段。

➤ 在"数据透视表工具/选项"选项卡中,选择"将所选内容分组"命令。如图 2-133 所示。或者直接在字段上单击鼠标右键,弹出如图 2-134 的快捷菜单,选择"创建组"命令。

图 2-133 "将所选内容分组"命令

➤ 弹出"分组"对话框。在"步长"列表框中选择"月"。如图 2-135 所示。

➤ 单击"确定"按钮。分组合并后的结果如图 2-136 所示。同样,也可以按季度、年度进行分组。

图 2-134 快捷菜单图

图 2-135 分组对话框

	A	B	C	D	E	F	G	H	I	J	K
1											
2											
3	求和项:销售额	列标签									
4	行标签	方依然	高嘉文	何宏禹	李良	林木森	孙建	叶佳	游妍妍	张一帆	总计
5	1月	56940	179582	184560	134070	35200	98890	144700	170940	105160	1110042
6	2月	116080	293309	194750	303160	155795	123940	127090	121350	40700	1476174
7	3月	98190	166026	151320	324201	80025	99640	114530	190140	99000	1323072
8	总计	271210	638917	530630	761431	271020	322470	386320	482430	244860	3909288

图 2-136 按月份汇总的结果

（2）添加/删除字段。

当需要分析不同的指标时，可以根据需要添加或删除相应的字段。

【例 2-36】 对于刚刚创建数据透视表，需要进一步分析各品牌产品的情况，可以在数据透视表中添加"品牌"字段。具体步骤如下：

➢ 将光标定位于数据透视表中，"数据透视表字段列表"窗格自动打开。

➢ 在"选择要添加到报表的字段"中选中"品牌"。效果如图 2-137 所示。

	A	B	C	D	E	F	G	H	I	J	K
2											
3	求和项:销售额	列标签									
4	行标签	方依然	高嘉文	何宏禹	李良	林木森	孙建	叶佳	游妍妍	张一帆	总计
5	⊟1月	56940	179582	184560	134070	35200	98890	144700	170940	105160	1110042
6	富工牌		23760	17490	46530			77080	9240		174100
7	佳能牌		31752		49880		11020				92652
8	金达牌	31720	11970					67620	62800		174110
9	三工牌	25220	112100		33040		87870				258230
10	三普牌			27000						105160	132160
11	三一牌				4620						4620
12	雪莲牌			140070		35200			98900		274170
13	⊟2月	116080	293309	194750	303160	155795	123940	127090	121350	40700	1476174
14	富工牌	7920	159720		152790		18480	39560			378470
15	佳能牌		56889		75400	24070					156359
16	金达牌	108160						87530	51200		246890
17	三工牌		76700			100630					177330
18	三普牌		52650							40700	93350

H ◀ ▶ H Sheet5 Sheet1 Sheet2 Sheet3

图 2-137　添加品牌字段效果

（3）更改汇总方式与数据显示方式。

【例 2-37】 对数据透视表更改汇总方式，以差异百分比来显示各业务员在第 1 季度的销售业绩异动情况。

➢ 先取消上题中增加的"品牌"字段。

➢ 将光标定位于数据透视表中，在"数据透视表工具/选项"选项卡中，选择"字段设置"命令。如图 2-138 所示。

图 2-138　"字段设置"命令

➢ 或者选中数据透视表中的"求和项：销售额"单元格，单击鼠标右键，弹出快捷对话框，选择"值字段设置"命令。

➢ 弹出如图 2-139 所示"值字段设置"对话框。可以在此对话框中更改汇总方式，因本题仍然以求和为汇总方式，所以此处不做改变。

➢ 选择"值显示方式"选项卡，设置"值显示方式"为"差异百分比"，设置"基本字段"为"日期"，设置"基本项"为"（上一个）"。如图 2-140 所示。

图 2-139 "值字段设置"对话框　　　　图 2-140 "值显示方式"选项卡

> 单击"确定"按钮,数据透视表的效果如图2-141所示。从结果中可以看出,某业务员下一个月与上一个月的销售业绩变化情况。

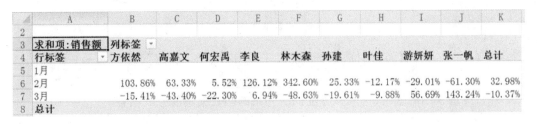

图 2-141 差异百分比效果

(4) 数据透视表的更新。

若数据清单中的数据有所改变,Excel不会自动更新数据透视表中的数据,需要手动刷新一下数据。

具体做法是在"数据透视表工具/选项"选项卡中,选择"刷新"命令,如图2-142所示。这时数据透视表中的数据就会自动更新了。

图 2-142 "刷新"命令

3. 创建数据透视图

数据透视图就是基于数据透视表而做的图表,制作方法非常简单。

【例2-38】 基于数据透视表创建数据透视图。

> 取消上一题的操作,将"求和项:销售额"数据的显示方式从"差异百分比"修改为"无"。数据透视表效果如图2-143所示。

求和项:销售额	列标签									
行标签	方依然	高嘉文	何宏禹	李良	林木森	孙建	叶佳	游妍妍	张一帆	总计
1月	56940	179582	184560	134070	35200	98890	144700	170940	105160	1110042
2月	116080	293309	194750	303160	155795	123940	127090	121350	40700	1476174
3月	98190	166026	151320	324201	80025	99640	114530	190140	99000	1323072
总计	271210	638917	530630	761431	271020	322470	386320	482430	244860	3909288

图 2-143　数据透视表

➤ 将光标定位于数据透视表中,在"数据透视表工具/选项"选项卡中选择"数据透视图"命令。如图 2-144 所示。

图 2-144　"数据透视图"命令

➤ 弹出"插入图表"对话框,选择"簇状柱形图",单击"确定",即可显示一张数据透视图。

对数据透视图的编辑,可以参考前面所介绍的图表编辑部分的内容。

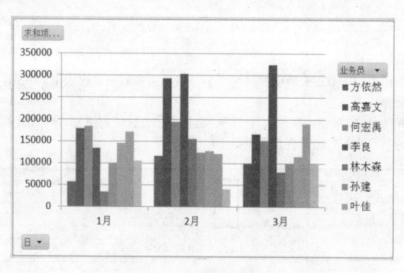

图 2-145　数据透视图

函 数

函数是一些预定义的特殊公式,可以用来执行数据处理任务如数据计算、分析等。Excel 中提供了以下几大类函数:

> 数学和三角函数:进行数学和三角方面的计算。
> 日期和时间函数:用来分析或操作与日期时间有关的数据。
> 逻辑函数:实现逻辑判断。
> 文本函数:用来对文本字符串进行处理。
> 查找与引用函数:在数据清单或表格中查找特定内容。
> 统计函数:对选定区域中的数据进行统计分析。
> 工程函数:用于工程分析。
> 数据库函数:用于对存储在数据清单或数据库中的数据进行分析。
> 财务函数:进行有关资金方面的财务计算。
> 信息函数:帮助用户确定单元格中的数据类型。

3.1 函数的基本使用方法

正确利用 Excel 函数,可以方便、快速地完成计算、数据分析、处理等工作,本章将详细介绍 Excel 常用函数的用法,下面先介绍函数的一些基本知识。

1. 函数的结构

(1)格式。函数以等号(=)开始,后面紧跟函数名称和左括号,然后是以逗号分隔的函数参数,最后是右括号。函数也可以没有参数,即使没有参数,括号也一般不能省略。

(2)函数名称。函数名称一般"见名知意",即函数的名称表明了函数的功能。

(3)参数。参数可以是数字、文本、逻辑值、数组、错误值(例如#N/A)或单元格引用。不同的函数需要不同的参数,使用函数时必须指明有效的参数值。参数也可以是常量、公式或其他函数。

(4)参数工具提示。在键入函数时,会显示一个带有语法和参数的工具提示。

2. 输入函数

在公式中输入函数时,可以使用"插入函数"对话框,该对话框将显示函数的名称、各个参数、函数功能和参数说明、函数的当前结果和整个公式的当前结果。

3. 嵌套函数

函数可以作为另一函数的参数。

(1) 有效的返回值。当嵌套函数作为参数使用时,它返回的数值类型必须与参数的数值类型相同。

(2) 嵌套级别限制。公式可包含多达 64 级的嵌套函数。当函数 B 在函数 A 中用作参数时,函数 B 则为第二级函数。

3.2 数学函数

数学函数提供了丰富的计算功能,用于各种数学运算。

3.2.1 基本数学函数

1. ABS 函数

语法:ABS(Number)

功能:返回参数 Number 的绝对值。

2. SIGN 函数

语法:SIGN(Number)

功能:返回参数 Number 的符号。若 Number < 0,则返回 -1;若 Number = 0,则返回 0;若 Number > 0,则返回 1。

3. PI 函数

语法:PI()

功能:返回圆周率 π 的值,精确到小数点后 14 位。该函数不需要参数。

4. RAND 函数

语法:RAND()

功能:返回大于等于 0 且小于 1 的均匀分布的随机实数,每次计算工作表时都将返回一个新的随机实数。该函数不需要参数。

说明:

➢ 如果要生成 a 与 b 之间的随机实数,请使用"RAND() * (b - a) + a"。

➢ 如果要使用函数 RAND 生成一随机数,并且使之不随单元格计算而改变,可以在编辑栏中输入" = RAND()",保持编辑状态,然后按【F9】键,将公式永久性地改为随机数。

5. ROMAN 函数

语法:ROMAN(Number,[Form])

功能:将阿拉伯数字转换为文字形式的罗马数字。

参数:

➢ Number 为需要转换的阿拉伯数字。

➢ Form 为一数字,指定所需的罗马数字类型。罗马数字样式的范围从古典到简化,

Form 值越大,样式越简明。

说明:

➤ 如果数字为负,则返回错误值 #VALUE!。

➤ 如果数字大于 3999,则返回错误值 #VALUE!。

6. COMBIN 函数

语法:COMBIN(Number,Number_chosen)

功能:计算从给定数目的对象集合中提取若干对象的组合数。

说明:

➤ 数字参数截尾取整。

➤ 如果参数为非数值型,则函数 COMBIN 返回错误值 #VALUE!。

➤ 如果 Number <0、Number_chosen <0 或 Number < Number_chosen,COMBIN 返回错误值#NUM!。

➤ 不论其内部顺序,对象组合是对象整体的任意集合或子集。组合与排列不同,排列数与对象内部顺序有关。

➤ 组合数计算公式如下:

$$\left(\frac{n}{k}\right) = \frac{P_{k,n}}{k!} = \frac{n!}{k!(n-k)!}$$

式中:Number = n,Number_chosen = k,$P_{k,n} = \dfrac{n!}{(n-k)!}$

7. FACT 函数

语法:FACT(Number)

功能:返回 Number 的阶乘,一个数的阶乘等于 $1*2*3*\cdots*$ 该数。如果 Number 不是整数,则截尾取整。如果 Number 为负,则返回错误值 #NUM!。

8. EXP 函数

语法:EXP(Number)

功能:返回 e 的 Number 次幂。常数 e 等于 2.71828182845904,是自然对数的底数。

说明:

➤ 若要计算以其他常数为底的幂,请使用指数操作符(^)。

➤ EXP 函数是计算自然对数的 LN 函数的反函数。

9. POWER 函数

语法:POWER(Number,Power)

功能:返回 Number 的 Power 次乘幂。POWER(5,2)表示 5^2 即 25。

10. LN 函数

语法:LN(Number)

功能:返回 Number 的自然对数。自然对数以常数项 e(2.71828182845904)为底。

说明:LN 函数是 EXP 函数的反函数。

11. LOG 函数

语法:LOG(Number,[Base])

功能：按 Base 所指定的底数，返回 Number 的对数。Base 的缺省值为 10。

12. LOG10 函数

语法：LOG10(number)

功能：返回以 10 为底的对数。

参数：Number 为用于计算对数的正实数。

13. MOD 函数

语法：MOD(Number, Divisor)

功能：返回两数相除的余数。结果的正负号与除数相同。

参数：Number 为被除数，Divisor 为除数。

说明：

➤ 如果 Divisor 为零，函数 MOD 返回错误值 #DIV/0!。

➤ 函数 MOD 可以借用函数 INT 来表示：

$$MOD(n, d) = n - d * INT(n/d)$$

14. SQRT 函数

语法：SQRT(Number)

功能：返回 Number 的平方根。如果 Number 为负值，函数 SQRT 返回错误值 #NUM!。

15. PRODUCT 函数

语法：PRODUCT(Number1 , [Number2] , ⋯)

功能：计算所有参数的乘积。

参数：Number1 , Number2 , ⋯为 1 到 255 个需要相乘的数字。

说明：

➤ 当参数为数字、逻辑值或数字的文字型表达式时可以被计算；当参数为错误值或是不能转换成数字的文字时，将导致错误。

➤ 如果参数为数组或引用，只有其中的数字将被计算，数组或引用中的空白单元格、逻辑值、文本将被忽略。

16. SUM 函数

语法：SUM(Number1 , [Number2] , ⋯)

功能：返回所有参数的和。

参数：Number1 , Number2 , ⋯为 1 到 255 个需要求和的数字。该数字可以是 4 之类的数字，也可以是 B6 之类的单元格引用或 B2:B8 之类的单元格范围。

说明：

➤ 直接键入参数表中的数字、逻辑值及数字的文本表达式将被计算。如：SUM(10, TRUE, "34") = 45。

➤ 如果参数为数组或引用，则只有其中的数值将被计算，空白单元格、逻辑值、文本或错误值将被忽略。

➤ 如果参数为错误值或不能转换成数字的文本，将会导致错误。

17. SUMSQ 函数

语法：SUMSQ(Number1 , [Number2] , ⋯)

功能:返回参数的平方和。

参数:参数可以是数值、数组、名称,或者是对数值单元格的引用。Number1,Number2,…为 1 到 255 个需要求平方和的参数,也可以使用数组或对数组的引用来代替以逗号分隔的参数。

18. SUMIF 函数

语法:SUMIF(Range , Criteria , [Sum_range])

功能:对范围中符合指定条件的值求和。

参数:Range 为用于条件判断的单元格区域。Criteria 为确定哪些单元格将被相加求和的条件,其形式可以为数字、表达式或文本。例如,条件可以表示为 32、″32″、″ > 32″或″apples″。Sum_range 是需要求和的实际单元格。

说明:

➢ 只有在 Range 区域中相应的单元格符合条件的情况下,Sum_range 中的单元格才求和。

➢ 如果省略了 Sum_range,则对 Range 区域中符合条件的单元格求和。

Microsoft Excel 还提供了其他一些函数,它们可根据条件来分析数据。例如,如果要计算单元格区域内某个文本字符串或数字出现的次数,则可使用 COUNTIF 函数。如果要让公式根据某一条件返回两个数值中的某一值(例如,根据指定销售额返回销售红利),则可使用 IF 函数。

【例 3-1】 使用 SUMIF 函数。如图 3-1 所示。

	A	B
	属性值	佣金
1		
2	100,000	7,000
3	200,000	14,000
4	300,000	21,000
5	400,000	28,000
6		
7	公式	说明(结果)
8	=SUMIF(A2:A5,″>160000″,B2:B5)	属性值超过 160000 的佣金的和 (63000)

图 3-1 SUMIF 函数示例

19. SUBTOTAL 函数

语法:SUBTOTAL(Function_num , Ref1 , [Ref2] ,…)

功能:返回列表或数据库中的分类汇总。

参数:Function_num 用于指定要为分类汇总使用的函数。如果使用 1 ~ 11,将包括手动隐藏的行;如果使用 101 ~ 111,则排除手动隐藏的行;始终排除已筛选掉的单元格。Ref1,Ref2,…为要进行分类汇总计算的 1 到 254 个区域或引用。

表 3-1   Function_num 的说明

Function_num(包含隐藏值)	Function_num(忽略隐藏值)	函数
1	101	AVERAGE
2	102	COUNT
3	103	COUNTA
4	104	MAX
5	105	MIN
6	106	PRODUCT
7	107	STDEV
8	108	STDEVP
9	109	SUM
10	110	VAR
11	111	VARP

说明:

➤ 如果在 Ref1，Ref2，…中有其他的分类汇总(嵌套分类汇总)，将忽略这些嵌套分类汇总，以避免重复计算。

➤ SUBTOTAL 函数忽略任何不包括在筛选结果中的行，不论使用什么 Function_num 值。

➤ SUBTOTAL 函数适用于数据列或垂直区域，不适用于数据行或水平区域。当 Function_num 大于或等于 101、需要分类汇总某个水平区域时，例如 SUBTOTAL(109，B2：G2)，则隐藏某一列不影响分类汇总。但是隐藏分类汇总的垂直区域中的某一行就会对其产生影响。

➤ 如果所指定的某一引用为三维引用，函数 SUBTOTAL 将返回错误值 #VALUE!。

【例 3-2】   使用 SUBTOTAL 函数。如图 3-2 所示。

	A	B
1	数据	
2	120	
3	10	
4	150	
5	23	
6		
7	公式	说明（结果）
8	=SUBTOTAL(9,A2:A5)	对上面列使用 SUM 函数计算出的分类汇总 (303)
9	=SUBTOTAL(1,A2:A5)	对上面列使用 AVERAGE 函数计算出的分类汇总 (75.75)

图 3-2   SUBTOTAL 函数示例

3.2.2 三角函数

1. RADIANS 函数

语法：RADIANS(Angle)

功能：把角度转换成弧度。

参数：Angle 为要转换的以度数表示的角度。

2. DEGREES 函数

语法：DEGREES(Angle)

功能：将弧度转换为角度。

参数：Angle 为一个弧度值。

3. SIN 函数

语法：SIN(Number)

功能：返回给定角度的正弦值。

参数：Number 为需要求正弦的角度，以弧度表示。

说明：如果参数的单位是度，则可以乘以 PI( )/180 或使用 RADIANS 函数将其转换为弧度。

4. ASIN 函数

语法：ASIN(Number)

功能：返回参数的反正弦值。反正弦值为一个角度，该角度的正弦值即等于此函数的 Number 参数。返回的角度值将以弧度表示，范围为 $-\pi/2$ 到 $\pi/2$。

参数：Number 为角度的正弦值，必须介于 -1 到 1 之间。

说明：若要用角度表示反正弦值，可将结果再乘以 180/PI( ) 或用 DEGREES 函数表示。

5. ASINH 函数

语法：ASINH(Number)

功能：返回参数的反双曲正弦值。反双曲正弦值的双曲正弦即等于此函数的 Number 参数值，因此 ASINH(SINH(Number))等于 Number 参数值。

6. SINH 函数

语法：SINH(Number)

功能：返回某一数字的双曲正弦值。

参数：Number 为任意实数。

说明：双曲正弦的计算公式如下：

$$SINH(z) = \frac{e^z - e^{-z}}{2}$$

另外，Excel 中还提供了 COS、COSH、ACOS、ACOSH、TAN、TANH、ATAN、ATANH 等函数，功能定义基本上与上述函数类似，大家可以自己查阅 Excel 的帮助。

3.2.3 舍入类函数

在实际计算中，经常需要对一些数据进行舍入运算。例如，电信公司的电话费按条件向上进位,不足部分仍以一个计时单位计算话费。

1. CEILING 函数

语法：CEILING(Number,Significance)

功能：将参数 Number 向上舍入为最接近的 Significance 的倍数。

参数：Number 为要舍入的数值,Significance 是要舍入到的倍数。

说明：

➤ 如果任一参数为非数值型,则 CEILING 返回错误值#VALUE!。

➤ 如果 Number 为正值,Significance 为负值,则 CEILING 返回错误值#NUM!。

➤ 如果 Number 正好是 Significance 的倍数,则不进行舍入。

➤ 如果 Number 与 Significance 的符号相同,则对值向远离 0 的方向进行舍入。

➤ 如果 Number 为负,Significance 为正,则对值向靠近 0 的方向进行舍入。

【例 3-3】 CEILING 函数示例。如图 3-3 所示。

公式	结果	说明
=CEILING(2.5, 1)	3	将 2.5 向上舍入到最接近的 1 的倍数
=CEILING(-2.5, -2)	-4	将 -2.5 向上舍入到最接近的 -2 的倍数
=CEILING(-2.5, 2)	-2	将 -2.5 向上舍入为最接近的 2 的倍数
=CEILING(1.5, 0.1)	1.5	将 1.5 向上舍入到最接近的 0.1 的倍数
=CEILING(0.234, 0.01)	0.24	将 0.234 向上舍入到最接近的 0.01 的倍数

图 3-3　CEILING 函数示例

2. FLOOR 函数

语法：FLOOR(Number,Significance)

功能：将参数 Number 向下舍入为最接近的 Significance 的倍数。

参数：Number 是所要四舍五入的数值,Significance 为基数。

说明：

➤ 如果任一参数为非数值型,则 FLOOR 返回错误值 #VALUE!。

➤ 如果 Number 为正值,Significance 为负值,则 FLOOR 返回错误值 #NUM!。

➤ 如果 Number 正好是 Significance 的倍数,则不进行舍入。

➤ 如果 Number 与 Significance 的符号相同,则对值向靠近 0 的方向舍入。

➤ 如果 Number 为负,Significance 为正,则对值向远离 0 的方向舍入。

【例 3-4】 FLOOR 函数示例。如图 3-4 所示。

公式	结果	说明
=FLOOR(2.5, 2)	2	将 2.5 向下舍入到最接近的 2 的倍数
=FLOOR(-2.5, -2)	-2	将 -2.5 向下舍入到最接近的 -2 的倍数
=FLOOR(2.5, -2)	#NUM!	返回错误值,因为 2.5为正, -2 为负
=FLOOR(-2.5, 2)	-4	将 -2.5 向下舍入到最接近的 2 的倍数
=FLOOR(0.234, 0.01)	0.23	将 0.234 向下舍入到最接近的 0.01 的倍数

图 3-4　FLOOR 函数示例

3. INT 函数

语法：INT(Number)

功能：将 Number 向下舍入到最接近的整数(下取整)。

4. ODD 函数

语法：ODD(Number)

功能：将 Number 向上舍入到最接近的奇数。

说明：

➤ 如果 Number 为非数值参数,函数 ODD 将返回错误值#VALUE!。

➤ 不论参数 Number 的符号如何,数值都是沿绝对值增大的方向向上舍入。如果 Number 恰好是奇数,则不须进行任何舍入处理。

【例 3-5】 ODD 函数示例。如图 3-5 所示。

5. EVEN 函数

语法：EVEN(Number)

功能：将 Number 向上舍入到最接近的偶数。

说明：

➤ 如果 Number 为非数值参数,函数 EVEN 将返回错误值 #VALUE!。

	A	B	C
1	公式	结果	说明
2	=ODD(1.5)	3	将 1.5 向上舍入到最近的奇数
3	=ODD(3)	3	不做舍入处理
4	=ODD(2)	3	将 2 向上舍入到最近的奇数
5	=ODD(-1)	-1	不做舍入处理
6	=ODD(-2)	-3	将 -2 向上舍入到最近的奇数

图 3-5　ODD 函数示例

➤ 不论参数 Number 的符号如何,数值都是沿绝对值增大的方向向上舍入。如果 Number 恰好是偶数,则不须进行任何舍入处理。

【例 3-6】 EVEN 函数示例。如图 3-6 所示。

	A	B	C
1	公式	结果	说明
2	=EVEN(1.5)	2	此函数表示将 1.5 沿绝对值增大的方向向上舍入到最接近的偶数
3	=EVEN(3)	4	此函数表示将 3 沿绝对值增大的方向向上舍入到最接近的偶数
4	=EVEN(2)	2	不做舍入处理
5	=EVEN(-1)	-2	此函数表示将 -1 沿绝对值增大的方向向上舍入到最接近的偶数

图 3-6　EVEN 函数示例

6. ROUND 函数

语法：ROUND(Number,Num_digits)

功能：返回某个数字按指定位数取整后的数字。

参数：Number 为需要进行四舍五入的数字。Num_digits 为指定的位数,按此位数进行四舍五入。

说明：

➤ 如果 Num_digits 大于 0,则四舍五入到指定的小数位。

➤ 如果 Num_digits 等于 0,则四舍五入到最接近的整数。

➤ 如果 Num_digits 小于 0,则在小数点左侧进行四舍五入。

【例 3-7】 ROUND 函数示例。如图 3-7 所示。

	A	B	C
1	公式	结果	说明
2	=ROUND(2.15, 1)	2.2	将 2.15 四舍五入到一个小数位
3	=ROUND(2.149, 1)	2.1	将 2.149 四舍五入到一个小数位
4	=ROUND(-1.475, 2)	-1.48	将 -1.475 四舍五入到两个小数位
5	=ROUND(21.5, -1)	20	将 21.5 四舍五入到小数点左侧一位

图 3-7　ROUND 函数示例

7. ROUNDUP 函数

语法：ROUNDUP(Number, Num_digits)

功能：远离零值，向上舍入数字。

参数：Number 为需要向上舍入的任意实数。Num_digits 为要将数字 Number 舍入到的位数。

说明：

➢ 函数 ROUNDUP 和函数 ROUND 功能相似，不同之处在于函数 ROUNDUP 总是向上舍入数字。

➢ 如果 Num_digits 大于 0，则向上舍入到指定的小数位。

➢ 如果 Num_digits 等于 0，则向上舍入到最接近的整数。

➢ 如果 Num_digits 小于 0，则在小数点左侧向上进行舍入。

【例 3-8】　ROUNDUP 函数示例。如图 3-8 所示。

	A	B	C
1	公式	结果	说明
2	=ROUNDUP(3.2,0)	4	将 3.2 向上舍入，小数位为 0
3	=ROUNDUP(76.9,0)	77	将 76.9 向上舍入，小数位为 0
4	=ROUNDUP(3.14159, 3)	3.142	将 3.14159 向上舍入，保留三位小数
5	=ROUNDUP(-3.14159, 1)	-3.2	将 -3.14159 向上舍入，保留一位小数
6	=ROUNDUP(31415.92654, -2)	31500	将 31415.92654 向上舍入到小数点左侧两位

图 3-8　ROUNDUP 函数示例

8. ROUNDDOWN 函数

语法：ROUNDDOWN(Number, Num_digits)

功能：靠近零值，向下舍入数字。

参数：Number 为需要向下舍入的任意实数。Num_digits 为要将数字 Number 舍入到的位数。

说明：

➢ 函数 ROUNDDOWN 和函数 ROUND 功能相似，不同之处在于函数 ROUNDDOWN 总是向下舍入数字。

➢ 如果 Num_digits 大于 0，则向下舍入到指定的小数位。

➢ 如果 Num_digits 等于 0，则向下舍入到最接近的整数。

➢ 如果 Num_digits 小于 0，则在小数点左侧向下进行舍入。

【例3-9】 ROUNDDOWN 函数示例。如图 3-9 所示。

	A	B	C
1	**公式**	**结果**	**说明**
2	=ROUNDDOWN(3.2, 0)	3	将 3.2 向下舍入,小数位为 0
3	=ROUNDDOWN(76.9,0)	76	将 76.9 向下舍入,小数位为 0
4	=ROUNDDOWN(3.14159, 3)	3.141	将 3.14159 向下舍入,保留三位小数
5	=ROUNDDOWN(-3.14159, 1)	-3.1	将 -3.14159 向下舍入,保留一位小数
6	=ROUNDDOWN(31415.92654, -2)	31400	将 31415.92654 向下舍入到小数点左侧两位

图 3-9　ROUNDDOWN 函数示例

3.2.4 数组函数

灵活使用数组函数,在很多时候可以给计算带来方便。

1. MDETERM 函数

语法：MDETERM(Array)

功能：返回一个数组的矩阵行列式的值。

参数：Array 是行数和列数相等的数值数组。

说明：

➤ Array 可以是单元格区域,例如 A1：C3;或是一个数组常量,如{1,2,3;4,5,6;7,8,9};或是区域或数组常量的名称。

➤ 如果 Array 中单元格是空白或包含文字,则函数 MDETERM 返回错误值 #VALUE!。

➤ 如果 Array 的行和列的数目不相等,则函数 MDETERM 也返回错误值 #VALUE!。

➤ 矩阵的行列式值是由数组中的各元素计算而来的。对一个三行、三列的数组 A1：C3,其行列式的值定义如下：

MDETERM(A1:C3) = A1 * (B2 * C3 - B3 * C2) + A2 * (B3 * C1 - B1 * C3) + A3 * (B1 * C2 - B2 * C1)

➤ 矩阵的行列式值常被用来求解多元联立方程。

➤ 函数 MDETERM 的精确度可达十六位有效数字,因此运算结果因位数的取舍可能导致某些微小误差。

【例3-10】 MDETERM 函数示例。如图 3-10 所示。

	A	B	C	D	E	F	G	H
1	数据	数据	数据	数据		公式	结果	说明
2	1	3	8	5		=MDETERM(A2:D5)	88	上面矩阵的行列式值
3	1	3	6	1		=MDETERM({3,6,1;1,1,0;3,10,2})	1	数组常量的矩阵行列式值
4	1	1	1	0		=MDETERM({3,6;1,1})	-3	数组常量的矩阵行列式值
5	7	3	10	2		=MDETERM({1,3,8,5;1,3,6,1})	#VALUE!	因为数组中行和列的数目不相等,所以返回错误值

图 3-10　MDETERM 函数示例

2. MINVERSE 函数

语法：MINVERSE(Array)

功能：返回数组矩阵的逆矩阵。

参数：Array 是行数和列数相等的数值数组。

说明：

➤ Array 可以是单元格区域,例如 A1：C3;数组常量如|1,2,3;4,5,6;7,8,9|;或区域和数组常量的名称。

➤ 如果在 Array 中单元格是空白单元格或包含文字,则函数 MINVERSE 返回错误值 #VALUE!。

➤ 如果 Array 的行和列的数目不相等,则函数 MINVERSE 也返回错误值 #VALUE!。

➤ 对于返回结果为数组的公式,必须以数组公式的形式输入。

➤ 与求行列式的值一样,求解矩阵的逆常被用于求解多元联立方程组。矩阵和它的逆矩阵相乘为单位矩阵：对角线的值为 1,其他值为 0。

➤ 下面是计算二阶方阵逆的示例。假设 A1：B2 中包含以字母 a、b、c 和 d 表示的四个任意的数,则表 3-2 表示矩阵 A1：B2 的逆矩阵。

表 3-2　A1:B2 的逆矩阵

	第 A 列	第 B 列
第一行	$d/(a*d-b*c)$	$b/(b*c-a*d)$
第二行	$c/(b*c-a*d)$	$a/(a*d-b*c)$

➤ 函数 MINVERSE 的精确度可达十六位有效数字,因此运算结果因位数的取舍可能会导致小的误差。

➤ 对于一些不能求逆的矩阵,函数 MINVERSE 将返回错误值 #NUM!。不能求逆的矩阵的行列式值为零。

【例 3-11】　有如图 3-11 所示的矩阵,请用 MINVERSE 函数求该矩阵的逆矩阵。

	A	B
1	数据	数据
2	4	-1
3	2	0

图 3-11　矩阵

➤ 选中 A5：B6 单元格区域(行数与列数必须与原始数据一致)。

➤ 单击编辑栏上的 *fx* 按钮,弹出"插入函数"对话框。

➤ 在"数学与三角函数"类别中找到 MINVERSE 函数后单击"确定"按钮。

➤ 在"函数参数"对话框中选择区域"A2：B3"。

➤ 按住【Ctrl】+【Shift】键的同时,单击"确定"按钮。

也可以使用直接输入函数的方法：

➤ 选中 A5:B6 单元格区域(行数与列数必须与原始数据一致)。

➤ 输入函数" = MINVERSE(A2:B3)"。

➤ 按住【Ctrl】+【Shift】键的同时,按下【Enter】键。

3. MMULT 函数

语法：MMULT(Array1 , Array2)

功能：返回两数组的矩阵乘积。结果矩阵的行数与 Array1 的行数相同,列数与 Array2 的列数相同。

参数：Array1、array2 是要进行矩阵乘法运算的两个数组。

说明：

➤ Array1 的列数必须与 Array2 的行数相同，而且两个数组中都只能包含数值。

➤ Array1 和 Array2 可以是单元格区域、数组常量或引用。

➤ 如果单元格是空白单元格或含有文本字符串，或 Array1 的行数与 Array2 的列数不相等时，则函数 MMULT 返回错误值#VALUE!。

➤ 两个数组 b 和 c 的矩阵乘积 a 为：

$$a_{ij} = \sum_{k=1}^{n} b_{ik} c_{kj}$$

➤ 对于返回结果为数组的公式，必须以数组公式的形式输入。

4．SUMPRODUCT 函数

语法：SUMPRODUCT(Array1，[Array2]，[Array3]，…)

功能：在给定的几组数组中，将数组间对应的元素（元素的位置号相同）相乘，并返回乘积之和。

参数：Array1，Array2，Array3，…为 2 到 255 个数组，其相应元素需要进行相乘并求和。

说明：

➤ 数组参数必须具有相同的维数，否则函数 SUMPRODUCT 将返回错误值 #VALUE!。

➤ 函数 SUMPRODUCT 将非数值型的数组元素作为 0 处理。

【例 3-12】 有如图 3-12 所示数据，使用 SUMPRODUCT 函数进行计算。

➤ 选中存放结果的单元格 E5。

➤ 输入公式" = SUMPRODUCT(A2：B4，C2：D4)"后按下【Enter】。

➤ 相关结果与说明见图 3-13。

	A	B	C	D
1	Array 1	Array 1	Array 2	Array 2
2	3	4	2	7
3	8	6	6	7
4	1	9	5	3

图 3-12 两个数组

公式	结果	说明
=SUMPRODUCT(A2:B4, C2:D4)	156	两个数组的所有元素对应相乘，然后把乘积相加，即 3*2 + 4*7 + 8*6 + 6*7 + 1*5 + 9*3

图 3-13 SUMPRODUCT 函数示例

5．SUMXMY2 函数

语法：SUMXMY2(Array_x，Array_y)

功能：返回两数组中对应数值之差的平方和。

参数：Array_x 为第一个数组或数值区域，Array_y 为第二个数组或数值区域。

说明：

➤ 参数可以是数字，或者是包含数字的名称、数组或引用。

➤ 如果数组或引用参数包含文本、逻辑值或空白单元格，则这些值将被忽略，但包含零值的单元格将计算在内。

➤ 如果 Array_x 和 Array_y 的元素数目不同，函数 SUMXMY2 将返回错误值#N/A。

➤ 差的平方和的计算公式如下：

$$SUMXMY2 = \sum (x - y)^2$$

6. SUMX2MY2 函数

语法：SUMX2MY2（Array_x，Array_y）

功能：返回两数组中对应数值的平方差之和。

参数：Array_x 为第一个数组或数值区域，Array_y 为第二个数组或数值区域。

说明：

➤ 参数可以是数字，或者是包含数字的名称、数组或引用。

➤ 如果数组或引用参数包含文本、逻辑值或空白单元格，则这些值将被忽略，但包含零值的单元格将计算在内。

➤ 如果 Array_x 和 Array_y 的元素数目不同，函数 SUMX2MY2 将返回错误值 #N/A。

➤ 平方差之和的计算公式如下：

$$SUMX2MY2 = \sum \left(x^2 - y^2 \right)$$

7. SUMX2PY2 函数

语法：SUMX2MY2（Array_x，Array_y）

功能：返回两数组中对应数值的平方和之和。

参数：Array_x 为第一个数组或数值区域，Array_y 为第二个数组或数值区域。

说明：

➤ 参数可以是数字，或者是包含数字的名称、数组或引用。

➤ 如果数组或引用参数包含文本、逻辑值或空白单元格，则这些值将被忽略；但包含零值的单元格将计算在内。

➤ 如果 Array_x 和 Array_y 的元素数目不同，则函数 SUMX2PY2 返回错误值 #N/A。

➤ 平方和之和的计算公式如下：

$$SUMX2PY2 = \sum \left(x^2 + y^2 \right)$$

【例3-13】 SUMXMY2、SUMX2MY2、SUMX2PY2 函数示例。

已知两个数组的数据如表3-3所示：

表3-3 两个数组的数据

行 \ 列	第一个数组（A）	第二个数组（B）
1	2	6
2	3	5
3	9	11
4	1	7
5	8	5
6	7	4
7	5	4

公式计算的结果如表3-4所示：

表 3-4 三个函数计算结果

公 式	结果	说 明
=SUMXMY2(A2:A8,B2:B8)	79	$=(2-6)^2+(3-5)^2+(9-11)^2+(1-7)^2+(8-5)^2+(7-4)^2+(5-4)^2$
=SUMX2MY2(A2:A8,B2:B8)	-55	$=(2^2-6^2)+(3^2-5^2)+(9^2-11^2)+(1^2-7^2)+(8^2-5^2)+(7^2-4^2)+(5^2-4^2)$
=SUMX2PY2(A2:A8,B2:B8)	521	$=(2^2+6^2)+(3^2+5^2)+(9^2+11^2)+(1^2+7^2)+(8^2+5^2)+(7^2+4^2)+(5^2+4^2)$

【例 3-14】 已知某电器城 2005 年 3 月份彩电的销售情况如图 3-14(a)所示，进货记录如图 3-14(b)所示。

	A	B	C	D
1	日期	业务员	产品	销售数量
2	2005-3-1	王勇	TCL	12
3	2005-3-1	刘甜甜	创维	8
4	2005-3-2	吴晓丽	长虹	9
5	2005-3-3	任卫杰	长虹	1
6	2005-3-5	刘甜甜	创维	4
7	2005-3-5	吴晓丽	TCL	5
8	2005-3-6	任卫杰	长虹	3
9	2005-3-8	王勇	创维	4
10	2005-3-9	吴晓丽	TCL	6
11	2005-3-9	任卫杰	创维	7
12	2006-3-10	刘甜甜	创维	5
13	2005-3-10	任卫杰	长虹	6
14	2005-3-11	王勇	TCL	10
15	2005-3-12	刘甜甜	创维	5
16	2005-3-12	吴晓丽	长虹	5
17	2005-3-14	刘甜甜	创维	4
18	2005-3-15	吴晓丽	TCL	9
19	2005-3-15	任卫杰	长虹	6
20	2005-3-15	王勇	创维	7
21	2005-3-16	任卫杰	TCL	5
22	2005-3-17	刘甜甜	创维	9
23	2005-3-18	任卫杰	长虹	2
24	2005-3-18	王勇	TCL	2
25	2005-3-19	刘甜甜	长虹	5
26	2005-3-19	吴晓丽	创维	6
27	2005-3-20	王勇	TCL	5
28	2005-3-21	吴晓丽	TCL	9
29	2005-3-21	刘甜甜	长虹	5

(a)“销售”工作表

	A	B	C
1	日期	产品	进货数量
2	2005-2-15	TCL	60
3	2005-2-18	创维	60
4	2005-2-18	长虹	30
5	2005-2-25	长虹	50
6	2005-2-25	创维	20
7	2005-2-28	TCL	20
8	2005-3-1	长虹	20
9	2005-3-10	创维	10
10	2005-3-10	TCL	30
11	2005-3-11	创维	10

(b)“进货”工作表

图 3-14 某电器城彩电销售情况及进货记录

(1) 根据进货记录与销售情况计算各产品的库存情况，填入图 3-15(a)所示的表中。

(2) 统计各业务员销售各种彩电的业绩，计算出各人的总销售额，并根据总销售额的 1.125% 计算各业务员的奖金提成，结果填入图 3-15(b)所示的表格中。

	A	B	C	D
1	产品	进货数量	销售数量	库存数量
2	TCL			
3	创维			
4	长虹			

(a)“库存”工作表

	A	B	C	D	E	F
1	业务员	销售数量			销售额	奖金提成
2		TCL	创维	长虹		
3	王勇					
4	刘甜甜					
5	吴晓丽					
6	任卫杰					
7						
8						
9	产品	TCL	创维	长虹		
10	单价	2500	2300	2600		

(b)“奖金提成”工作表

图 3-15 库存情况及奖金提成

计算库存情况的步骤为：

➤ 选中"库存"工作表中的 B2 单元格。

➤ 输入公式"=SUMIF(进货!＄B＄2：＄B＄11,A2,进货!＄C＄2：＄C＄11)"后按下
【Enter】。

➤ 选中"库存"工作表中的 B2 单元格。

➤ 拖动 B2 单元格的填充柄至 B4 单元格。

➤ 至此,完成各产品的进货数量计算,接下来求各产品的销售数量与库存数量。

➤ 选中"库存"工作表中的 C2 单元格。

➤ 输入公式"=SUMIF(销售!＄C＄2：＄C＄44,A2,销售!＄D＄2：＄D＄44)"后按下
【Enter】。

➤ 选中"库存"工作表中的 C2 单元格。

➤ 拖动 C2 单元格的填充柄至 C4 单元格。

➤ 选中"库存"工作表中的 D2 单元格。

➤ 输入公式"=B2-C2"后按下【Enter】。

➤ 选中"库存"工作表中的 D2 单元格。

➤ 拖动 D2 单元格的填充柄至 D4 单元格。

	A	B	C	D
1	产品	进货数量	销售数量	库存数量
2	TCL	110	88	22
3	创维	100	94	6
4	长虹	100	71	29

图 3-16　库存计算结果

最终计算结果如图 3-16 所示。

计算奖金提成的步骤为：

➤ 选择"销售"工作表为当前工作表,并将光标定位在数据清单内。

➤ 在"插入"选项卡的"表格"功能组中单击"数据透视表",建立如图 3-17 所示的数据透视表,并将之命名为"销售情况数据透视"。

	A	B	C	D	E
1					
2					
3	求和项:销售数量	产品			
4	业务员	TCL	创维	长虹	总计
5	刘甜甜	16	39	16	71
6	任卫杰	5	29	25	59
7	王勇	29	20	8	57
8	吴晓丽	38	6	22	66
9	总计	88	94	71	253

图 3-17　数据透视表

➤ 选中"奖金提成"工作表中的 B3 单元格,输入"=",然后在"销售情况数据透视"中单击 B7 后回车。此时"奖金提成"工作表 B3 单元格中显示数值 29。

单击"奖金提成"工作表中的 B3 单元格,会发现此单元格中的公式为"=GETPIVOT-DATA("销售数量",Sheet3!＄A＄3,"业务员","王勇","产品","TCL")"。GETPIVOTDATA 函数的功能是从数据透视表中提取数据。

➤ 按同样的方法,将各业务员对各品牌的销售业绩填入"奖金提成"工作表的相应单元格中,如图 3-18 所示。

	A	B	C	D	E	F
1	业务员	销售数量			销售额	奖金提成
2		TCL	创维	长虹		
3	王勇	29	20	8		
4	刘甜甜	16	39	16		
5	吴晓丽	38	6	22		
6	任卫杰	5	29	25		

图 3-18　奖金提成

> 选中"奖金提成"工作表中 E3:F6 单元格区域,设置其格式为货币样式。
> 选中"奖金提成"工作表中的 E3 单元格。
> 输入公式" = SUMPRODUCT(B3:D3, $B$10: $D$10)"后回车。
> 选中"奖金提成"工作表中的 F3 单元格。
> 输入公式" = E3 * 1.125%"后回车。
> 选中"奖金提成"工作表中的 E3: F3 单元格区域。
> 拖动填充柄至 E6: F6。

最终的结果如图 3-19 所示。

	A	B	C	D	E	F
1	业务员	销售数量			销售额	奖金提成
2		TCL	创维	长虹		
3	王勇	29	20	8	¥ 139,300.00	¥ 1,567.13
4	刘甜甜	16	39	16	¥ 171,300.00	¥ 1,927.13
5	吴晓丽	38	6	22	¥ 166,000.00	¥ 1,867.50
6	任卫杰	5	29	25	¥ 144,200.00	¥ 1,622.25
7						
8						
9	产品	TCL	创维	长虹		
10	单价	2500	2300	2600		

图 3-19　奖金提成

3.3　日期函数

3.3.2　与日期相关的函数

1. NOW 函数

语法:NOW( )

功能:返回当前日期和时间所对应的序列号。如果在输入函数前单元格的格式为"常规",则结果将设为日期格式。

说明:

> Microsoft Excel 可将日期存储为可用于计算的序列号。默认情况下,1900 年 1 月 1 日的序列号是 1 而 2008 年 1 月 1 日的序列号是 39448,这是因为它距 1900 年 1 月 1 日有 39448 天。Microsoft Excel for Macintosh 使用另外一个默认日期系统。
> 序列号中小数点右边的数字表示时间,左边的数字表示日期。
> 函数 NOW 只有在重新计算工作表或执行含有此函数的宏时改变。它并不会随时更新。

2. TODAY 函数

语法:TODAY( )

功能:返回当前日期的序列号。序列号是 Microsoft Excel 日期和时间计算使用的日期—时间代码。如果在输入函数前单元格的格式为"常规",则结果将设为日期格式。

3. YEAR 函数

语法：YEAR(Serial_number)

功能：返回某日期对应的年份。返回值为 1900 到 9999 之间的整数。

参数：Serial_number 为一个日期值，其中包含要查找年份的日期。应使用 DATE 函数来输入日期，或者将日期作为其他公式或函数的结果输入。例如，使用 DATE(2008,5,23)输入 2008 年 5 月 23 日。如果日期以文本的形式输入，则会出现问题。

说明：无论提供的日期值的显示格式如何，YEAR、MONTH 和 DAY 函数返回的值都是公历值。例如，如果提供的日期的显示格式是回历，则 YEAR、MONTH 和 DAY 函数返回的值将是与对应的公历日期相关联的值。

4. MONTH 函数

语法：MONTH(Serial_number)

功能：返回以序列号表示的日期中的月份。月份是介于1(一月)到12(十二月)之间的整数。

参数：Serial_number 为要查找其月份的日期值。应使用 DATE 函数来输入日期，或者将日期作为其他公式或函数的结果输入。例如，可使用函数 DATE(2008,5,23)输入日期 2008 年 5 月 23 日。如果日期以文本的形式输入，则会出现问题。

5. DAY 函数

语法：DAY(Serial_number)

功能：返回以序列号表示的某日期的天数。天数是介于 1 到 31 之间的整数。

参数：Serial_number 为要查找的那一天的日期。应使用 DATE 函数来输入日期，或者将日期作为其他公式或函数的结果输入。例如，可使用函数 DATE(2008,5,23)输入日期 2008 年 5 月 23 日。如果日期以文本的形式输入，则会出现问题。

【例 3-15】　YEAR、MONTH、DAY 函数示例，如图 3-20 所示。

	A	B	C
1	2008-8-8		
2	**公式**	**结果**	**说明**
3	=YEAR(A1)	2008	使用单元格引用
4	=YEAR(2008-8-8)	1905	函数必须是一个日期值，所以这里出错
5	=YEAR("2008-8-8")	2008	采用文本字符串时，参数需要加引号
6	=MONTH("2008-8-8")	8	返回2008年8月8日在年中的月份
7	=MONTH(2008)	6	返回距1900年1月1日2008天的日期中的月份
8	=DAY(2008)	30	返回距1900年1月1日2008天的日期是一个月中的第几天

图 3-20　YEAR、MONTH、DAY 函数的用法

6. DATE 函数

语法：DATE(Year,Month,Day)

功能：返回代表特定日期的序列号。如果在输入函数前单元格格式为"常规"，则结果将设为日期格式。

参数：参数 Year 可以为一到四位数字。Microsoft Excel 将根据所使用的日期系统来解释 year 参数。默认情况下，Microsoft Excel for Windows 将使用 1900 日期系统，而 Microsoft Excel for Macintosh 将使用 1904 日期系统。

表 3-5 两种日期系统的对比

YEAR 取值	1900 日期系统	YEAR 取值	1904 日期系统
位于 0(零)到 1899(包含)之间	Excel 会将该值加上 1900，再计算年份。例如，DATE(108,1,2) 将返回 2008 年 1 月 2 日(1900+108)	位于 4 到 1899(含)之间	Excel 会将该值加上 1900，再计算年份。例如，DATE(108,1,2) 将返回 2008 年 1 月 2 日(1900+108)
位于 1900 到 9999(包含)之间	Excel 将使用该数值作为年份。例如，DATE(2008,1,2) 将返回 2008 年 1 月 2 日	位于 1904 到 9999(含)之间	Excel 将使用该数值作为年份。例如，DATE(2008,1,2) 将返回 2008 年 1 月 2 日
小于 0 或大于等于 10000	Excel 将返回错误值 #NUM!	小于 4 或大于等于 10000，或者位于 1900 到 1903(包含)之间	Excel 将返回错误值 #NUM!

Month 代表每年中月份的数字。如果所输入的月份大于 12，将从指定年份的一月份开始往上加算。例如，DATE(2008,14,2) 返回代表 2009 年 2 月 2 日的序列号。

Day 代表在该月份中第几天的数字。如果 Day 大于该月份的最大天数，则将从指定月份的第一天开始往上累加。例如，DATE(2008,1,35) 返回代表 2008 年 2 月 4 日的序列号。

说明：函数 DATE 在年、月、日为变量的公式中非常有用。

7. WEEKDAY 函数

语法：WEEKDAY(Serial_number,[Return_type])

功能：返回某日期为星期几。默认情况下，其值为 1(星期天)到 7(星期六)之间的整数。

参数：Serial_number 表示一个顺序的序列号，代表要查找的那一天的日期。应使用 DATE 函数输入日期，或者将函数作为其他公式或函数的结果输入。例如，使用 DATE(2008,5,23) 输入 2008 年 5 月 23 日。

Return_type 为确定返回值类型的数字。

表 3-6 Return_type 的含义

Return_type	返回的数字
1 或省略	数字 1(星期日)到数字 7(星期六)，同 Microsoft Excel 早期版本
2	数字 1(星期一)到数字 7(星期日)
3	数字 0(星期一)到数字 6(星期日)

【例3-16】　WEEKDAY 函数的用法,如图 3-21 所示。

	A	B	C
1	2008-8-8		
2	公式	结果	说明
3	=WEEKDAY(A1)	6	使用单元格引用
4	=WEEKDAY(A1,2)	5	返回值的类型为2
5	=WEEKDAY(A1,3)	4	返回值的类型为3
6	=WEEKDAY(2008-8-8)	4	函数参数必须是一个日期值,所以结果不对
7	=WEEKDAY("2008-8-8")	6	采用文本字符串时,参数需要加引号

图 3-21　WEEKDAY 函数用法示例

8. DATEVALUE 函数

语法:DATEVALUE(Date_text)

功能:返回 Date_text 所表示的日期的序列号。函数 DATEVALUE 的主要功能是将以文本表示的日期转换成一个序列号。

参数:Date_text 代表以 Microsoft Excel 日期格式表示的日期的文本。例如,"2008 - 1 - 30"或"30 - Jan - 08"就是带引号的文本,它用于代表日期。在使用 Microsoft Excel for Windows 的默认日期系统时,Date_text 必须表示 1900 年 1 月 1 日到 9999 年 12 月 31 日之间的一个日期;而在使用 Excel for Macintosh 的默认日期系统时,Date_text 必须表示 1904 年 1 月 1 日到 9999 年 12 月 31 日之间的一个日期。如果 Date_text 超出上述范围,则函数 DATEVALUE 返回错误值#VALUE!。

如果省略 Date_text 中的年份部分,则函数 DATEVALUE 使用计算机系统内部时钟的当前年份。Date_text 中的时间信息将被忽略。

☞ 注意:

　　因为参数是以文本形式表示的日期,既不能写成" = DATEVALUE(2008 - 8 - 8) - DATEVALUE(2008 - 1 - 1)",也不能引用现成的日期。

9. DAYS360 函数

语法:DAYS360(Start_date,End_date,[Method])

功能:按照一年 360 天的算法(每个月以 30 天计,一年共计 12 个月),返回两日期间相差的天数,这在一些会计计算中将会用到。如果财务系统是基于一年 12 个月,每月 30 天,可用此函数帮助计算支付款项。

参数:Start_date 和 End_date 是用于计算期间天数的起止日期。如果 Start_date 在 End_date 之后,DAYS360 将返回一个负数。应使用 DATE 函数来输入日期,或者将日期作为其他公式或函数的结果输入。例如,使用函数 DATE(2008,5,23)输入日期2008 年 5 月 23 日。

Method 为一个逻辑值,它指定了在计算中是采用欧洲方法还是美国方法。

表 3-7 Method 的定义

Method	定 义
FALSE 或省略	美国方法(NASD)。如果起始日期是一个月的 31 号,则等于同月的 30 号。如果终止日期是一个月的 31 号,并且起始日期早于 30 号,则终止日期等于下一个月的 1 号,否则,终止日期等于本月的 30 号
TRUE	欧洲方法。起始日期和终止日期为一个月的 31 号,都将等于本月的 30 号

例如,在某单元格中输入公式“ =DAYS360(″2008 -1 -1″,″2008 -8 -8″)”后回车,单元格将显示结果“217”。

【例 3-17】 制作如图 3-22 所示的项目进度表,其中,被圆圈圈住的数据要求自动生成。

	A	B	C	D
1	2011年3月项目进度表			
2	项目要求:			
3	项目开始日期	2011-1-1		
4	项目结束日期	2011-12-31		
5	项目总天数	365		
6				
7	注:(1)项目期间需扣除的节假日天数如下:			
8	日期	节日	星期	放假(天)
9	2011-1-1	元旦	星期六	1
10	2011-2-3	春节	星期四	3
11	2011-4-5	清明	星期二	1
12	2011-5-1	五一	星期日	1
13	2011-6-6	端午	星期一	1
14	2011-9-12	中秋	星期一	1
15	2011-10-1	国庆	星期六	3
16	(2)项目期间的休息日天数(周六、周日)总计:		105	
17				
18	项目进度:			
19	实际工作日天数总计	249		
20				
21	今日日期	2011-3-31		
22	项目倒计时(天)	275		

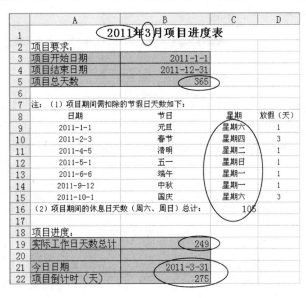

图 3-22 项目进度表

制作此项目进度表的步骤为:

➢ 新建一个工作簿,制作如图 3-23 所示的表格。

➢ 选中 B5 单元格,单击“开始”选项卡“数字”功能组中的数字格式下拉列表框,将该单元格的数字格式设置为“常规”。

➢ 选中 B5 单元格,输入公式“ =B4 -B3 +1”后按【Enter】键。

➢ 选中 C9 单元格,单击“开始”选项卡“数字”功能组的对话框启动器按钮,弹出“设置单元格格式”对话框,单击“数字”选项卡,选中“分

	A	B	C	D
1				
2	项目要求:			
3	项目开始日期	2011-1-1		
4	项目结束日期	2011-12-31		
5	项目总天数			
6				
7	注:(1)项目期间需扣除的节假日天数如下:			
8	日期	节日	星期	放假(天)
9	2011-1-1	元旦		1
10	2011-2-3	春节		3
11	2011-4-5	清明		1
12	2011-5-1	五一		1
13	2011-6-6	端午		1
14	2011-9-12	中秋		1
15	2011-10-1	国庆		3
16	(2)项目期间的休息日天数(周六、周日)总计:			
17				
18	项目进度:			
19	实际工作日天数总计			
20				
21	今日日期			
22	项目倒计时(天)			

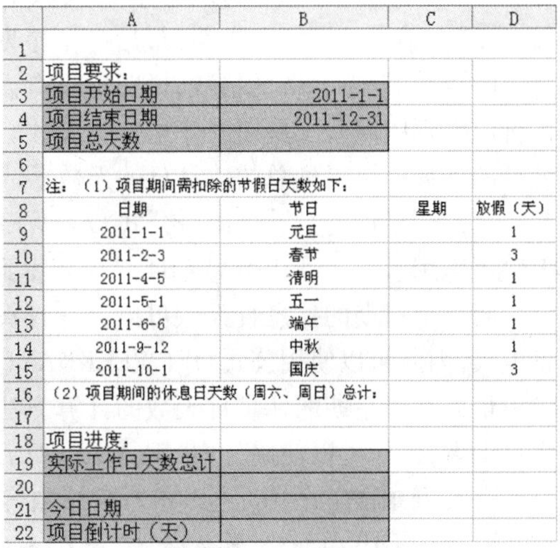

图 3-23 固定数据的表格

类"中的"日期",然后在"类型"中选择"星期三",如图3-24所示,然后单击"确定"
按钮。

➢ 选中 C9 单元格,输入公式" = WEEKDAY(A9)"后按【Enter】键。也可以使用公式
" = A9",效果相同。

➢ 选中 C9 单元格,拖动填充柄至 C15。

图3-24 设置日期格式

➢ 选中 C16 单元格,输入公式" = (B5 – (7 – WEEKDAY(B3) + 1) – WEEKDAY
(B4))/7 * 2 + IF(WEEKDAY(B3) = 1,2,1) + IF(WEEKDAY(B4) = 7,2,1)"后回
车,计算出休息日的天数。

计算休息日的天数的方法:在总天数中减去开始日期所在星期(第一个星期)中的天
数,再减去结束日期所在星期(最后一个星期)的天数,结果为中间若干星期的天数,肯定
是 7 的倍数(若不是 7 的倍数,说明计算有误)。然后用这个天数除以 7 得到周数,再乘以
2,可以得到中间若干星期的休息日的天数。最后再加上第一个星期与最后一个星期的休
息日的天数即可得到总的休息日的天数。

第一个星期的天数可以用公式"7 – WEEKDAY(B3) + 1"计算得到;最后一个星期的
天数可以用公式"WEEKDAY(B4)"计算得到。

第一个星期的休息日天数可以这样计算:若开始日期为星期天,则休息 2 天,否则休
息 1 天,因此可以使用公式"IF(WEEKDAY(B3) = 1,2,1)"计算得到。

最后一个星期的休息日天数的计算方法为:若结束日期为星期六,则休息 2 天,否则
休息 1 天,因此可以使用公式"IF(WEEKDAY(B4) = 7,2,1)"计算得到。

有关 IF 函数的使用,可以参考后续内容。

➢ 选中 B19 单元格,输入公式" = B5 – C16 – SUM(D9:D15)"后回车,然后设置此单
元格为常规格式。

➢ 选中 B21 单元格,输入公式" = TODAY( )"后回车。

➢ 选中 B22 单元格,输入公式" = B4 – B21"后回车,若格式不对,可以参照上面的方法设置数据的格式。

➢ 选中 A1 单元格,输入公式" = YEAR(B21)&"年"&MONTH(B21)&"月项目进度表""后回车。然后设置此单元格内容在 A1: D1 中合并并居中,字号为 14 号,粗体显示。

保存工作簿,更改系统日期后,会发现相关数据会根据当前系统日期自动变化。

3.3.2 与时间相关的函数

1. HOUR 函数

语法: HOUR(Serial_number)

功能: 返回时间值的小时数。即一个介于 0(12:00A. M.)到 23(11:00P. M.)之间的整数。

参数: Serial_number 表示一个时间值,其中包含要查找的小时。时间有多种输入方式: 带引号的文本字符串(例如"6:45PM")、十进制数(例如 0.78125 表示 6:45PM)或其他公式或函数的结果(例如 TIMEVALUE("6:45PM"))。

说明: Microsoft Excel for Windows 和 Microsoft Excel for Macintosh 使用不同的默认日期系统。时间值为日期值的一部分,并用十进制数来表示(例如 12:00PM 可表示为 0.5,因为此时是一天的一半)。

2. MINUTE 函数

语法: MINUTE(Serial_number)

功能: 返回时间值中的分钟,为一个介于 0 到 59 之间的整数。

3. SECOND 函数

语法: SECOND(Serial_number)

功能: 返回时间值的秒数。返回的秒数为 0 到 59 之间的整数。

4. TIME 函数

语法: TIME(Hour, Minute, Second)

功能: 返回某一特定时间的小数值。如果在输入函数前,单元格的格式为"常规",则结果将设为日期格式。

TIME 函数返回的小数值为 0 ~ 0.99988426 之间的数值,代表从 0:00:00(12:00:00AM)到 23:59:59(11:59:59PM)之间的时间。

参数: Hour 为 0 ~ 32767 之间的数值,代表小时。任何大于 23 的数值将除以 24,其余数将视为小时。例如,TIME(27,0,0) = TIME(3,0,0) = .125 或 3:00AM。

Minute 为 0 ~ 32767 之间的数值,代表分钟。任何大于 59 的数值将被转换为小时和分钟。例如,TIME(0,750,0) = TIME(12,30,0) = .520833 或 12:30PM。

Second 为 0 ~ 32767 之间的数值,代表秒。任何大于 59 的数值将被转换为小时、分钟和秒。例如,TIME(0,0,2000) = TIME(0,33,20) = .023148 或 12:33:20AM。

【例 3-18】 TIME 函数示例。如图 3-25 所示。

	A	B	C	D	E	F	G
1	小时	分钟	秒	公式		结果	说明
2	12	0	0	=TIME(A2,B2,C2)		0.5	一天的小数部分
3	16	48	10	=TIME(A3,B3,C3)		0.700115741	一天的小数部分

图 3-25   TIME 函数示例

若要以小数的形式显示时间,则设置单元格格式为"常规"或"数字"。

5. TIMEVALUE 函数

语法:TIMEVALUE(Time_text)

功能:返回由文本字符串所代表的时间的小数值。该小数值为 0 到 0.99988426 之间的数值,代表从 0:00:00(12:00:00AM)到 23:59:59(11:59:59PM)之间的时间。

参数:Time_text 为文本字符串,代表以 Microsoft Excel 时间格式表示的时间(例如,代表时间的具有引号的文本字符串"6:45PM"和"18:45")。

说明:Time_text 中的日期信息将被忽略。

【例 3-19】 根据上网的开始时间与结束时间,计算出上网的累计时间,并计算出总费用。费用的计算方法为:每小时 1 元,半小时 0.5 元;不足半小时的按半小时算,超过半小时而未到 1 小时的按 1 小时算。

➤ 首先,制作出如图 3-26 所示的表格。

	A	B	C	D	E	F	G	H
1	机器号	开始时间	结束时间	累计时间			单价(元/小时)	总费用(元)
2				小时数	分钟数	秒数		
3	A105	2011-1-20 10:30:00	2011-1-20 12:38:29				1	
4	A108	2011-1-20 16:12:35	2011-1-20 03:23:14				1	
5	A106	2011-1-23 20:59:56	2011-1-24 02:48:49				1	

图 3-26   计算上网时间与费用

表中 B3:C5 单元格区域中的格式为自定义格式,格式设置如图 3-27 所示。

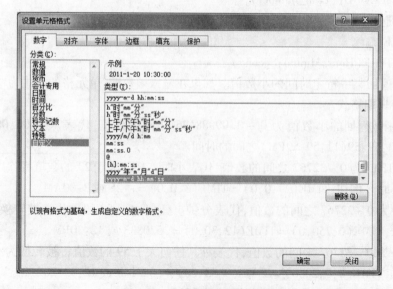

图 3-27   自定义日期时间格式

➤ 选中 D3 单元格,输入公式" = HOUR(C3 – B3)"后回车。
➤ 选中 E3 单元格,输入公式" = MINUTE(C3 – B3)"后回车。
➤ 选中 F3 单元格,输入公式" = SECOND(C3 – B3)"后回车。
➤ 选中 D3:F3 单元格区域,拖动填充柄至 D5:F5。
➤ 选中 H3 单元格,输入公式" = (D3 + IF(E3 = 0,0,IF(E3 > 30,1,0.5))) ∗ G3)"后回车。

☞ **注意:**

对于秒数,可以忽略不计。

➤ 选中 H3 单元格,拖动填充柄至 H5。

制作成功后的表格如图 3-28 所示。

	A	B	C	D	E	F	G	H
1	机器号	开始时间	结束时间	累计时间			单价 (元/小时)	总费用 (元)
2				小时数	分钟数	秒数		
3	A105	2011-1-20 10:30:00	2011-1-20 12:38:29	2	8	29	1	2.5
4	A108	2011-1-20 16:12:35	2011-1-21 03:23:14	11	10	39	1	11.5
5	A106	2011-1-23 20:59:56	2011-1-24 02:48:49	5	48	53	1	6

图 3-28 计算的结果

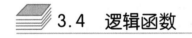 **3.4 逻辑函数**

逻辑函数主要应用于逻辑判断。

1. TRUE 函数

语法:TRUE( )

功能:返回逻辑值 TRUE。

说明:可以直接在单元格或公式中键入值 TRUE,而可以不使用此函数。函数 TRUE 主要用于与其他电子表格程序兼容。

2. FALSE 函数

语法:FALSE( )

功能:返回逻辑值 FALSE。

说明:可以直接在单元格或公式中键入值 FALSE,而可以不使用此函数。

3. NOT 函数

语法:NOT(Logical)

功能:对参数值求反。当要确保一个值不等于某一特定值时,可以使用 NOT 函数。

参数:Logical 为计算结果是 TRUE 或 FALSE 的任何值或表达式。

说明:如果逻辑值为 FALSE,函数 NOT 将返回 TRUE;如果逻辑值为 TRUE,函数 NOT 将返回 FALSE。

4. AND 函数

语法：AND(Logical1,[Logical2],…)

功能：所有参数的计算结果为逻辑真时,返回 TRUE;只要有一个参数的计算结果为逻辑假,即返回 FALSE。

参数：Logical1,Logical2,…测试条件,其计算结果可以为 TRUE 或 FALSE,最多可包含 255 个条件。

说明：

● 参数的计算结果必须是逻辑值 TRUE 或 FALSE,或者包含逻辑值的数组或引用。

● 如果数组或引用参数中包含文本或空白单元格,则这些值将被忽略。

● 如果指定的单元格区域未包含逻辑值,则 AND 将返回错误值#VALUE!。

5. OR 函数

语法：OR(Logical1,[Logical2],…)

功能：在其参数中,任何一个参数的计算结果为逻辑值 TRUE,即返回 TRUE;所有参数的计算结果为逻辑值 FALSE,即返回 FALSE。

参数：Logical1,Logical2,…测试条件,其计算结果可以为 TRUE 或 FALSE,最多可包含 255 个条件。

说明：

● 参数的计算结果必须是逻辑值 TRUE 或 FALSE,或者包含逻辑值的数组或引用。

● 如果数组或引用参数中包含文本或空白单元格,则这些值将被忽略。

● 如果指定的单元格区域未包含逻辑值,则 OR 将返回错误值#VALUE!。

● 可以使用 OR 数组公式来检验数组中是否包含特定的数值。若要输入数组公式,请按【Ctrl】+【Shift】+【Enter】。

6. IF 函数

语法：IF(Logical_test,Value_if_true,Value_if_false)

功能：执行真假值判断,根据逻辑计算的真假值,返回不同结果。可以使用函数 IF 对数值和公式进行条件检测。

参数：Logical_test 表示计算结果为 TRUE 或 FALSE 的任意值或表达式。例如,A10 = 100 就是一个逻辑表达式,如果单元格 A10 中的值等于 100,表达式即为 TRUE,否则为 FALSE。本参数可使用任何比较运算符。

Value_if_true 是 Logical_test 为 TRUE 时返回的值。例如,如果本参数为文本字符串"预算内"而且 Logical_test 参数值为 TRUE,则 IF 函数将显示文本"预算内"。如果 Logical_test 为 TRUE 而 Value_if_true 为空,则本参数返回 0。如果要显示 TRUE,则请为本参数使用逻辑值 TRUE。Value_if_true 也可以是其他公式。

Value_if_false 为 Logical_test 为 FALSE 时返回的值。例如,如果本参数为文本字符串"超出预算"而且 Logical_test 参数值为 FALSE,则 IF 函数将显示文本"超出预算"。如果 Logical_test 为 FALSE 且忽略了 Value_if_false(即 Value_if_true 后没有逗号),则会返回逻辑值 FALSE。如果 logical_test 为 FALSE 且 Value_if_false 为空(即 Value_if_true

后有逗号,并紧跟着右括号),则本参数返回 0(零)。Value_if_false 也可以是其他公式。

说明:

> 函数 IF 可以嵌套 64 层,用 Value_if_false 及 Value_if_true 参数可以构造复杂的检测条件。

> 在计算参数 Value_if_true 和 Value_if_false 后,函数 IF 返回相应语句执行后的返回值。

> 如果函数 IF 的参数包含数组,则在执行 IF 语句时,数组中的每一个元素都将计算。

> Microsoft Excel 还提供了其他一些函数,可依据条件来分析数据。例如,如果要计算单元格区域中某个文本字符串或数字出现的次数,则可使用 COUNTIF 工作表函数。如果要根据单元格区域中的某一文本字符串或数字求和,则可使用 SUMIF 工作表函数。

【例 3-20】 计算如图 3-29 所示的业务员星级评定表中各业务员的星级。评定方法为:若销售业绩超过 2000000 元,且在领导或群众评分中有 90 分以上(含 90)的为五星级业务员;销售业绩超过 1800000 元,且在领导或群众评分中有 85 分以上(含 85)的为四星级业务员;其他为三星级业务员。

	A	B	C	D	E
1	业务员	销售业绩	领导评分	群众评分	星级
2	刘强	¥ 2,500,000.00	89	88	
3	王红	¥ 3,000,000.00	92	89	
4	马爱军	¥ 1,890,000.00	86	90	
5	张晓华	¥ 1,760,000.00	90	88	
6	朱刚	¥ 1,680,000.00	88	86	

图 3-29 业务员星级评定表

销售业绩超过 2000000 元,且在领导或群众的评分中有 90 分以上(含 90)这一条件可以使用 AND(B2>2000000,OR(C2>=90,D2>=90)) 来实现;销售业绩超过 1800000 元,且领导或群众评分中有 85 分以上(含 85)这一条件可以使用 AND(B2>1800000,OR(C2>=85,D2>=85)) 实现。本例中需要使用 IF 函数。由于存在三种可能的结果,因此需要两层 IF 函数的嵌套。具体操作如下:

> 选定 E2 单元格,输入公式" =IF(AND(B2>2000000,OR(C2>=90,D2>=90)),"五星",IF(AND(B2>1800000,OR(C2>=85,D2>=85)),"四星","三星"))"后回车。

> 再一次选定 E2,拖动填充柄至 E6 单元格。

结果如图 3-30 所示。

	A	B	C	D	E
1	业务员	销售业绩	领导评分	群众评分	星级
2	刘强	¥ 2,500,000.00	89	88	四星
3	王红	¥ 3,000,000.00	92	89	五星
4	马爱军	¥ 1,890,000.00	86	90	四星
5	张晓华	¥ 1,760,000.00	90	88	三星
6	朱刚	¥ 1,680,000.00	88	86	三星

图 3-30 计算结果

3.5 文本函数

文本函数可以用来提取特定位置上的字符、进行字母的大小写转换、查找字符等。

1. CHAR 函数

语法：CHAR(Number)

功能：返回对应于数字代码的字符。函数 CHAR 可将其他类型计算机文件中的代码转换为字符。

参数：Number 是用于转换的字符代码，介于 1 到 255 之间。使用的是当前计算机字符集中的字符。

说明：若参数不在 1～255 之间，则会出现#VALUE!。在 Widows 环境下使用 ANSI 字符集。

例如，CHAR(65)返回大写字母 A。

2. ASC 函数

语法：ASC(Text)

功能：对于双字节字符集(DBCS)语言，将全角(双字节)字符转换成半角(单字节)字符。

参数：Text 为文本或对包含要更改文本的单元格的引用。如果文本中不包含任何全角字母，不会对文本进行转换。

例如：ASC("EXCEL")的返回结果为 EXCEL。

3. T 函数

语法：T(Value)

功能：返回 Value 引用的文本。

参数：Value 为需要进行测试的值。

说明：

➢ 如果值是文本或引用文本，T 返回值。如果值不引用文本，T 返回空文本("")。

➢ 通常不需在公式中使用函数 T，因为 Microsoft Excel 可以根据需要自动转换值，该函数用于与其他电子表格程序兼容。

4. CODE 函数

语法：CODE(Text)

功能：返回文本字符串中第一个字符的数字代码。返回的代码对应于计算机当前使用的字符集。

参数：Text 为需要得到其第一个字符代码的文本。

说明：在 Windows 环境下使用 ANSI 字符集。

例如：CODE("A")返回字母 A 的 ASCII 码 65。

5. CONCATENATE 函数

语法：CONCATENATE(Text1 , [Text2] , ⋯)

功能：将两个或多个文本字符串合并为一个文本字符串。

参数：Text1，Text2，…为1到255个将要合并成单个文本项的文本项。这些文本项可以为文本字符串、数字或对单个单元格的引用。

说明：也可以用&（和号）运算符代替函数CONCATENATE实现文本项的合并。

6. EXACT 函数

语法：EXACT(Text1，Text2)

功能：该函数测试两个字符串是否完全相同。如果它们完全相同，则返回TRUE；否则，返回FALSE。函数EXACT区分大小写，但忽略格式上的差异。利用函数EXACT可以测试输入文档内的文本。

参数：Text1与Text2为两个要比较的字符串。

例如，EXACT("word"，"word")返回的值为TRUE，EXACT("Word"，"word")返回的值则为FALSE。

7. FIND 函数与 FINDB 函数

语法：FIND(Find_text，Within_text，[Start_num])

　　　 FINDB(Find_text，Within_text，[Start_num])

功能：FIND用于查找文本字符串Within_text内的文本字符串Find_text，并从Within_text的首字符开始返回Find_text的起始位置编号。

FINDB用于查找文本字符串Within_text内的文本字符串Find_text，并基于每个字符所使用的字节数从Within_text的首字符开始返回Find_text的起始位置编号。

参数：Find_text是要查找的文本。Within_text是包含要查找文本的文本。Start_num指定开始进行查找的字符。Within_text中的首字符是编号为1的字符。如果忽略Start_num，则默认为1。

说明：

➢ 如果Find_text是空文本("")，则FIND会匹配搜索串中的首字符（即编号为Start_num或1的字符）。

➢ Find_text中不能包含通配符。

➢ 如果Within_text中没有Find_text，则FIND和FINDB返回错误值#VALUE!。

➢ 如果Start_num不大于0，则FIND和FINDB返回错误值#VALUE!。

➢ 如果Start_num大于Within_text的长度，则FIND和FINDB返回错误值#VALUE!。

➢ 使用Start_num可跳过指定数目的字符。例如，假定使用文本字符串"AYF0093.YoungMensApparel"，如果要查找文本字符串中说明部分的第一个"Y"的编号，则可将Start_num设置为8，这样就不会查找文本的序列号部分。FIND将从第8个字符开始查找，而在下一个字符处即可找到Find_text，于是返回编号9。FIND和FINDB总是从Within_text的起始处返回字符（字节）编号，如果Start_num大于1，也会对跳过的字符（字节）进行计数。

8. SEARCH 函数与 SEARCHB 函数

语法：SEARCH(Find_text，Within_text，[Start_num])

　　　 SEARCHB(Find_text，Within_text，[Start_num])

功能：在第二个文本字符串中查找第一个文本字符串，并返回第一个文本字符串的起始位置的编号,该编号从第二个文本字符串的第一个字符算起。

SEARCHB 也可在文本字符串 Within_text 中查找文本字符串 Find_text,并返回 Find_text 的起始位置编号。此结果是基于每个字符所使用的字节数,并从 Start_num 开始的。

参数:Find_text 是要查找的文本。可以在 Find_text 中使用通配符,包括问号(?)和星号(*)。问号可匹配任意的单个字符,星号可匹配任意一串字符。如果要查找真正的问号或星号,请在该字符前键入波形符(~)。Within_text 是要在其中查找 Find_text 的文本。Start_num 是 Within_text 中开始查找的字符的编号。

说明:

➢ SEARCH 和 SEARCHB 在查找文本时不区分大小写。

➢ SEARCH 和 SEARCHB 类似于 FIND 和 FINDB,但 FIND 和 FINDB 区分大小写。

➢ 如果没有找到 Find_text,则返回错误值#VALUE!。

➢ 如果忽略 Start_num,则假定其为1。

➢ 如果 Start_num 不大于 0 或大于 Within_text,则返回错误值#VALUE!。

【例 3-21】 查找函数示例,如图 3-31 所示。

	A	B	C
1	Soochow University	苏州大学	
2			
3	公式	结果	说明
4	=FIND("o",A1)	2	从第1个字符开始查找,o首次出现在第2个字符上
5	=FIND("o",A1,4)	6	从第4个字符开始查找,o首次出现在第6个字符上
6	=FIND("学",B1)	4	以字符为单位查找的结果
7	=FINDB("学",B1)	7	以字节为单位查找的结果
8	=SEARCH("学",B1)	4	以字符为单位查找的结果
9	=SEARCHB("学",B1)	7	以字节为单位查找的结果
10	=SEARCH("*学",B1)	1	使用通配符

图 3-31 查找函数使用示例

9. LEN 函数与 LENB 函数

语法:LEN(Ttext)

　　　LENB(Text)

功能:LEN 返回文本字符串中的字符数。

LENB 返回文本字符串中用于代表字符的字节数。此函数用于双字节字符。

参数:Text 是要查找其长度的文本。空格将作为字符进行计数。

例如:LEN("HELLO")的返回结果为5,LEN("苏州大学")的返回结果为4,LENB("苏州大学")的返回结果为8。

10. LEFT 函数与 LEFTB 函数

语法:LEFT(Text,[Num_chars])

　　　LEFTB(Text[,Num_bytes])

功能:LEFT 基于所指定的字符数返回文本字符串中的第一个或前几个字符。

LEFTB 基于所指定的字节数返回文本字符串中的第一个或前几个字符。

参数:Text 是包含要提取字符的文本字符串。Num_chars 指定要由 LEFT 所提取的字符数。Num_bytes 为按字节指定要由 LEFTB 所提取的字符。

说明：

➤ Num_chars 必须大于或等于0。

➤ 如果 Num_chars 大于文本长度，则 LEFT 返回所有文本。

➤ 如果省略 Num_chars，则假定其为1。

例如，LEFT(″好好学习 Excel″,6)返回的结果为"好好学习 Ex"；而 LEFTB(″好好学习 Excel″,6)返回的结果为"好好学"。

11. RIGHT 函数与 RIGHTB 函数

语法：RIGHT(Text,[Num_chars])

　　　RIGHTB(Text,[Num_bytes])

功能：RIGHT 根据所指定的字节数返回文本字符串中最后一个或多个字符。

RIGHTB 根据所指定的字节数返回文本字符串中最后一个或多个字符。

参数：Text 是包含要提取字符的文本字符串。Num_chars 指定希望 RIGHT 提取的字符数。Num_bytes 指定希望 RIGHTB 根据字节所提取的字符数。

说明：

➤ Num_chars 必须大于或等于0。

➤ 如果 Num_chars 大于文本长度，则 RIGHT 返回所有文本。

➤ 如果忽略 Num_chars，则假定其为1。

12. MID 函数与 MIDB 函数

语法：MID(Text,Start_num,Num_chars)

　　　MIDB(Text,Start_num,Num_bytes)

功能：MID 返回文本字符串中从指定位置开始的特定数目的字符，该数目由用户指定。

MIDB 根据指定的字节数，返回文本字符串中从指定位置开始的特定数目的字符。

参数：Text 是包含要提取字符的文本字符串。Start_num 是文本中要提取的第一个字符的位置。文本中第一个字符的 Start_num 为1，以此类推。Num_chars 指定希望 MID 从文本中返回字符的个数。Num_bytes 指定希望 MIDB 从文本中返回字符的个数（按字节）。

说明：

➤ 如果 Start_num 大于文本长度，则 MID 返回空文本(″″)。

➤ 如果 Start_num 小于文本长度，但 Start_num 加上 Num_chars 超过了文本的长度，则 MID 只返回至多直到文本末尾的字符。

➤ 如果 Start_num 小于1，则 MID 返回错误值#VALUE!。

➤ 如果 Num_chars 是负数，则 MID 返回错误值#VALUE!。

➤ 如果 Num_bytes 是负数，则 MIDB 返回错误值#VALUE!。

例如，MID(″好好学习 Excel″,1,2)返回的结果为"好好"；MID(″好好学习 Excel″,3,8)返回的结果为"学习 Excel"；MIDB(″好好学习 Excel″,3,8)返回的结果为"好学习 Ex"。

13. CLEAN 函数

语法：CLEAN(Text)

功能：删除文本中不能打印的字符。对从其他应用程序中输入的文本使用 CLEAN

函数,将删除其中含有的当前操作系统无法打印的字符。例如,可以删除通常出现在数据文件头部或尾部、无法打印的低级计算机代码。

14. TRIM 函数

语法：TRIM(Text)

功能：除了单词之间的单个空格外,清除文本中所有的空格。在从其他应用程序中获取带有不规则空格的文本时,可以使用函数 TRIM。

15. LOWER 函数

语法：LOWER(Text)

功能：将一个文本字符串中的所有大写字母转换为小写字母。

参数：Text 是要转换为小写字母的文本。

说明：函数 LOWER 不改变文本中的非字母的字符。

例如,LOWER("Excel")的结果为"excel"。

16. UPPER 函数

语法：UPPER(Text)

功能：将一个文本字符串中的所有小写字母转换为大写字母。

参数：Text 是要转换为小写字母的文本。

说明：函数 UPPER 不改变文本中的非字母的字符。

17. PROPER 函数

语法：PROPER(Text)

功能：将文本字符串的首字母及任何非字母字符之后的首字母转换成大写。将其余的字母转换成小写。

参数：Text 可以是用双引号括起来的文本字符串、返回文本值的公式或是对包含文本的单元格的引用。

例如,PROPER("this is a TITLE")返回的结果为"This Is A Title"。

18. REPLACE 函数与 REPLACEB 函数

语法：REPLACE(Old_text,Start_num,Num_chars,New_text)

REPLACEB(Old_text,Sart_num,Num_bytes,New_text)

功能：REPLACE 使用其他文本字符串并根据所指定的字符数替换某文本字符串中的部分文本。

REPLACEB 使用其他文本字符串并根据所指定的字节数替换某文本字符串中的部分文本。此函数专为双字节字符使用。

参数：Old_text 是要替换其部分字符的文本。Start_num 是要用 New_text 替换的 Old_text 中字符的位置。Num_chars 是希望 REPLACE 使用 New_text 替换 Old_text 中字符的个数。Num_bytes 是希望 REPLACEB 使用 New_text 替换 Old_text 中字节的个数。New_text 是要用于替换 Old_text 中字符的文本。

19. SUBSTITUTE 函数

语法：Substitute(Text,Old_Text,New_Text,[Instance_Num])

功能：在文本字符串中用 New_Text 替代 Old_Text。

参数：Text 为需要替换其中字符的文本，或对含有文本的单元格的引用。Old_Text 为需要替换的旧文本。New_Text 为用于替换 Old_Text 的文本。Instance_Num 为一数值，用来指定以 New_Text 替换第几次出现的 Old_Text。如果指定了 Instance_Num，则只有满足要求的 Old_Text 被替换；否则将用 New_Text 替换 Text 中出现的所有 Old_Text。

说明：如果需要在某一文本字符串中替换指定的文本，请使用函数 SUBSTITUTE；如果需要在某一文本字符串中替换指定位置处的任意文本，请使用函数 REPLACE。

【例 3-22】 替换函数使用示例。如图 3-32 所示。

	A	B	C
1	电话号码	0512-6457228	
2			
3	公式	结果	说明
4	=REPLACE(B1,1,5,"0512-8")	0512-86457228	将 "0512-" 替换为 "0512-8"
5	=REPLACE(A1,1,1,"原电")	原电话号码	用 "原电" 替换 "电"
6	=REPLACEB(A1,1,2,"原电")	原电话号码	用 "原电" 替换 "电"
7	=SUBSTITUTE(A1,"电","原电")	原电话号码	用 "原电" 替换 "电"
8	=SUBSTITUTE(B1,"2","3")	0513-6457338	将电话号码中所有的 "2" 替换为 "3"
9	=SUBSTITUTE(B1,"2","3",3)	0512-6457238	将电话号码中第3次出现的 "2" 替换为 "3"

图 3-32 替换函数使用示例

20. REPT 函数

语法：REPT(Text,Number_Times)

功能：按照给定的次数重复文本。可以通过函数 REPT 来不断地重复显示某一文本字符串，对单元格进行填充。

参数：Text 为需要重复显示的文本。Number_Times 是指定文本重复次数的正数。

说明：

➤ 如果 Number_Times 为 0，则 REPT 返回空文本("")。

➤ 如果 Number_Times 不是整数，则将被截尾取整。

➤ REPT 函数的结果不能大于 32767 个字符，否则，REPT 将返回错误值#VALUE!。

例如，REPT("你好",3)返回的结果为"你好你好你好"。

21. TEXT 函数

语法：TEXT(Value,Format_Text)

功能：将数值转换为按指定数字格式表示的文本。

参数：Value 为数值、计算结果为数值的公式或对包含数值的单元格的引用。Format_text 为用引号括起的文本字符串的数字格式。例如，"m/d/yyyy"或"#,##0.00"。

说明：

➤ Format_text 不能包含星号(＊)。

➤ 通过用鼠标右键单击此单元格，单击"设置单元格格式"，然后在"设置单元格格式"对话框中的"数字"选项卡中设置单元格的格式，只会更改单元格的格式而不会影响其中的数值。使用函数 TEXT 可以将数值转换为带格式的文本，而其结果将不再作为数字参与计算。

例如，TEXT(2500,"＄0,000.00")返回的结果为"＄2,500.00"；TEXT(30000,

"mm – dd – yyyy")返回的结果为"02 – 18 – 1982"；TEXT(30000,"yyyy 年 m 月 d 日")返回的结果为"1982 年 2 月 18 日"。

22．VALUE 函数

语法：VALUE(Text)

功能：将表示数字的文本字符串转换成数字。

参数：Text 为带引号的文本，或对需要进行文本转换的单元格的引用。

说明：

➤ Text 可以是 Microsoft Excel 中可识别的任意常数、日期或时间格式。如果 Text 不为这些格式，则函数 VALUE 返回错误值#VALUE!。

➤ 通常不需要在公式中使用函数 VALUE，Excel 可以自动在需要时将文本转换为数字。提供此函数是为了与其他电子表格程序兼容。

【例 3-23】 文本函数综合使用。在如图 3-33 所示的表格中使用函数填入相关结果。

	A	B	C	D	E	F
1	业务员	身份证号	性别	生日	奖金	大写金额
2	王勇	110121197804054436			￥ 45,678.32	
3	刘甜甜	320926198103153307			￥ 29,035.10	
4	吴晓丽	420109740801558			￥ 30,001.00	
5	任卫杰	320501781226437			￥ 60,870.30	

图 3-33　文本函数综合示例

18 位身份证号中，第 7 位到第 14 位表示出生年（4 位）、月（2 位）、日（2 位）；第 17 位数字为奇数表示性别为男，为偶数表示性别为女。

15 位身份证号中，第 7 位到第 12 位表示出生年（2 位）、月（2 位）、日（2 位）；第 15 位数字为奇数表示性别为男，为偶数表示性别为女。

➤ 制作图 3-33 所示的表格。

➤ 选中 C2 单元格，输入公式" = IF(MOD(IF(LEN(B2) = 18,MID(B2,17,1),IF(LEN(B2) = 15,RIGHT(B2,1))),2) = 0,"女","男")"后回车。

➤ 选中 D2 单元格，输入公式" = IF(LEN(B2) = 18,DATE(MID(B2,7,4),MID(B2,11,2),MID(B2,13,2)),IF(LEN(B2) = 15,DATE(MID(B2,7,2),MID(B2,9,2),MID(B2,11,2))))"后回车。

➤ 选中 D2 单元格，将单元格日期格式设置为" * 2001 年 3 月 14 日"格式。

➤ 选中 C2：D2 单元格区域，拖动填充柄至 C5：D5。

下面将奖金金额用大写填充。在 Text 函数中，将第二个参数设置为""[dbnum2]""可以将数字变换为大写数字。

➤ 选中 F2 单元格，输入公式" = TEXT(INT(E2),"[dbnum2]")&"元"&TEXT(LEFT(RIGHT(TEXT(E2,REPT("0",8)&". 00"),2),1),"[dbnum2]")&"角"&TEXT(RIGHT(RIGHT(TEXT(E2,REPT("0",8)&". 00"),2),1),"[dbnum2]")&"分""后回车。

➤ 选中 F2 单元格，拖动填充柄至 F5。

其中,TEXT(INT(E2),"[dbnum2]")&"元"用于将整数部分进行转换。TEXT(E2, REPT("0",8)&".00")是将单元格的数据转换为文本格式,因为数值在存储时,小数部分最后的 0 是不保存的。REPT 函数中的参数 8 可以根据实际数据的大小改变,此处给得比较大一点不会影响结果,因为只影响整数的显示格式,不影响小数部分。

最终的结果如图 3-34 所示。

	A	B	C	D	E	F
1	业务员	身份证号	性别	生日	奖金	大写金额
2	王勇	110121197804054436	男	1978年4月5日	￥ 45,678.32	肆万伍仟陆佰柒拾捌元叁角贰分
3	刘甜甜	320926198103153307	女	1981年3月15日	￥ 29,035.10	贰万玖仟零叁拾伍元壹角零分
4	吴晓丽	420109740801558	女	1974年8月1日	￥ 30,001.00	叁万零壹元零角零分
5	任卫杰	320501781226437	男	1978年12月26日	￥ 60,870.30	陆万零捌佰柒拾元叁角零分

图 3-34　计算结果

3.6　查找与引用函数

如何在已知的多个条件中找出需要的条件? 如何引用这些条件? 查找与引用函数可以很好地解决这些问题。

1. ADDRESS 函数

语法:ADDRESS(Row_Num,Column_Num,[Abs_Num],[A1],[Sheet_Text])

功能:按照给定的行号和列标,建立文本类型的单元格地址。

参数:

➢ Row_Num 为在单元格引用中使用的行号。

➢ Column_Num 为在单元格引用中使用的列标。

➢ Abs_Num 为指定返回的引用类型。

表 3-8　Abs_Num 的取值及意义

Abs_Num	返回的引用类型
1 或省略	绝对引用
2	绝对行号,相对列标
3	相对行号,绝对列标
4	相对引用

➢ A1 用以指定 A1 或 R1C1 引用样式的逻辑值。如果 A1 为 TRUE 或省略,函数 AD-DRESS 返回 A1 样式的引用;如果 A1 为 FALSE,函数 ADDRESS 返回 R1C1 样式的引用。

➢ Sheet_Text 为一文本,指定作为外部引用的工作表的名称,如果省略 Sheet_Text,则不使用任何工作表名。

【例 3-24】　ADDRESS 函数示例。如图 3-35 所示。

	A	B	C
1	公式	结果	说明
2	=ADDRESS(2,3)	$C$2	绝对引用
3	=ADDRESS(2,3,2)	C$2	绝对行号,相对列标
4	=ADDRESS(2,3,2,FALSE)	R2C[3]	在 R1C1 引用样式中的绝对行号,相对列标
5	=ADDRESS(2,3,1,FALSE,"[Book1]Sheet1")	[Book1]Sheet1!R2C3	对其他工作簿或工作表的绝对引用
6	=ADDRESS(2,3,1,FALSE,"EXCEL SHEET")	'EXCEL SHEET'!R2C3	对其他工作表的绝对引用

图 3-35   ADDRESS 函数示例

2. AREAS 函数

语法：AREAS(Reference)

功能：返回引用中包含的区域个数。区域表示连续的单元格区域或某个单元格。

参数：Reference 为对某个单元格或单元格区域的引用,也可以引用多个区域。

说明：若要将几个引用指定为一个参数,则必须用括号括起来,以免 Excel 将逗号作为参数间的分隔符。

【例 3-25】   AREAS 函数示例。如图 3-36 所示。

3. CHOOSE 函数

语法：CHOOSE(Index_Num,Value1,[Value2],…)

功能：可以使用 Index_num 返回数值参数列表中的数值。使用函数

	A	B	C
1	公式	结果	说明
2	=AREAS(A2:C3)	1	引用中包含的区域个数
3	=AREAS((A2:C3,D4,E5:H7))	3	引用中包含的区域个数
4	=AREAS(A2:C3 A2)	1	引用中包含的区域个数

图 3-36   AREAS 函数示例

CHOOSE 可以根据索引号从最多 254 个数值中选择一个。例如,如果数值 1 到 7 表示一个星期的 7 天,当用 1 到 7 之间的数字作 Index_Num 时,函数 CHOOSE 返回其中的某一天。

参数：

➤ Index_Num 指定所选定的值参数。Index_Num 必须为 1 到 254 之间的数字,或者为公式或对包含 1 到 254 之间某个数字的单元格的引用。如果 Index_Num 为 1,函数 CHOOSE 返回 Value1;如果为 2,函数 CHOOSE 返回 Value2,以此类推。如果 Index_Num 小于 1 或大于列表中最后一个值的序号,函数 CHOOSE 返回错误值#VALUE!。如果 Index_Num 为小数,则在使用前将被截尾取整。

➤ Value1,Value2,…为 1 到 254 个数值参数,函数 CHOOSE 基于 Index_Num 从中选择一个数值或执行相应的操作。参数可以为数字、单元格引用、已定义的名称、公式、函数或文本。

说明：

➤ 如果 Index_Num 为一个数组,则在函数 CHOOSE 计算时,每一个值都将计算。

➤ 函数 CHOOSE 的数值参数不仅可以为单个数值,也可以为区域引用。

例如,公式" = SUM(CHOOSE(2,A1:A10,B1:B10,C1:C10))"相当于 " = SUM(B1:B10)"。函数 CHOOSE 先被计算,返回引用 B1:B10。然后函数 SUM 用 B1:B10 进行求和计算。即函数 CHOOSE 的结果是函数 SUM 的参数。

【例 3-26】   CHOOSE 函数示例。如图 3-37 所示。

	A	B	C
1		50	
2	公式	结果	说明
3	=CHOOSE(IF(A1>=85,1,IF(A1>=60,2,3)),"优秀","合格","不合格")	不合格	若A1>=85,则IF函数返回1,结果显示第1个值,为"优秀";否则若A1>=60,则IF函数返回2,结果显示第2个值,为"合格";否则显示"不合格"。

图 3-37　CHOOSE 函数使用示例

4. COLUMN 函数与 ROW 函数

语法：COLUMN(Reference)

　　　　ROW(Reference)

功能：COLUMN 函数返回给定引用的列标。ROW 函数返回引用的行号。

参数：Reference 为需要得到其列标(或行号)的单元格或单元格区域。

说明：

➤ 如果省略 Reference,则假定是对函数 COLUMN(或 ROW)所在单元格的引用。

➤ 如果 Reference 为一个单元格区域,并且函数 COLUMN(ROW)作为水平(垂直)数组输入,则函数 COLUMN(ROW)将 Reference 中的列标(行号)以水平(垂直)数组的形式返回。

➤ Reference 不能引用多个区域。

【例 3-27】　ROW 函数与 COLUMN 函数示例。如图 3-38 所示。

	A	B	C
1			
2	公式	结果	说明
3	=COLUMN()	1	公式所在的列
4	=ROW()	4	公式所在的行
5	=COLUMN(A4)	1	A4所在的列
6	=ROW(A4:D6)	4	若A4:D6作为数组输入,则操作方法为:先选定B6:B9,然后输入公式"=ROW(A4:D6)",按下[Ctrl]+[Shift]+[Enter],则ROW函数以垂直数组形式返回结果。
7		5	
8		6	

图 3-38　ROW 函数与 COLUMN 函数示例

5. COLUMNS 函数与 ROWS 函数

语法：COLUMNS(Array)

　　　　ROWS(Array)

功能：COLUMNS 函数返回数组或引用的列数。ROWS 函数返回数组或引用的行数。

参数：Array 为需要得到其列数的数组或数组公式,或对单元格区域的引用。

【例 3-28】　COLUMNS 函数与 ROWS 函数示例。如图 3-39 所示。

	A	B	C
1			
2	公式	结果	说明
3	=ROWS(A1:D5)	5	引用中的行数
4	=COLUMNS(A1:D5)	4	引用中的列数
5	=ROWS({1,2,3;4,5,6})	2	数组常量中的行数
6	=COLUMNS({1,2,3;4,5,6})	3	数组常中的列数

图 3-39　COLUMNS 函数与 ROWS 函数示例

6. GETPIVOTDATA 函数

语法：GETPIVOTDATA(Data_field,Pivot_table,[Field1,Item1,Field2,Item2],…)

功能：返回存储在数据透视表中的数据。如果报表中的汇总数据可见,则可以使用函数 GETPIVOTDATA 从数据透视表中检索汇总数据。

参数：

➤ Data_field 为包含要检索的数据的数据字段的名称,用引号引起。

➤ Pivot_table 在数据透视表中对任何单元格、单元格区域或定义的单元格区域的引用。该信息用于决定哪个数据透视表包含要检索的数据。

➤ Field1,Item1,Field2,Item2 为 1 到 126 对用于描述检索数据的字段名和项名称,可以任何次序排列。字段名和项名称(而不是日期和数字)用引号引起来。对于 OLAP 数据透视表,项可以包含维的源名称以及项的源名称。OLAP 数据透视表的一对字段和项为"[产品]","[产品].[所有产品].[食品].[烤制食品]"

说明：

➤ 在函数 GETPIVOTDATA 的计算中可以包含计算字段、计算项及自定义计算方法。

➤ 如果 Pivot_table 为包含两个或更多个数据透视表的区域,则将从区域中最新创建的报表中检索数据。

➤ 如果字段和项的参数描述的是单个单元格,则返回此单元格的数值,无论是文本串、数字、错误值或其他的值。

➤ 如果某个项包含日期,则值必须表示为序列号或使用 DATE 函数,这样如果在其他位置打开电子表格,该值仍然存在。例如,某个项引用了日期"1999 年 3 月 5 日",则应输入 36224 或 DATE(1999,3,5)。时间可以输入为小数值或使用 TIME 函数来输入。

➤ 如果 Pivot_table 并不代表找到了数据透视表的区域,则函数 GETPIVOTDATA 将返回错误值#REF!。

➤ 如果参数未描述可见字段,或者参数包含未显示的页字段,则 GETPIVOTDATA 函数将返回#REF!。

☞ **注意：**

　　输入 GETPIVOTDATA 函数的一个快速简单的方法是：选中要返回结果的单元格,输入"="后,单击数据透视表中相关的数据所在的单元格即可。

【例 3-29】 GETPIVOTDATA 函数示例。有图 3-40 所示的数据透视表。

	A	B	C	D	E
2	地区	北部 ▼			
3					
4	求和项:销售额		产品		
5	月份	销售人员	饮料	农产品	总计
6	三月	Buchanan	$ 3,522	$ 10,201	$ 13,723
7		Davolio	$ 8,725	$ 7,889	$ 16,614
8	三月汇总		$ 12,247	$ 18,090	$ 30,337
9	四月	Buchanan	$ 5,594	$ 7,265	$ 12,859
10		Davolio	$ 5,461	$ 668	$ 6,129
11	四月汇总		$ 11,055	$ 7,933	$ 18,988
12	总计		$ 23,302	$ 26,023	$ 49,325

图 3-40　数据透视表

则：

➤ GETPIVOTDATA("销售额",＄A＄4)返回"销售额"字段的总计值＄49,325。

➤ GETPIVOTDATA("求和项：销售额",＄A＄4)也返回"销售额"字段的总计值 ＄49,325。字段名可以按照它在工作表上显示的内容直接输入,也可以只输入主要 部分(没有"求和项："""计数项："等)。

➤ GETPIVOTDATA("销售额",＄A＄4,"月份","三月")返回"三月"的总计值＄30,337。

➤ GETPIVOTDATA("销售额",＄A＄4,"月份","三月","产品","农产品","销售人员"," Buchanan")返回＄10,201。

➤ GETPIVOTDATA("销售额",＄A＄4,"地区","南部")返回错误值#REF!,这是因为 "南部"地区的数据是不可见的。

➤ GETPIVOTDATA("销售额",＄A＄4,"产品","饮料","销售人员","Davolio")返回错误 值#REF!,这是因为没有"Davolio"饮料销售的汇总值。

7. LOOKUP 函数

函数 LOOKUP 有两种语法形式：向量形式和数组形式。函数 LOOKUP 的向量形式是 在单行区域或单列区域(向量)中查找数值,然后返回第二个单行区域或单列区域中相同 位置的数值；函数 LOOKUP 的数组形式在数组的第一行或第一列查找指定的数值,然后 返回数组的最后一行或最后一列中相同位置的数值。返回向量(单行区域或单列区域) 或数组中的数值。

● 向量形式：LOOKUP(Lookup_value,Lookup_vector,[Result_vector])

功能：向量为只包含一行或一列的区域。函数 LOOKUP 的向量形式是在单行区 域或单列区域(向量)中查找数值,然后返回第二个单行区域或单列区域中相同位置 的数值。如果需要指定包含待查找数值的区域,则可以使用函数 LOOKUP 的这种 形式。

参数：Lookup_value 为函数 LOOKUP 在第一个向量中所要查找的数值。Lookup_value 可以为数字、文本、逻辑值或包含数值的名称或引用。Lookup_vector 为只包含一行或 一列的区域。Lookup_vector 的数值可以为文本、数字或逻辑值。Result_vector 为只包含 一行或一列的区域,其大小必须与 Lookup_vector 相同。

☞ **注意：**

Lookup_vector 的数值必须按升序排序：…、-2、-1、0、1、2、…、A—Z、FALSE、 TRUE；否则,函数 LOOKUP 不能返回正确的结果。文本不区分大小写。

说明：

➤ 如果函数 LOOKUP 找不到 Lookup_value,则查找 Lookup_vector 中小于或等于 Lookup_value 的最大数值。

➤ 如果 Lookup_value 小于 Lookup_vector 中的最小值,则函数 LOOKUP 返回错误值 #N/A。

【例 3-30】 利用 LOOKUP 函数在图 3-41 所示的工作表中构造一个简单的查询。

➢ 选中 C7 单元格,输入 1。

➢ 选中 C8 单元格,输入公式" = LOOK-UP(C7,A1:A5,B1:B5)"后回车。

➢ 选中 C9 单元格,输入公式" = LOOK-UP(C7,A1:A5,C1:C5)"后回车。

➢ 选中 C10 单元格,输入公式" = LOOKUP(C7,A1:A5,D1:D5)"后回车。

	A	B	C	D
1	编号	业务员	销售业绩	星级
2	1	王勇	￥ 45,000.00	★★★★
3	2	刘甜甜	￥ 29,000.00	★★★
4	3	吴晓丽	￥ 30,000.00	★★★
5	4	任卫杰	￥ 60,000.00	★★★★★
6				
7		输入编号		
8		业务员		
9		销售业绩		
10		星级		

图 3-41   查询设置

试着改变 C7 单元格中输入的内容,看看数据会有何变化。

● 数组形式: LOOKUP(Lookup_value,Array)

功能:函数 LOOKUP 的数组形式是在数组的第一行或第一列中查找指定数值,然后返回最后一行或最后一列中相同位置处的数值。如果需要查找的数值在数组的第一行或第一列,就可以使用函数 LOOKUP 的这种形式。

通常情况下,最好使用函数 HLOOKUP 或函数 VLOOKUP 来替代函数 LOOKUP 的数组形式。函数 LOOKUP 的这种形式主要用于与其他电子表格兼容。

参数:

➢ Lookup_value 为函数 LOOKUP 在数组中所要查找的数值。Lookup_value 可以为数字、文本、逻辑值或包含数值的名称或引用。如果函数 LOOKUP 找不到 Lookup_value,则使用数组中小于或等于 Lookup_value 的最大数值。如果 Lookup_value 小于第一行或第一列(取决于数组的维数)的最小值,函数 LOOKUP 返回错误值#N/A。

➢ Array 为包含文本、数字或逻辑值的单元格区域,它的值用于与 Lookup_value 进行比较。

说明:函数 LOOKUP 的数组形式与函数 HLOOKUP 和函数 VLOOKUP 非常相似。不同之处在于函数 HLOOKUP 在第一行查找 Lookup_value,函数 VLOOKUP 在第一列查找,而函数 LOOKUP 则按照数组的维数查找。

➢ 如果数组所包含的区域宽度大、高度小(即列数多于行数),函数 LOOKUP 将在第一行查找 Lookup_value。

➢ 如果数组为正方形,或者所包含的区域高度大、宽度小(即行数多于列数),函数 LOOKUP 将在第一列查找 Lookup_value。

➢ 函数 HLOOKUP 和函数 VLOOKUP 允许按行或按列索引,而函数 LOOKUP 总是选择行或列的最后一个数值。

☞ **注意:**

数组中的数值必须按升序排序:…、−2、−1、0、1、2、…、A−Z、FALSE、TRUE;否则,函数 LOOKUP 不能返回正确的结果。文本不区分大小写。

【例 3-31】 LOOKUP 函数数组形式示例。如图 3-42 所示。

	A	B	C
1	公式	结果	说明
2	=LOOKUP("C",{"a","b","c","d";1,2,3,4})	3	在数组的第一行中查找"C",并返回匹配列中最后一行的值
3	=LOOKUP("bump",{"a",1;"b",2;"c",3})	2	在数组的第一列中查找"bump",并返回匹配行中最后一列的值

图 3-42 LOOKUP 函数数组形式示例

8. HLOOKUP 函数

语法:HLOOKUP(Lookup_value,Table_array,Row_index_num,[Range_lookup])

功能:在表格或数值数组的首行查找指定的数值,并由此返回表格或数组当前列中指定行处的数值。

参数:

➤ Lookup_value 为需要在数据表第一行中进行查找的数值。Lookup_value 可以为数值、引用或文本字符串。

➤ Table_array 为需要在其中查找数据的数据表。可以使用对区域或区域名称的引用。Table_array 的第一行的数值可以为文本、数字或逻辑值。如果 Range_lookup 为 TRUE,则 Table_array 的第一行的数值必须按升序排列:…、-2、-1、0、1、2、…、A—Z、FALSE、TRUE;否则,函数 HLOOKUP 将不能给出正确的数值。如果 Range_lookup 为 FALSE,则 Table_array 不必进行排序。文本不区分大小写。

➤ Row_index_num 为 Table_array 中待返回的匹配值的行序号。Row_index_num 为 1 时,返回 Table_array 第一行的数值;Rrow_index_num 为 2 时,返回 Table_array 第二行的数值。以此类推。如果 Row_index_num 小于1,函数 HLOOKUP 将返回错误值#VALUE!;如果 Row_index_num 大于 Table-array 的行数,函数 HLOOKUP 将返回错误值#REF!。

➤ Range_lookup 为一逻辑值,指明函数 HLOOKUP 查找时是精确匹配还是近似匹配。如果为 TRUE 或省略,则返回近似匹配值。也就是说,如果找不到精确匹配值,则返回小于 Lookup_value 的最大数值。如果 Range_value 为 FALSE,函数 HLOOKUP 将查找精确匹配值,如果找不到,则返回错误值#N/A!。

说明:

➤ 如果函数 HLOOKUP 找不到 Lookup_value,且 Rrange_lookup 为 TRUE,则使用小于 Lookup_value 的最大值。

➤ 如果函数 Lookup_value 小于 Table_array 第一行中的最小数值,函数 HLOOKUP 将返回错误值#N/A!。

➤ 如果 Range_lookup 为 FALSE 且 Lookup_value 为文本,则可以在 Lookup_value 中使用通配符问号(?)和星号(*)。问号匹配任意单个字符,星号匹配任意字符序列。如果要查找实际的问号或星号,请在该字符前键入波形符(~)。

【例 3-32】 利用 HLOOKUP 函数计算奖金提成。如图 3-43 所示。

	A	B	C	D	E	F
1	销售下限	¥　　　－	¥　200,001.00	¥　300,001.00	¥　600,001.00	¥ 1,000,001.00
2	销售上限	¥ 200,000.00	¥　300,000.00	¥　600,000.00	¥ 1,000,000.00	
3	提成比例	0.00%	0.75%	1.00%	1.50%	2.00%
4						
5	销售金额					
6	提成比例					

图 3-43　计算奖金提成

➢ 设置 B6 单元格为百分比样式,保留两位小数。

➢ 选中 B6 单元格,输入公式" = HLOOKUP(B5,B1:F3,3)"后回车。

在 B5 单元格中输入相关数据,观察 B6 单元格中数据的变化。

9. VLOOKUP 函数

语法:VLOOKUP(Lookup_value,Table_array,Col_index_num,[Range_lookup])

功能:在表格或数值数组的首列查找指定的数值,并由此返回表格或数组当前行中指定列处的数值。

参数:

➢ Lookup_value 为需要在数组第一列中查找的数值。Lookup_value 可以为数值、引用或文本字符串。

➢ Table_array 为需要在其中查找数据的数据表。可以使用对区域或区域名称的引用,例如数据库或列表。如果 Range_lookup 为 TRUE,则 Table_array 的第一列中的数值必须按升序排列:…、－2、－1、0、1、2、…、－Z、FALSE、TRUE;否则,函数 VLOOKUP 不能返回正确的数值。如果 Range_lookup 为 FALSE,Table_array 不必进行排序。通过在"数据"菜单中的"排序"中选择"升序",可将数值按升序排列。Table_array 的第一列中的数值可以为文本、数字或逻辑值。文本不区分大小写。

➢ Col_index_num 为 Table_array 中待返回的匹配值的列序号。Col_index_num 为 1 时,返回 Table_array 第一列中的数值。Col_index_num 为 2 时,返回 Table_array 第二列中的数值。以此类推。如果 Col_index_num 小于 1,函数 VLOOKUP 将返回错误值#VALUE!;如果 Col_index_num 大于 Table_array 的列数,函数 VLOOKUP 将返回错误值#REF!。

➢ Range_lookup 为一逻辑值,指明函数 VLOOKUP 返回时是精确匹配还是近似匹配。如果为 TRUE 或省略,则返回近似匹配值,也就是说,如果找不到精确匹配值,则返回小于 Lookup_value 的最大数值;如果 Range_value 为 FALSE,函数 VLOOKUP 将返回精确匹配值。如果找不到,则返回错误值#N/A。

说明:

➢ 在 Table_array 的第一列中搜索文本值时,请确保 Table_array 第一列中的数据不包含前导空格、尾部空格、非打印字符或者未使用不一致的直引号(""")与弯引号("");否则,VLOOKUP 可能返回不正确或意外的值。

➢ 在搜索数字或日期值时,请确保 Table_array 第一列中的数据未存储为文本值。否则 VLOOKUP 可能返回不正确或意外的值。

➢ 如果 Range_lookup 为 FALSE 且 Lookup_value 为文本,则可以在 Lookup_value 中使

用通配符问号(?)和星号(＊)。问号匹配任意单个字符,星号匹配任意字符序列。如果要查找实际的问号或星号,请在字符前键入波形符(~)。

【例 3-33】 利用 VLOOKUP 函数计算奖金提成。如图 3-44 所示。

> 设置 B9 单元格为百分比样式,保留两位小数。

> 在 B9 单元格中输入公式" = VLOOKUP(B8,A1:C6,3)"后回车。

在 B8 单元格中输入相关销售金额,观察 B9 单元格数据的变化。

	A	B	C
1	销售下限	销售上限	提成比例
2	¥ –	¥ 200,000.00	0.00%
3	¥ 200,001.00	¥ 300,000.00	0.75%
4	¥ 300,001.00	¥ 600,000.00	1.00%
5	¥ 600,001.00	¥ 1,000,000.00	1.50%
6	¥ 1,000,001.00		2.00%
7			
8	销售金额		
9	提成比例		

图 3-44　计算奖金提成

10. HYPERLINK 函数

语法:HYPERLINK(Link_location,[Friendly_name])

功能:创建一个快捷方式(跳转),用以打开存储在网络服务器、Intranet 或 Internet 中的文件。当单击函数 HYPERLINK 所在的单元格时,Microsoft Execl 将打开存储在 Link_location 中的文件。

参数:

> Link_location 为文档的路径和文件名,此文档可以作为文本打开。Link_location 还可以指向文档中的某个更为具体的位置,如 Execl 工作表或工作簿中特定的单元格或命名区域,或是指向 Microsoft Word 文档中的书签。路径可以是存储在硬盘驱动器上的文件,或是服务器(在 Microsoft Excel for Windows 中)上的"通用命名规范"(UNC)路径,或是在 Internet 或 Intranet 上的"统一资源定位符"(URL)路径。Link_location 可以为括在引号中的文本字符串,或是包含文本字符串链接的单元格。如果在 Link_location 中指定的跳转不存在或不能访问,则当单击单元格时将出现错误信息。

> Friendly_name 为单元格中显示的跳转文本值或数字值。单元格的内容为蓝色并带有下划线。如果省略 Friendly_name,单元格将把 Link_location 显示为跳转文本。Friendly_name 可以为数值、文本字符串、名称或包含跳转文本或数值的单元格。如果 Friendly_name 返回错误值(例如,#VALUE!),单元格将显示错误值以替代跳转文本。

说明:若要选定一个包含超链接的单元格并且不跳往超链接的目标文件,请单击单元格区域并按住鼠标按钮直到光标变成一个空心十字 ✛ 时,释放鼠标按钮。

11. INDEX 函数

返回表或区域中的值或值的引用。函数 INDEX 有两种形式:数组形式和引用形式。数组形式返回指定单元格或单元格数组的值,引用形式返回指定单元格的引用。

● 数组形式:INDEX(Array,Row_num,[Column_num])

功能:返回数组中指定单元格或单元格数组的值。

参数：

➤ Array 为单元格区域或数组常量。如果数组只包含一行或一列，则相对应的参数 Row_num 或 Column_num 为可选。如果数组有多行和多列，但只使用 Row_num 或 Column_num，则函数 INDEX 返回数组中的整行或整列，且返回值也为数组。

➤ Row_num 为数组中某行的行序号，函数从该行返回数值。如果省略 Row_num，则必须有 Column_num。

➤ Column_num 为数组中某列的列序号，函数从该列返回数值。如果省略 Column_ num，则必须有 Row_num。

说明：

➤ 如果同时使用 Row_num 和 Column_num，函数 INDEX 将返回 Row_num 和 Column_ num 交叉处的单元格的数值。

➤ 如果将 Row_num 或 Column_num 设置为 0，函数 INDEX 则分别返回整个列或行的数组数值。若要使用以数组形式返回的值，则将 INDEX 函数以数组公式形式输入，对于行以水平单元格区域的形式输入，对于列以垂直单元格区域的形式输入。若要输入数组公式，则按【Ctrl】+【Shift】+【Enter】。

➤ Row_num 和 Column_num 必须指向 Array 中的某一单元格，否则函数 INDEX 返回错误值#REF!。

● 引用形式：INDEX(Reference,Row_num,[Column_num],[Area_num])

功能：返回指定的行与列交叉处的单元格引用。如果引用由不连续的选定区域组成，可以选择某一选定区域。

参数：

➤ Reference 为对一个或多个单元格区域的引用。如果为引用输入一个不连续的区域，必须用括号括起来。如果引用中的每个区域只包含一行或一列，则相应的参数 Row_num 或 Column_num 分别为可选项。例如，对于单行的引用，可以使用函数 INDEX(Reference, Column_num)。

➤ Row_num 为引用中某行的行序号，函数从该行返回一个引用。

➤ Column_num 为引用中某列的列序号，函数从该列返回一个引用。

➤ Area_num 选择引用中的一个区域，并返回该区域中 Row_num 和 Column_num 的交叉区域。选中或输入的第一个区域序号为1，第二个为2，以此类推。如果省略 Ar- ea_num，函数 INDEX 使用区域1。

说明：

➤ 在通过 Reference 和 Area_num 选择了特定的区域后，Row_num 和 Column_num 将进一步选择指定的单元格：Row_num1 为区域的首行，Column_num1 为首列，以此类推。函数 INDEX 返回的引用即为 Row_num 和 Column_num 的交叉区域。

➤ 如果将 Row_num 或 Column_num 设置为 0，函数 INDEX 将分别返回对整个列或行的引用。

➤ Row_num、Column_num 和 Area_num 必须指向 Reference 中的单元格，否则函数 IN- DEX 返回错误值#REF!。如果省略 Row_num 和 Column_num，函数 INDEX 将返回

由 Area_num 所指定的区域。

➤ 函数 INDEX 的结果为一个引用,且在其他公式中也被解释为引用。根据公式的需要,函数 INDEX 的返回值可以作为引用或是数值。例如,公式 CELL("width",IN-DEX(A1:B2,1,2))等价于公式 CELL("width",B1)。CELL 函数将函数 INDEX 的返回值作为单元格引用。而在另一方面,公式 INDEX(A1:B2,1,2)将函数 INDEX 的返回值解释为 B1 单元格中的数字。

【例 3-34】 INDEX 函数示例。如图 3-45 所示。

	A	B	C
1	**水果**	**价格**	**数量**
2	苹果	0.69	40
3	香蕉	0.34	38
4	柠檬	0.55	15
5	柑桔	0.25	25
6	梨	0.59	40
7	杏	2.8	10
8	腰果	3.55	16
9	花生	1.25	20
10	核桃	1.75	12
11	**公式**	**结果**	**说明**
12	=INDEX(A2:C6,2,3)	38	返回区域 A2:C6 中第二行和第三列交叉处的单元格 C3 的引用
13	=INDEX((A1:C6,A8:C10),2,2,2)	1.25	返回第二个区域 A8:C10 中第二行和第二列交叉处的单元格 B9 的引用
14	=SUM(INDEX(A1:C10,0,3,1))	216	返回区域 A1:C10 中第一个区域的第三列的和,即单元格区域 C1:C6 的和
15	=SUM(B2:INDEX(A2:C6,5,2))	2.42	返回以单元格 B2 开始到单元格区域 A2:A6 中第五行和第二列交叉处结束的单元格区域的和,即单元格区域 B2:B6 的和

图 3-45 INDEX 函数示例

12. INDIRECT 函数

语法:INDIRECT(Ref_text,[A1])

功能:返回由文本字符串指定的引用。此函数立即对引用进行计算,并显示其内容。若需要更改公式中单元格的引用,而不更改公式本身,则使用函数 INDIRECT。

参数:

➤ Ref_text 为对单元格的引用,此单元格可以包含 A1 样式的引用、R1C1 样式的引用、定义为引用的名称或对文本字符串单元格的引用。如果 Ref_text 不是合法的单元格的引用,函数 INDIRECT 将返回错误值#REF!。如果 Ref_text 是对另一个工作簿的引用(外部引用),则那个工作簿必须被打开。如果源工作簿没有打开,函数 INDIRECT 将返回错误值#REF!。如果 Ref_text 引用的单元格区域超出行限制 1048576 或列限制 16384(XFD),则 INDIRECT 返回#REF! 错误。

➤ A1 为一逻辑值,指明包含在单元格 Ref_text 中的引用的类型。如果 A1 为 TRUE 或省略,Ref_text 被解释为 A1 - 样式的引用。如果 A1 为 FALSE,Ref_text 被解释为 R1C1 - 样式的引用。

☞ **注意：**

　　当在创建公式时，对某个特定单元格进行了引用，如果使用"剪切"命令，或是插入或删除行或列使该单元格发生了移动，则单元格引用将被更新。如果需要使得无论单元格上方的行是否被删除或是单元格是否移动，都在公式保持相同的单元格引用，则使用 INDIRECT 工作表函数。例如，如果需要始终对单元格 A10 进行引用，则使用下面的语法："= INDIRECT("A10")"。

【例 3-35】 INDIRECT 函数示例。如图 3-46 所示。

	A	B	C
1	**数据**	**数据**	
2	B2	1.333	
3	B3	45	
4	George	10	
5	5	62	
6	**公式**	**结果**	**说明**
7	=INDIRECT($A$2)	1.333	单元格A2的内容为"B2"，因此返回B2的值
8	=INDIRECT($A$3)	45	单元格A3内容为"B3"，因此返回B3的值
9	=INDIRECT($A$4)	#REF！	如果单元格B4被定义为"George"名称，则返回其值，否则返回错误信息
10	=INDIRECT("B"&$A$5)	62	返回单元格B5的值

图 3-46　INDIRECT 函数示例

13. MATCH 函数

语法：MATCH(Lookup_value,Lookup_array,[Match_type])

功能：返回在指定方式下与指定数值匹配的数组中元素的相应位置。如果需要找出匹配元素的位置而不是匹配元素本身，则应该使用 MATCH 函数而不是 LOOKUP 函数。

参数：

➢ Lookup_value 为需要在 Lookup_array 中查找的值。例如，如果要在电话簿中查找某人的电话号码，则应该将姓名作为查找值，但实际上需要的是电话号码。Lookup_value 可以为数值（数字、文本或逻辑值）或对数字、文本或逻辑值的单元格引用。

➢ Lookup_array 可能包含所要查找的数值的连续单元格区域。Lookup_array 应为数组或数组引用。

➢ Match_type 为数字 −1、0 或 1。Match_type 指明 Microsoft Excel 如何在 Lookup_array 中查找 Lookup_value。

表 3-9　Match_type 的取值及意义

Match_type 的取值	意　　义
1 或省略	查找小于或等于 Lookup_value 的最大数值。Lookup_array 必须按升序排列
0	查找等于 Lookup_value 的第一个数值。Lookup_array 可以按任何顺序排列
−1	查找大于或等于 Lookup_value 的最小数值。Lookup_array 必须按降序排列

　　升序的次序为：…、−2、−1、0、1、2、…、A—Z、FALSE、TRUE。降序的次序为：…、TRUE、FALSE、Z—A、…、2、1、0、−1、−2、…。

说明：

➤ 函数 MATCH 返回 Lookup_array 中目标值的位置，而不是数值本身。例如，MATCH ("b",{"a","b","c"},0)返回 2，即"b"在数组{"a","b","c"}中的相应位置。

➤ 查找文本值时，函数 MATCH 不区分大小写字母。

➤ 如果函数 MATCH 查找不成功，则返回错误值#N/A。

➤ 如果 Match_type 为 0 且 Lookup_value 为文本，Lookup_value 可以包含星号(＊)和问号(？)。星号可以匹配任何字符序列，问号可以匹配单个字符。

【例 3-36】 MATCH 函数示例。如图 3-47 所示。

	A	B	C
1	**Product**	**Count**	
2	Bananas	25	
3	Oranges	38	
4	Apples	40	
5	Pears	41	
6	**公式**	**结果**	**说明**
7	=MATCH(39,B2:B5,1)	2	由于此处无正确的匹配，所以返回数据区域 B2:B5 中最接近的下一个值 (38) 的位置。
8	=MATCH(41,B2:B5,0)	4	数据区域 B2:B5 中 41 的位置。
9	=MATCH(40,B2:B5,-1)	#N/A	由于数据区域 B2:B5 不是按降序排列，所以返回错误值。

图 3-47 MATCH 函数示例

14. OFFSET 函数

语法：OFFSET(Reference,Rows,Cols,[Height],[Width])

功能：以指定的引用为参照系，通过给定偏移量得到新的引用。返回的引用可以为一个单元格或单元格区域，并可以指定返回的行数或列数。

参数：

➤ Reference 作为偏移量参照系的引用区域。Reference 必须为对单元格或相连单元格区域的引用，否则函数 OFFSET 返回错误值#VALUE!。

➤ Rows 为相对于偏移量参照系的左上角单元格上(下)偏移的行数。如果使用 5 作为参数 Rows，则说明目标引用区域的左上角单元格比 Reference 低 5 行。行数可为正数(代表在起始引用的下方)或负数(代表在起始引用的上方)。

➤ Cols 为相对于偏移量参照系的左上角单元格左(右)偏移的列数。如果使用 5 作为参数 Cols，则说明目标引用区域的左上角的单元格比 Reference 靠右 5 列。列数可为正数(代表在起始引用的右边)或负数(代表在起始引用的左边)。

➤ Height 高度，即所要返回的引用区域的行数。Height 必须为正数。

➤ Width 宽度，即所要返回的引用区域的列数。Width 必须为正数。

说明：

➤ 如果行数和列数偏移量超出工作表边缘，函数 OFFSET 将返回错误值#REF!。

➤ 如果省略 Height 或 Width，则假设其高度或宽度与 Reference 相同。

➤ 函数 OFFSET 实际上并不移动任何单元格或更改选定区域，它只是返回一个引用。函数 OFFSET 可用于任何需要将引用作为参数的函数。例如，公式 SUM(OFFSET

（C2,1,2,3,1））将计算比单元格 C2 靠下 1 行并靠右 2 列的 3 行 1 列的区域的总值。

【例 3-37】 OFFSET 函数示例。如图 3-48 所示。

	A	B	C
1	公式	结果	说明
2	=OFFSET(C3,2,3,1,1)	0	显示单元格 F5 中的值 (0)
3	=SUM(OFFSET(C3:E5,-1,0,3,3))	0	对数据区域 C2:E4 求和 (0)
4	=OFFSET(C3:E5,0,-3,3,3)	#REF!	返回错误值 #REF!，因为引用区域不在工作表中

图 3-48 OFFSET 函数示例

15. TRANSPOSE 函数

语法：TRANSPOSE(Array)

功能：返回转置单元格区域，即将一行单元格区域转置成一列单元格区域，反之亦然。在行列数分别与数组的行列数相同的区域中，必须将 TRANSPOSE 输入为数组公式。使用 TRANSPOSE 可在工作表中转置数组的垂直和水平方向。

参数：Array 为需要进行转置的数组或工作表中的单元格区域。所谓数组的转置就是，将数组的第一行作为新数组的第一列，数组的第二行作为新数组的第二列，以此类推。

【例 3-38】 TRANSPOSE 函数示例，将一个矩阵转置。如图 3-49 所示。

➢ 选中 G1：I4 单元格区域。

➢ 输入公式"＝TRANSPOSE(A1：D3)"。

➢ 按下组合键【Ctrl】＋【Shift】＋【Enter】。

	A	B	C	D	E	F	G	H	I	J
1	1	2	3	4			=TRANSPOSE(A1:D3)			
2	5	6	7	8						
3	9	10	11	12						
4										
5										

	A	B	C	D	E	F	G	H	I
1	1	2	3	4			1	5	9
2	5	6	7	8			2	6	10
3	9	10	11	12			3	7	11
4							4	8	12
5									

图 3-49 转置矩阵

【例 3-39】 查找与引用函数综合示例。

业务员工资除了基本工资、岗位工资、补贴、保险等固定项目之外，还可以根据销售金额提取一定比例的奖金。"提成比例"表、"奖金"表、"工资"表分别如图 3-50、图 3-51、图 3-52 所示。

	A	B	C	D	E	F	G	H	I
1		销售额							
2		¥-	¥ 200,001	¥ 250,001	¥ 300,001	¥ 350,001	¥ 400,001	¥ 450,001	¥ 500,001
3	批发	0.00%	0.25%	0.80%	1.00%	1.15%	1.50%	1.80%	2.00%
4	零售	0.00%	0.75%	1.00%	1.25%	1.50%	1.75%	2.00%	2.50%
5									
6									
7									
8									
9									

提成比例 / 奖金 / 工资 / 工资条 /

图 3-50 提成比例表

要求：

（1）在"奖金"表中，根据业务员的销售金额和"提成比例"表，自动查找并计算出提成比例。

（2）在"工资"表中，在奖金列中自动显示"奖金"表中的奖金。

	A	B	C	D	E
1	业务员	批发/零售	金额	提成比例	奖金
2	吴晓丽	批发	￥ 350,000		
3	王刚	零售	￥ 200,000		
4	朱强	零售	￥ 620,000		
5	王勇	批发	￥ 535,000		
6	马爱华	批发	￥ 388,000		
7	张晓军	零售	￥ 323,000		
8	顾志刚	批发	￥ 630,000		
9	孙霞	批发	￥ 430,000		
10	吴英	零售	￥ 290,000		
11					

提成比例 \ 奖金 \ 工资 \ 工资条 /

图 3-51　奖金表

（3）根据"工资"表，自动生成各业务员的工资条。

	A	B	C	D	E	F	G
1	姓名	基本工资	岗位工资	补贴	奖金	保险	合计
2	顾志刚	￥ 500.00	￥ 800.00	￥ 100.00		￥ -200.00	
3	孙霞	￥ 500.00	￥ 800.00	￥ 50.00		￥ -350.00	
4	吴英	￥ 400.00	￥ 800.00	￥ 100.00		￥ -300.00	
5	王刚	￥ 400.00	￥ 800.00	￥ 100.00		￥ -280.00	
6	朱强	￥ 500.00	￥ 800.00	￥ 100.00		￥ -300.00	
7	张晓军	￥ 600.00	￥ 800.00	￥ 100.00		￥ -250.00	
8	吴晓丽	￥ 600.00	￥ 800.00	￥ 40.00		￥ -300.00	
9	王勇	￥ 400.00	￥ 800.00	￥ 50.00		￥ -280.00	
10	马爱华	￥ 500.00	￥ 800.00	￥ 50.00		￥ -300.00	
11							

提成比例 \ 奖金 \ 工资 \ 工资条 /

图 3-52　工资表

首先，提取"奖金"表中的提成比例。

➤ 选中"奖金"表中的 D2 单元格，设置格式为货币样式，且保留两位小数，然后输入公式" = HLOOKUP(C2,提成比例! ＄A＄2：＄I＄4,MATCH(奖金! B2,提成比例! ＄A＄2：＄A＄4,0))"后回车。

➤ 选中"奖金"表中的 E2 单元格，设置格式为货币样式，然后输入公式" = C2 * D2"后回车。

➤ 选中"奖金"表中的 D2:E2 单元格区域，拖动填充柄至 D10:E10。

接下来，计算各业务员的工资。

➤ 选中"工资"表中的 E2 单元格，输入公式" = VLOOKUP(A2,奖金! ＄A＄1：＄E＄10,5,FALSE)"后回车。

➤ 拖动 E2 单元格的填充柄至 E10。

➤ 选中 G2 单元格，输入公式" = SUM(B2:F2)"后回车。

➤ 拖动 G2 单元格的填充柄至 G10。

最后，生成工资条。

➤ 选中"工资条"表中的 A1 单元格，输入公式" = IF(MOD(ROW( ),3) = 0,"",IF(MOD(ROW( ),3) =1,工资! ＄A＄1：＄G＄1,INDEX(工资! ＄A：＄G,INT((ROW( ) +4)/3),COLUMN( ))))"后回车。

说明:若行号能被 3 整除,则返回空白;若行号被 3 除余 1,则返回工资表中 A1:G1 中的值,否则返回工资表中对应于 INT((ROW()+4)/3)行的值 INDEX(工资! $A: $G, INT((ROW()+4)/3),COLUMN())。

➤ 拖动 A1 单元格的填充柄至 G1。

➤ 选中 A1:G1 区域,拖动填充柄至 A1:G27。

➤ 设置相关单元格格式。

结果如图 3-53 所示。

	A	B	C	D	E	F	G
1	姓名	基本工资	岗位工资	补贴	奖金	保险	合计
2	顾志刚	500	800	100	12600	-200	13800
3							
4	姓名	基本工资	岗位工资	补贴	奖金	保险	合计
5	孙霞	500	800	50	6450	-350	7450
6							
7	姓名	基本工资	岗位工资	补贴	奖金	保险	合计
8	吴英	400	800	100	2900	-300	3900
9							
10	姓名	基本工资	岗位工资	补贴	奖金	保险	合计
11	王刚	400	800	100	0	-280	1020
12							
13	姓名	基本工资	岗位工资	补贴	奖金	保险	合计
14	朱强	500	800	50	15500	-300	16550
15							
16	姓名	基本工资	岗位工资	补贴	奖金	保险	合计
17	张晓军	600	800	100	4037.5	-250	5287.5
18							
19	姓名	基本工资	岗位工资	补贴	奖金	保险	合计
20	吴晓丽	600	800	40	3500	-300	4640
21							
22	姓名	基本工资	岗位工资	补贴	奖金	保险	合计
23	王勇	400	800	50	10700	-280	11670
24							
25	姓名	基本工资	岗位工资	补贴	奖金	保险	合计
26	马爱华	500	800	50	4462	-300	5512
27							

◄ ◄ ► ►◄ \ 提成比例 / 奖金 \ 工资 \ 工资条 /

图 3-53 工资条

3.7 统计函数

在 Excel 中有很多统计函数,可以完成比较复杂的统计计算。

1. AVERAGE 函数与 AEVRAGEA 函数

语法:AVERAGE(Number1,[Number2],…)

AVERAGEA(Value1,[Value2],…)

功能:AVERAGE 函数返回参数的平均值(算术平均值)。AVERAGEA 函数计算参数列表中数值的平均值(算数平均值),不仅数值,而且文本和逻辑值(如 TRUE 和 FALSE)也将计算在内。

参数:Number1,number2,…为需要计算平均值的 1 到 255 个参数。Value1,Value2,…为需要计算平均值的 1 到 255 个单元格、单元格区域或数值。

说明：

➢ AVERAGE 函数的参数可以是数值或者是包含数值的名称、单元格区域或单元格引用。逻辑值和直接键入到参数列表中代表数值的文本被计算在内。如果区域或单元格引用参数包含文本、逻辑值或空单元格，则这些值将被忽略；但包含零值的单元格将被计算在内。如果参数为错误值或为不能转换为数值的文本，将会导致错误。

➢ AVERAGEA 函数的参数可以是数值；包含数值的名称、数组或引用；数值的文本表示；或者引用中的逻辑值，例如 TRUE 和 FALSE。包含文本的数组或引用参数将作为 0(零)计算。空文本("")也作为 0(零)计算。如果在平均值的计算中不能包含文本值，请使用函数 AVERAGE。包含 TRUE 的参数作为 1 计算，包含 FALSE 的参数作为 0 计算。

【例 3-40】 AVERAGE 与 AEVRAGEA 函数示例。如图 3-54 所示。

	A	B	C
1	10		
2	7		
3	9		
4	2		
5	文本		
6	公式	结果	说明
7	=AVERAGE(A1:A5)	7	求A1：A5区域中数值数据的平均值，非数值数据不计算
8	=AVERAGEA(A1:A5)	5.6	求A1：A5区域中数值数据的平均值，非数值数据与空白单元格均要计算在内

图 3-54　求平均值示例

2. COUNT 函数、COUNTA 函数与 COUNTBLANK 函数

语法：COUNT(Value1 , [Value2] , …)

　　　COUNTA(Value1 , [Value2] , …)

　　　COUNTBLANK(Range)

功能：COUNT 函数返回包含数值以及包含参数列表中的数值的单元格的个数。COUNTA 函数返回参数列表中非空值的单元格个数。COUNTBLANK 函数返回指定单元格区域中空白单元格的个数。

参数：Value1 , Value2 , … 为包含或引用各种类型数据的参数(1 到 255 个)。Range 为需要计算其中空白单元格个数的区域。

说明：

➢ COUNT 函数在计数时，将把数值、日期或以文本代表的数值计算在内；但是错误值或其他无法转换成数值的文字将被忽略。如果参数是一个数组或引用，那么只统计数组或引用中的数值；数组或引用中的空白单元格、逻辑值、文字或错误值都将被忽略。

➢ COUNTBLANK 函数会把含有返回值为空文本("")的公式也计算在内，但包含零值的单元格不计算在内。

3. COUNTIF 函数

语法：COUNTIF(Range , Criteria)

功能：计算区域中满足给定条件的单元格的个数。

参数：

➤ Range 为需要计算其中满足条件的单元格数目的单元格区域。

➤ Criteria 为确定哪些单元格将被计算在内的条件，其形式可以为数值、表达式或文本。条件可以表示为 32、"32"、">32"或"apples"。

说明：

➤ 在条件中可以使用问号(?)和星号(*)。问号匹配任意单个字符，星号匹配任意一系列字符。若要查找实际的问号或星号，请在该字符前键入波形符(~)。

➤ 条件不区分大小写。例如，字符串"apples"和字符串"APPLES"将匹配相同的单元格。

【例 3-41】 COUNT、COUNTA、COUNTIF 函数示例。如图 3-55 所示。

	A	B	C	D	E
1	学号	姓名	性别	语文	
2	2008060301	王勇	男	89	
3	2008060302	刘田田	女	78	
4	2008060303	李冰	女	80	
5	2008060304	任卫杰	男	67	
6	2008060305	吴晓丽	女	90	
7	2008060306	刘唱	男	67	
8	2008060307	王强	男	缺考	
9	2008060308	马爱军	男	95	
10	2008060309	张晓华	女	67	
11	2008060310	朱刚	男	94	
12					
13			应考人数：	10	=COUNTA(D2:D11)
14			实考人数：	9	=COUNT(D2:D11)
15			90分以上人数：	3	=COUNTIF(D2:D11,">=90")

图 3-55　COUNT * 函数示例

4. FREQUENCY 函数

语法：FREQUENCY(Data_array , Bins_array)

功能：计算数值在某个区域内的出现频率，然后返回一个垂直数组。例如，使用函数 FREQUENCY 可以计算在给定的分数范围内测验分数的个数。由于函数 FREQUENCY 返回一个数组，所以必须以数组公式的形式输入。

参数：

➤ Data_array 为一数组或对一组数值的引用，用来计算频率。如果 Data_array 中不包含任何数值，函数 FREQUENCY 将返回零数组。

➤ Bins_array 为一个区间数组或对区间的引用，该区间用于对 Data_array 中的数值进行分组。如果 Bins_array 中不包含任何数值，函数 FREQUENCY 返回 Data_array 中元素的个数。

说明：

➤ 在选定相邻单元格区域(该区域用于显示返回的分布结果)后，函数 FREQUENCY

应以数组公式的形式输入。

➤ 返回的数组中的元素个数比 Bins_array（数组）中的元素个数多 1。返回的数组中所多出来的元素表示超出最高间隔的数值个数。例如，如果要计算输入三个单元格中的三个数值区间（间隔），请一定在四个单元格中输入 FREQUENCY 函数计算的结果。多出来的单元格将返回 Data_array 中大于第三个间隔值的数值个数。

➤ 函数 FREQUENCY 将忽略空白单元格和文本。

➤ 对于返回结果为数组的公式，必须以数组公式的形式输入。

【例 3-42】 统计各分数段人数。如图 3-56 所示。

	A	B	C
1	分数	分段点	
2	79	70	
3	85	79	
4	78	89	
5	85		
6	50		
7	81		
8	95		
9	88		
10	97		
11	公式	结果	说明
12	{=FREQUENCY(A2:A10,B2:B5)}	1	分数小于等于 70 的个数
13		2	成绩介于 71-79 之间的个数
14		4	成绩介于 80-89 之间的个数
15		2	成绩大于等于 90 的个数

图 3-56　FREQUENCY 函数示例

操作方法为：

➤ 在图 3-56 所示工作表中选中 B12：B15 单元格区域。

➤ 输入公式"＝FREQUENCY（A2：A10,B2：B5）"。

➤ 按下组合键【Ctrl】+【Shift】+【Enter】。图中公式外的花括号是系统自动加上去的。

5. MODE. SNGL 函数

语法：MODE. SNGL（Number1，［Number2］，…）

功能：返回在某一数组或数据区域中出现频率最多的数值。

参数：Number1，Number2，…是用于众数计算的 1 到 255 个参数，也可以使用单一数组（即对数组区域的引用）来代替由逗号分隔的参数。

说明：

➤ 参数可以是数值，或者是包含数值的名称、数组或引用。

➤ 如果数组或引用参数包含文本、逻辑值或空白单元格，则这些值将被忽略；但包含零值的单元格将计算在内。

➤ 如果参数为错误值或为不能转换为数值的文本，将会导致错误。

➤ 如果数据集合中不含有重复的数据，则函数返回错误值 N/A。

6. LARGE 函数与 SMALL 函数

语法：LARGE（Array,K）

　　　　　　　SMALL(Array , K)

　　功能：返回数据集中第 K 个最大(小)值。使用此函数可以根据相对标准来选择数值。例如，可以使用函数 LARGE 得到第一名、第二名或第三名的得分。

　　参数：Array 为需要从中选择第 K 个最大(小)值的数组或数据区域。K 为返回值在数组或数据单元格区域中的位置。

　　说明：

➢ 如果数组为空，函数 LARGE 将返回错误值#NUM!。

➢ 如果 K≤0 或 K 大于数据点的个数，函数 LARGE 将返回错误值#NUM!。

7. MAX 函数、MIN 函数与 MEDIAN 函数

　　语法：MAX(Number1 , [Number2] , ⋯)

　　　　　MEDIAN(Number1 , [Number2] , ⋯)

　　　　　MIN(Number1 , [Number2] , ⋯)

　　功能：MAX 函数返回一组数中的最大值。MEDIAN 函数返回一组数中的中值。MIN 函数返回一组数中的最小值。

　　参数：Number1 , Number2 , ⋯ 为 1 到 255 个数值参数。

　　说明：

➢ 参数可以是数值或者是包含数值的名称、数组或引用。

➢ 可以将参数指定为数值、空白单元格、逻辑值或数值的文本表达式。

➢ 如果参数为错误值或不能转换成数值的文本，将产生错误。

➢ 如果参数为数组或引用，则只有数组或引用中的数字将被计算。数组或引用中的空白单元格、逻辑值或文本将被忽略。

➢ 如果参数不包含数字，MAX(MIN)函数将返回 0(零)。

➢ 中值是在一组数据中居于中间的数，即在这组数据中，有一半的数据比它大，有一半的数据比它小。如果参数集合中包含偶数个数字，MEDIAN 函数将返回位于中间的两个数的平均值。

8. MAXA 函数与 MINA 函数

　　语法：MAXA(Value1 , [Value2] , ⋯)

　　　　　MINA(Value1 , [Value2] , ⋯)

　　功能：返回参数列表中的最大(小)值。文本值和逻辑值(如 TRUE 和 FALSE)也作为数值来计算。

　　参数：Value1 , Value2 , ⋯ 为需要从中查找最大(小)数值的 1 到 255 个参数。

　　说明：

➢ 参数可以是下列形式：数值；包含数值的名称、数组或引用；数值的文本表示；或者引用中的逻辑值，例如 TRUE 和 FALSE。

➢ 逻辑值和直接键入到参数列表中代表数值的文本被计算在内。

➢ 如果参数为数组或引用，则只使用其中的数值。数组或引用中的空白单元格和文本值将被忽略。

➢ 如果参数为错误值或为不能转换为数值的文本，将会导致错误。

➢ 包含 TRUE 的参数作为 1 来计算,包含文本或 FALSE 的参数作为 0(零)来计算。

➢ 如果参数不包含任何值,MAXA 与 MINA 函数将返回 0。

9. RANK. EQ 函数

语法:RANK. EQ(Number,Ref,[Order])

功能:返回一个数值在数值列表中的排位。数值的排位是其大小与列表中其他值的比值。如果多个值具有相同的排位,则返回该组数值的最高排位。

参数:

➢ Number 为需要找到排位的数值。

➢ Ref 为数值列表数组或对数值列表的引用。Ref 中的非数值型参数将被忽略。

➢ Order 为一数值,指明排位的方式。如果 Order 为 0(零)或省略,对数值的排位是基于 Ref 为按照降序排列的列表。如果 Order 不为零,对数值的排位是基于 Ref 为按照升序排列的列表。

说明:

➢ 函数 RANK. EQ 对重复数的排位相同。但重复数的存在将影响后续数值的排位。例如,在一列按升序排列的整数中,如果整数 10 出现两次,其排位为 5,则 11 的排位为 7(没有排位为 6 的数值)。

➢ 由于某些原因,用户可能使用考虑重复数值的排位定义。在前面的示例中,用户可能要将整数 10 的排位改为 5.5。这可通过将下列修正因素添加到按排位返回的值来实现。该修正因素对于按照升序计算排位(顺序 = 非零值)或按照降序计算排位(顺序 = 0 或被忽略)的情况都是正确的。

➢ 重复数排位的修正因素 = [COUNT(Ref) + 1 – RANK. EQ(Number,Ref,0) – RANK. EQ(Number,Ref,1)]/2。

➢ 在下列示例中,RANK. EQ(A2,A1:A5,1) 等于 3。修正因素是(5 + 1 – 2 – 3)/2 = 0.5,考虑重复数排位的修改排位是 3 + 0.5 = 3.5。如果数字仅在 Ref 中出现一次,由于不必调整 RANK. EQ,因此修正因素为 0。

【例 3-43】 在如图 3-57 所示的成绩表中,填入各位同学的名次。

➢ 选定 H4 单元格,输入公式" = RANK. EQ(G4, $G$4:$G$13)"后回车。

➢ 拖动 H4 单元格的填充柄到 H13 单元格。

	A	B	C	D	E	F	G	H
1	高三 (3) 班学生成绩登记表							
2						填表日期	2010-11-28	
3	学号	姓名	性别	语文	数学	英语	总分	名次
4	2008060301	王勇	男	89	98	70	257	
5	2008060302	刘田田	女	78	67	90	235	
6	2008060303	李冰	女	80	90	78	248	
7	2008060304	任卫杰	男	67	78	59	204	
8	2008060305	吴晓丽	女	90	88	96	274	
9	2008060306	刘唱	男	67	89	76	232	
10	2008060307	王强	男	88	97	89	274	
11	2008060308	马爱军	男	95	80	79	254	
12	2008060309	张晓华	女	67	89	98	254	
13	2008060310	朱刚	男	94	89	87	270	

图 3-57 成绩表

3.8 数据库函数

数据库函数主要用于对数据清单或数据库中的数据进行分析。

数据库函数都具有相同的参数:

➤ Database 构成列表或数据库的单元格区域。数据库是包含一组相关数据的列表,其中包含相关信息的行为记录,而包含数据的列为字段。列表的第一行包含每一列的标志项。

➤ Field 指定函数所使用的数据列。列表中的数据列必须在第一行具有标志项。Field 可以是文本,即两端带引号的标志项,如"使用年数"或"产量";此外,Field 也可以是代表列表中数据列位置的数值: 1 表示第一列,2 表示第二列,等等。

➤ Criteria 为一组包含给定条件的单元格区域。可以为参数 Criteria 指定任意区域,只要它至少包含一个列标志和列标志下方用于设定条件的单元格。

Excel 提供了 12 个数据库函数,见表 3-10。

表 3-10 Excel 中的数据库函数

函数	功 能
DAVERAGE	返回列表或数据库中满足指定条件的列中数值的平均值
DCOUNT	返回数据库或列表的列中满足指定条件并且包含数值的单元格个数。参数 Field 为可选项,如果省略,函数 DCOUNT 返回数据库中满足条件 Criteria 的所有记录数
DCOUNTA	返回数据库或列表的列中满足指定条件的非空单元格个数。参数 Field 为可选项,如果省略,函数 DCOUNTA 将返回数据库中满足条件的所有记录数
DGET	从列表或数据库的列中提取符合指定条件的单个值。如果没有满足条件的记录,则函数 DGET 将返回错误值 #VALUE!。如果有多个记录满足条件,则函数 DGET 将返回错误值 #NUM!
DMAX	返回列表或数据库的列中满足指定条件的最大数值
DMIN	返回列表或数据库的列中满足指定条件的最小数值
DPRODUCT	返回列表或数据库的列中满足指定条件的数值的乘积
DSTDEV	将列表或数据库的列中满足指定条件的数值作为一个样本,估算样本总体的标准偏差
DSTDEVP	将列表或数据库的列中满足指定条件的数值作为样本总体,计算总体的标准偏差
DSUM	返回列表或数据库的列中满足指定条件的数值之和
DVAR	将列表或数据库的列中满足指定条件的数值作为一个样本,估算样本总体的方差
DVARP	将列表或数据库的列中满足指定条件的数值作为样本总体,计算总体的方差

【例 3-44】 某年级同学的考试成绩表如图 3-58 所示。现在做如下数据分析:

➢ 一班女同学的平均分为多少？

➢ 一班和二班同学的语文平均分是多少？

➢ 有多少同学三门课程的成绩都在 80 分以上？

➢ 三门课程成绩都在 80 分以上的同学的总分是多少？

➢ 总分高于 260 分的同学中，英语最高分为多少？

➢ 语文的最低分为多少？

➢ 三班男同学的数学总分为多少？

➢ 一班同学的总分偏差为多少？

所有数据库函数的使用与高级筛选需要构造一个条件区域。条件区域有部分内容：数据清单的列名与条件部分。条件区域不一定要包含数据清单中所有的字段，可以只包括需要的字段。

	A	B	C	D	E	F	G
1	班级	姓名	性别	语文	数学	英语	总分
2	一班	吴晓丽	女	90	88	96	274
3	二班	王刚	男	88	97	89	274
4	一班	朱强	男	94	89	87	270
5	三班	王勇	男	89	98	70	257
6	一班	马爱华	女	95	80	79	254
7	一班	张晓军	男	67	89	98	254
8	二班	李冰	女	80	90	78	248
9	三班	刘甜甜	女	78	67	90	235
10	三班	刘畅	男	67	89	76	232
11	二班	任卫杰	男	67	78	59	204
12	一班	马勇	男	82	62	64	208
13	三班	李志	男	68	88	98	254
14	一班	王石	男	67	45	80	192
15	二班	包晓晓	女	78	78	69	225
16	一班	朱晓	女	70	90	87	247
17	二班	顾志刚	男	99	89	87	275
18	三班	孙茜	女	88	80	90	258
19	二班	吴英	女	90	98	97	285
20							
21	一班女同学的平均分：						
22	一班和二班同学语文平均分：						
23	三门都在80分以上的人数：						
24	三门都在80分以上的同学总分：						
25	总分高于260的同学中英语最高分：						
26	语文年级最低分：						
27	三班男同学数学总分：						
28	一班同学总分的标准偏差：						

图 3-58　某年级考试成绩表

① 求一班女同学的平均分

➢ 构造如图 3-59 所示条件区域。

➢ 选中 F21 单元格，输入公式" = DAVERAGE（A1：G19，G1，I1：J2）"后回车。

I	J
班级	性别
一班	女

图 3-59　条件区域

其中，A1：G19 为数据清单区域，G1 表示要统计的列名称，I1：J2 为条件区域。

如果觉得手工输入公式麻烦，或是对函数的使用还不熟练的话，可以使用 Excel 的插入函数功能。下面使用插入函数的方法，重新做一遍。

选中 F21 单元格。

单击"公式"选项卡中的"插入函数"按钮，弹出如图 3-60 所示"插入函数"对话框。

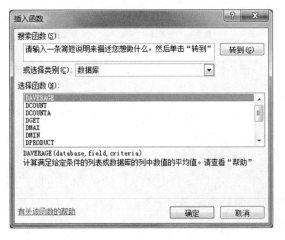

图 3-60　"插入函数"对话框

➢ 类别选择"数据库",函数选择"DAVERAGE"后,单击"确定"按钮。

➢ 在"函数参数"对话框中用鼠标选择如图 3-61 所示单元格区域。

➢ 单击"确定"按钮,完成统计。

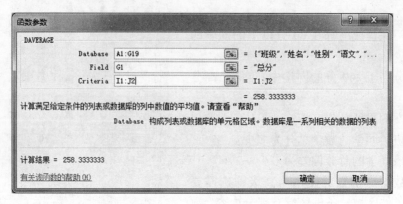

图 3-61　"函数参数"对话框

② 求一班和二班同学的语文平均分

➢ 构造如图 3-62 所示条件区域。

➢ 选中 F22 单元格,输入公式" = DAVERAGE(A1 : G19,D1,I1 : I3)"后回车。

③ 统计三门课程的成绩都在 80 分以上的同学人数

➢ 构造如图 3-63 所示条件区域。

➢ 选中 F23 单元格,输入公式" = DCOUNT(A1 : G19,,I1 : K2)"后回车。

④ 计算三门课程成绩都在 80 分以上的同学的总分

➢ 构造如图 3-63 所示条件区域。

➢ 选中 F24 单元格,输入公式" = DSUM(A1 : G19,G1,I1 : K2)"后回车。

⑤ 求总分高于 260 分的同学中,英语最高分

➢ 构造如图 3-64 所示条件区域。

➢ 选中 F25 单元格,输入公式" = DMAX(A1 : G19,F1,I1 : I2)"后回车。

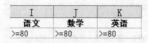

图 3-62　条件区域　　　图 3-63　条件区域　　　图 3-64　条件区域　　　图 3-65　条件区域

⑥ 语文的最低分

选中 F25 单元格,输入公式" = MIN(D2 : D19)"后回车。

⑦ 计算三班男同学数学的总分

➢ 构造如图 3-65 所示条件区域。

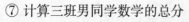

图 3-66　条件区域

➢ 选中 F26 单元格,输入公式" = DSUM(A1 : G19,E1,I1 : J2)"后回车。

⑧ 分析一班同学总分的标准偏差

➢ 构造如图 3-66 所示条件区域。

➢ 选中 F27 单元格,输入公式" = DSTDEV(A1 : G19,G1,I1 : I2)"后回车。

全部问题求解后,得到的结果如图 3-67 所示。

	A	B	C	D	E	F	G
1	班级	姓名	性别	语文	数学	英语	总分
2	一班	吴晓丽	女	90	88	96	274
3	二班	王刚	男	88	97	89	274
4	一班	朱强	男	94	89	87	270
5	三班	王勇	男	89	98	70	257
6	一班	马爱华	女	95	80	79	254
7	一班	张晓军	男	67	89	98	254
8	二班	李冰	女	80	90	78	248
9	三班	刘甜甜	女	78	67	90	235
10	三班	刘畅	男	67	89	76	232
11	二班	任卫杰	男	67	78	59	204
12	一班	马勇	男	82	62	64	208
13	三班	李志	男	68	88	98	254
14	一班	王石	男	67	45	80	192
15	二班	包晓晓	女	78	78	69	225
16	一班	朱晓	女	70	90	87	247
17	二班	顾志刚	男	99	89	87	275
18	三班	孙茜	女	88	80	90	258
19	二班	吴英	女	90	98	97	285
20							
21	一班女同学的平均分:					258.33	
22	一班和二班同学语文平均分:					82.07692	
23	三门都在80分以上的人数:					6	
24	三门都在80分以上的同学总分:					1636	
25	总分高于260的同学中英语最高分:					97	
26	语文年级最低分:					67	
27	三班男同学数学总分:					275	
28	一班同学总分的标准偏差:					31.01996	

图 3-67　计算结果

3.9　财务函数

3.9.1　计算本金和利息的函数

计算本金和利息的函数有:PMT、IPMT、PPMT、CUMIPMT 和 CUMPRINC,其语法与功能见表 3-11。

表 3-11　计算本金和利息的函数

函　　数	功　　能
PMT(Rate,Nper,Pv,Fv,Type)	基于固定利率及等额分期付款方式,返回贷款的每期付款额
IPMT(Rate,Per,Nper,Pv,Fv,Type)	基于固定利率及等额分期付款方式,返回给定期数内对投资的利息偿还额
PPMT(Rate,Per,Nper,Pv,Fv,Type)	基于固定利率及等额分期付款方式,返回投资在某一给定期间内的本金偿还额
CUMIPMT(Rate,Nper,Pv,Start_period,End_period,Type)	返回一笔贷款在给定的 Start-period 到 End-period 期间累计偿还的利息数额
CUMPRINC(Rate, Nper, Pv, Start_period, End_period, Type)	返回一笔贷款在给定的 Start-period 到 End-period 期间累计偿还的本金数额

其中,各参数的含义如下:

Rate:贷款利率。

Nper:该项贷款的付款总数。

Pv:现值,或一系列未来付款的当前值的累积和,也称为本金。

Fv:未来值,或在最后一次付款后希望得到的现金余额,如果省略 Fv,则假设其值为零,也就是一笔贷款的未来值为零。

Type:数字 0 或 1,用以指定各期的付款时间是在期初还是期末。

☞ 注意:

如果 CUMIPMT 函数与 CUMPRINC 函数不可用,返回错误值#NAME?,则需要加载宏。具体方法为:

➤ 单击"开发工具"选项卡"加载项"选项组中的"加载项"按钮,弹出如图 3-68 所示"加载宏"对话框。

➤ 在"加载宏"对话框中选中"分析工具库"。

➤ 单击"确定"按钮即可。

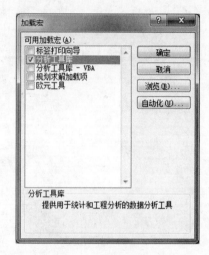

图 3-68 "加载宏"对话框

3.9.2 计算投资的函数

Excel 提供了 5 个计算投资的函数:FV、FVSCHEDULE、PV、NPV 和 XNPV,说明见表 3-12。

表 3-12 计算投资的函数

函数	功能	说　明
FV (Rate, Nper, Pmt, [Pv], [Type])	基于固定利率及等额分期付款方式,返回某项投资的未来值	Rate 为各期利率。 Nper 为总投资期,即该项投资的付款期总数。 Pmt 为各期所应支付的金额,其数值在整个年金期间保持不变。通常 Pmt 包括本金和利息,但不包括其他费用及税款。如果忽略 Pmt,则必须包括 Pv 参数。Pv 为现值,即从该项投资开始计算时已经入账的款项,或一系列未来付款的当前值的累积和,也称为本金。如果省略 Pv,则假设其值为零,并且必须包括 Pmt 参数。 Type 为数字 0 或 1,用以指定各期的付款时间是在期初还是期末。如果省略 Type,则假设其值为零。
FVSCHEDULE (Principal, Schedule)	基于一系列复利返回本金的未来值。函数 FVSCHDULE 用于计算某项投资在变动或可调利率下的未来值	Principal 为现值。 Schedule 为利率数组,Schedule 中的值可以是数值或空白单元格;其他任何值都将在函数 FVSCHEDULE 的运算中产生错误值 #VALUE!。空白单元格被认为是 0(没有利息)。

函数	功能	说　　明
NPV（Rate，Value1，[Value2]，…）	通过使用贴现率以及一系列未来支出(负值)和收入(正值)，返回一项投资的净现值	Rate 为某一期间的贴现率，是一固定值。 Value1，Value2，…为 1 到 254 个参数，代表支出及收入。 Value1，Value2，…在时间上必须具有相等间隔，并且都发生在期末。 NPV 使用 Value1，Value2，… 的顺序来解释现金流的顺序。所以务必保证支出和收入的数额按正确的顺序输入。 如果参数为数值、空白单元格、逻辑值或数值的文本表达式，则都会计算在内；如果参数是错误值或不能转化为数值的文本，则被忽略。 如果参数是一个数组或引用，则只计算其中的数值。数组或引用中的空白单元格、逻辑值、文字及错误值将被忽略。 函数 NPV 假定投资开始于 Value1 现金流所在日期的前一期，并结束于最后一笔现金流的当期。函数 NPV 依据未来的现金流来进行计算。如果第一笔现金流发生在第一个周期的期初，则第一笔现金必须添加到函数 NPV 的结果中，而不应包含在 Values 参数中。
PV（Rate，Nper，Pmt，[Fv]，[Type]）	返回投资的现值。现值为一系列未来付款的当前值的累积和。例如，借入方的借入款即为贷出方贷款的现值	Rate 为各期利率。例如，如果按 10% 的年利率借入一笔贷款来购买汽车，并按月偿还贷款，则月利率为 10%/12（即 0.83%）。可以在公式中输入 10%/12、0.83% 或 0.0083 作为 Rate 的值。 Nper 为总投资(或贷款)期，即该项投资(或贷款)的付款期总数。例如，对于一笔 4 年期按月偿还的汽车贷款，共有 4∗12（即 48）个偿款期数，可以在公式中输入 48 作为 Nper 的值。 Pmt 为各期所应支付的金额，其数值在整个年金期间保持不变。通常 Pmt 包括本金和利息，但不包括其他费用及税款。例如，$10000 的年利率为 12% 的四年期汽车贷款的月偿还额为 $263.43。可以在公式中输入 −263.43 作为 Pmt 的值。如果忽略 Pmt，则必须包含 Fv 参数。 Fv 为未来值，或在最后一次支付后希望得到的现金余额，如果省略 Fv，则假设其值为零（一笔贷款的未来值即为零）。例如，如果需要在 18 年后支付 $50000，则 $50000 就是未来值。可以根据保守估计的利率来决定每月的存款额。如果忽略 Fv，则必须包含 Pmt 参数。 Type 为 0 或 1，用以指定各期的付款时间是在期初还是期末。
XNPV（Rate，Values，Dates）	返回一组现金流的净现值，这些现金流不一定定期发生	Rate 为应用于现金流的贴现率。 Values 为与 Dates 中的支付时间相对应的一系列现金流。首期支付是可选的，并与投资开始时的成本或支付有关。如果第一个值为成本或支付，则其必须是一个负数。所有后续支付基于的是 365 天/年贴现。数值系列必须至少要包含一个正数和一个负数。 Dates 为与现金流支付相对应的支付日期表。第一个支付日期代表支付表的开始。其他日期应迟于该日期，但可按任何顺序排列。

☞ **注意：**

若 FVSCHEDULE 函数、XNPV 函数不可用，返回错误值#NAME?，则需要加载宏"分析工具库"。

3.9.3 计算折旧的函数

Excel 提供了 5 个折旧函数：DB、DDB、SLN、SYD 和 VDB。函数的语法及功能见表 3-13。

表 3-13 折旧函数

函　　数	功　　能
DB(Cost,Salvage,Life,Period,[Month])	使用固定余额递减法，计算一笔资产在给定期间内的折旧值
DDB(Cost, Salvage, Life, Period, [Factor])	使用双倍余额递减法或其他指定方法，计算一笔资产在给定期间内的折旧值
SLN(Cost,Salvage,Life)	返回某项资产在一个期间中的线性折旧值
SYD(Cost,Salvage,Life,Per)	返回某项资产按年限总和折旧法计算的指定期间的折旧值
VDB(Cost, Salvage, Life, Start_period, End_period,[Factor],[No_switch])	使用双倍余额递减法或其他指定的方法，返回指定的任何期间内（包括部分期间）的资产折旧值。函数 VDB 代表可变余额递减法

其中，各参数的含义如下：

Cost 为资产原值。

Salvage 为资产在折旧期末的价值（也称为资产残值）。

Life 为折旧期限（有时也称作资产的使用寿命）。

Period 为需要计算折旧值的期间。Period 必须使用与 Life 相同的单位。

Month 为第一年的月份数，默认为 12。

Factor 为余额递减速率。如果 Factor 省略，则默认为 2（双倍余额递减法）。

Per 为期间，其单位与 Life 相同。

Start_period 为进行折旧计算的起始期间，Start_period 必须与 Life 的单位相同。

End_period 为进行折旧计算的截止期间，End_period 必须与 Life 的单位相同。

No_switch 为一逻辑值，指定当折旧值大于余额递减计算值时，是否转用直线折旧法。如果 No_switch 为 TRUE，即使折旧值大于余额递减计算值，Excel 也不转用直线折旧法。如果 No_switch 为 FALSE 或被忽略，且折旧值大于余额递减计算值时，Excel 将转用线性折旧法。

除 No_switch 外的所有参数必须为正数。

固定余额递减法用于计算固定利率下的资产折旧值，函数 DB 使用下列计算公式来计算一个期间的折旧值：（Cost − 前期折旧总值）* Rate。

式中：Rate = 1 − ((Salvage/Cost)^(1/Life))，保留 3 位小数。

第一个周期和最后一个周期的折旧属于特例。对于第一个周期，函数 DB 的计算公式为：Cost * Rate * Month/12。

对于最后一个周期,DB 函数的计算公式为：((Cost – 前期折旧总值) * Rate * (12 – Month))/12。

双倍余额递减法以加速的比率计算折旧。折旧在第一阶段是最高的,在后续阶段中会减少。DDB 使用下面的公式计算一个阶段的折旧值：

((资产原值 – 资产残值) – 前面阶段的折旧总值) * (余额递减速率/生命周期)

SYD 函数计算公式如下：

$$SYD = \frac{(Cost - Salvage) * (Life - Per + 1) * 2}{(Life)(Life + 1)}$$

【例 3-45】 某公司于 2010 年 8 月 1 日购买了一台价值为 100 万元的机器,该机器使用年限为 5 年,最后的净残值为 10 万元。试计算不同折旧方法下的折旧值,并计算双倍余额法下,该机器前 2 个月的折旧值。

➢ 制作如图 3-69 所示的工作表。

➢ 选中 B5 单元格,输入公式" =SLN($B$2, $D$2, $C$2)"后回车。

➢ 拖动 B5 单元格的填充柄至 B9 单元格。

➢ 选中 C5 单元格,输入公式" =DB($B$2, $D$2, $C$2,ROW( ) –4,12 – MONTH ($A$2) +1)"后回车。

其中,使用 ROW( ) –4 函数来计算某一年。如 5-4 表示第 1 年的折旧。

➢ 拖动 C5 单元格的填充柄至 C10 单元格。

➢ 选中 D5 单元格,输入公式" =DDB($B$2, $D$2, $C$2,ROW( ) –4)"后回车。

	A	B	C	D	E
1	购买日期	购买金额	使用年限	资产残值	
2	2010-8-1	¥ 1,000,000.00	5	¥ 100,000.00	
3					
4		线性折旧法	余额折旧法	双倍余额递减法	年限总和折旧法
5	第1年折旧值				
6	第2年折旧值				
7	第3年折旧值				
8	第4年折旧值				
9	第5年折旧值				
10	最后一年折旧值				
11	累计折旧值				
12					
13	双倍余额法下,该机器前2个月的折旧值:				

图 3-69　机器折旧值

➢ 拖动 D5 单元格的填充柄至 D9 单元格。

➢ 选中 E5 单元格,输入公式" =SYD($B$2, $D$2, $C$2,ROW( ) –4)"后回车。

➢ 拖动 E5 单元格的填充柄至 E9 单元格。

➢ 选中 B10 单元格,输入公式" =SUM(B5：B10)"后回车。

➢ 拖动 B10 单元格的填充柄至 E10 单元格。

➢ 选中 C13 单元格,输入公式" =VDB(B2,D2,C2 * 12,0,2)"后回车。

因为要计算前 2 个月机器的折旧值,所以 VDB 函数中的 Life 以月为单位,因此要乘以 12。

最后的结果如图 3-70 所示。

	A	B	C	D	E
1	购买日期	购买金额	使用年限	资产残值	
2	2010-8-1	￥ 1,000,000.00	5	￥ 100,000.00	
3					
4		线性折旧法	余额折旧法	双倍余额递减法	年限总和折旧法
5	第1年折旧值	￥180,000.00	￥153,750.00	￥400,000.00	￥300,000.00
6	第2年折旧值	￥180,000.00	￥312,266.25	￥240,000.00	￥240,000.00
7	第3年折旧值	￥180,000.00	￥197,040.00	￥144,000.00	￥180,000.00
8	第4年折旧值	￥180,000.00	￥124,332.24	￥86,400.00	￥120,000.00
9	第5年折旧值	￥180,000.00	￥78,453.64	￥29,600.00	￥60,000.00
10	最后一年折旧值		￥28,877.48		
11	累计折旧值	￥900,000.00	￥894,719.62	￥900,000.00	￥900,000.00
12					
13	双倍余额法下，该机器前2个月的折旧值:	￥65,555.56			

图 3-70　最终结果

3.9.4 计算偿还率的函数

Excel 中有 4 个计算偿还率的函数：RATE、IRR、MIRR 与 XIRR，功能见表 3-14。

表 3-14　计算偿还率的函数

函数	功能	说　明
RATE(Nper, Pmt, Pv, [Fv], [Type], [Guess])	返回年金的各期利率。函数 RATE 通过迭代法计算得出，并且可能无解或有多个解。如果在进行 20 次迭代计算后，函数 RATE 的相邻两次结果没有收敛于 0.0000001，函数 RATE 将返回错误值 #NUM!	Guess 为预期利率。如果省略预期利率，则假设该值为 10%。如果函数 RATE 不收敛，请改变 Guess 的值。通常当 Guess 位于 0 到 1 之间时，函数 RATE 是收敛的。应确认所指定的 Guess 和 Nper 单位的一致性。对于年利率为 12% 的 4 年期贷款，如果按月支付，Guess 为 12%/12，Nper 为 4 * 12；如果按年支付，Guess 为 12%，Nper 为 4。
IRR (Values, [Guess])	返回由数值代表的一组现金流的内部收益率。这些现金流不为均衡的，但作为年金，它们必须按固定的间隔产生，如按月或按年。内部收益率为投资的回收利率，其中包含定期支付（负值）和定期收入（正值）	Values 为数组或单元格的引用，包含用来计算返回的内部收益率的数字。Values 必须包含至少一个正值和一个负值，以计算返回的内部收益率。函数 IRR 根据数值的顺序来解释现金流的顺序。故应确定按需要的顺序输入了支付和收入的数值。如果数组或引用包含文本、逻辑值或空白单元格，这些数值将被忽略。Guess 为对函数 IRR 计算结果的估计值。Excel 使用迭代法计算函数 IRR。从 Guess 开始，函数 IRR 进行循环计算，直至结果的精度达到 0.00001%。如果函数 IRR 经过 20 次迭代，仍未找到结果，则返回错误值 #NUM!。在大多数情况下，并不需要为函数 IRR 的计算提供 Guess 值。如果省略 Guess，假设它为 0.1（10%）。如果函数 IRR 返回错误值 #NUM!，或结果没有靠近期望值，可用另一个 Guess 值再试一次。

续表

函数	功能	说　　明
MIRR(Values, Finance_rate, Reinvest_rate)	返回某一连续期间内现金流的修正内部收益率。函数 MIRR 同时考虑了投资的成本和现金再投资的收益率	Values 为一个数组或对包含数值的单元格的引用。这些数值代表着各期的一系列支出(负值)及收入(正值)。Values 中必须至少包含一个正值和一个负值才能计算修正后的内部收益率,否则函数 MIRR 会返回错误值 #DIV/0!。如果数组或引用参数包含文本、逻辑值或空白单元格,则这些值将被忽略;但包含零值的单元格将计算在内。Finance_rate 为现金流中使用的资金支付的利率。Reinvest_rate 为将现金流再投资的收益率。
XIRR(Values, Dates,[Guess])	返回一组现金流的内部收益率,这些现金流不一定定期发生	Values 为与 Dates 中的支付时间相对应的一系列现金流。首次支付是可选的,并与投资开始时的成本或支付有关。如果第一个值是成本或支付,则它必须是负值。所有后续支付都基于 365 天/年贴现。系列中必须包含至少一个正值和一个负值。Dates 为与现金流支付相对应的支付日期表。第一个支付日期代表支付表的开始。其他日期应迟于该日期,但可按任何顺序排列。应使用 DATE 函数来输入日期,或者将日期作为其他公式或函数的结果输入。例如,使用 DATE(2008,5,23)输入 2008 年 5 月 23 日。如果日期以文本的形式输入,则会出现问题。Guess 为对函数 XIRR 计算结果的估计值。

其中,各参数的含义如下:

Nper 为总投资期,即该项投资的付款期总数。

Pmt 为各期所应支付的金额,其数值在整个年金期间保持不变。通常 Pmt 包括本金和利息,但不包括其他费用及税款。如果忽略 Pmt,则必须包括 Pv 参数。

Pv 为现值,即从该项投资开始计算时已经入账的款项,或一系列未来付款的当前值的累积和,也称为本金。如果省略 Pv,则假设其值为零,并且必须包括 Pmt 参数。

Type 为数字 0 或 1,用以指定各期的付款时间是在期初还是期末。如果省略 Type,则假设其值为零。

函数 IRR 与函数 NPV(净现值函数)的关系十分密切。函数 IRR 计算出的收益率即净现值为 0 时的利率。下面的公式显示了函数 NPV 和函数 IRR 的相互关系:NPV(IRR(B1:B6),B1:B6)等于 3.70E-08(在函数 IRR 计算的精度要求之中,数值 3.70E-08 可以当作 0 的有效值)。

函数 MIRR 根据输入值的次序来解释现金流的次序。所以,务必按照实际的顺序输入支出和收入数额,并使用正确的正负号(现金流入用正值,现金流出用负值)。

如果现金流的次数为 n,Finance_rate 为 Frate 而 Reinvest_rate 为 Rrate,则函数 MIRR 的计算公式为:

$$\left(\frac{-NPV(Rrate,Values[Positive])*(1+Rrate)^n}{NPV(Frate,Values[Negative])*(1+Frate)}\right)^{\frac{1}{n-1}}-1$$

如果 XIRR 函数不可用,并返回错误值#NAME?,请加载宏"分析工具库"。

【例 3-46】 小赵与银行签订了一份贷款金额为 50 万元的商业贷款合同,按揭年数是 20 年,最新年利率为 6.60%。

还贷方式有两种:等额本息与等额本金,请帮小赵计算一下,两种方法所支付的利息各为多少。

等额本息法可以使用函数 IPMT、PPMT 与 PMT 来计算利息、本金与每期还款额。等额本金法,本金 = 贷款本金/贷款期月数,利息 =(本金 - 已归还本金累计额)× 月利率。

➤ 制作如图 3-71 所示工作表。

	A	B	C	D	E	F	G
1		贷款总额	¥ 500,000.00				
2		按揭年数	20				
3		年利率	6.60%				
4							
5			等额本息法			等额本金法	
6	期数	利息	本金	月供	利息	本金	月供
7	1						
8	2						
9	3						
10	4						
11	5						
12	6						
13	7						
14	8						
15	9						
16	10						
236	230						
237	231						
238	232						
239	233						
240	234						
241	235						
242	236						
243	237						
244	238						
245	239						
246	240						
247	总计						
248							
249		等额本息比等额本金多支付利息:					

图 3-71 空工作表

➤ 选中 B7 单元格,输入公式" = IPMT($C$3/12, A7, $C$2 * 12, - $C$1)"后回车。

➤ 选中 C7 单元格,输入公式" = PPMT($C$3/12, A7, $C$2 * 12, - $C$1)"后回车。

➤ 选中 D7 单元格,输入公式" = B7 + C7"后回车。

➤ 选中 E7 单元格,输入公式" = IF(A7 = 1, $C$1 * $C$3/12, ($C$1 - SUM(F7: $F$8)) * $C$3/12)"后回车。

➤ 选中 F7 单元格,输入公式" = $C$1/($C$2 * 12)"后回车。

➤ 选中 G7 单元格,输入公式" = E7 + F7"后回车。

➤ 选中 B7:G7 单元格区域,拖动填充柄,填充至 B246:G246。

➤ 选中 B247 单元格,单击工具栏上的 Σ 按钮,计算出利息总和。

➤ 拖动 B247 单元格填充柄,填充至 G247。

> 选中 D249 单元格,输入公式" = B247 − E247"后回车,计算出等额本息法与等额本金法支付的利息之差。

最终的结果如图 3-72 所示,等额本息法要比等额本金法多支付利息 70391.49 元。

	A	B	C	D	E	F	G
1		贷款总额	¥ 500,000.00				
2		按揭年数	20				
3		年利率	6.60%				
4							
5			等额本息法			等额本金法	
6	期数	利息	本金	月供	利息	本金	月供
7	1	¥2,750.00	¥1,007.36	¥3,757.36	¥ 2,750.00	¥ 2,083.33	¥ 4,833.33
8	2	¥2,744.46	¥1,012.90	¥3,757.36	¥ 2,738.54	¥ 2,083.33	¥ 4,821.88
9	3	¥2,738.89	¥1,018.47	¥3,757.36	¥ 2,727.08	¥ 2,083.33	¥ 4,810.42
10	4	¥2,733.29	¥1,024.07	¥3,757.36	¥ 2,715.63	¥ 2,083.33	¥ 4,798.96
11	5	¥2,727.65	¥1,029.71	¥3,757.36	¥ 2,704.17	¥ 2,083.33	¥ 4,787.50
12	6	¥2,721.99	¥1,035.37	¥3,757.36	¥ 2,692.71	¥ 2,083.33	¥ 4,776.04
13	7	¥2,716.30	¥1,041.06	¥3,757.36	¥ 2,681.25	¥ 2,083.33	¥ 4,764.58
14	8	¥2,710.57	¥1,046.79	¥3,757.36	¥ 2,669.79	¥ 2,083.33	¥ 4,753.13
15	9	¥2,704.81	¥1,052.55	¥3,757.36	¥ 2,658.33	¥ 2,083.33	¥ 4,741.67
16	10	¥2,699.02	¥1,058.34	¥3,757.36	¥ 2,646.88	¥ 2,083.33	¥ 4,730.21
236	230	¥219.99	¥3,537.36	¥3,757.36	¥ 126.04	¥ 2,083.33	¥ 2,209.38
237	231	¥200.54	¥3,556.82	¥3,757.36	¥ 114.58	¥ 2,083.33	¥ 2,197.92
238	232	¥180.98	¥3,576.38	¥3,757.36	¥ 103.13	¥ 2,083.33	¥ 2,186.46
239	233	¥161.31	¥3,596.05	¥3,757.36	¥ 91.67	¥ 2,083.33	¥ 2,175.00
240	234	¥141.53	¥3,615.83	¥3,757.36	¥ 80.21	¥ 2,083.33	¥ 2,163.54
241	235	¥121.64	¥3,635.72	¥3,757.36	¥ 68.75	¥ 2,083.33	¥ 2,152.08
242	236	¥101.64	¥3,655.72	¥3,757.36	¥ 57.29	¥ 2,083.33	¥ 2,140.63
243	237	¥81.54	¥3,675.82	¥3,757.36	¥ 45.83	¥ 2,083.33	¥ 2,129.17
244	238	¥61.32	¥3,696.04	¥3,757.36	¥ 34.38	¥ 2,083.33	¥ 2,117.71
245	239	¥40.99	¥3,716.37	¥3,757.36	¥ 22.92	¥ 2,083.33	¥ 2,106.25
246	240	¥20.55	¥3,736.81	¥3,757.36	¥ 11.46	¥ 2,083.33	¥ 2,094.79
247	总计	¥401,766.49	¥500,000.00	¥901,766.49	¥331,375.00	¥500,000.00	¥831,375.00
248							
249		等额本息比等额本金多支付利息:		¥70,391.49			

图 3-72 最终结果

 3.10 信息函数

信息函数用来获取单元格内容信息的函数。信息函数可以使单元格在满足条件时返回逻辑值,从而获取单元格信息。还可以确定存储在单元格中的内容格式、位置、错误类型等信息。

3.10.1 IS 类函数

IS 类函数可以检验数据的类型,并根据参数值返回 TRUE 或 FALSE。
IS 类函数的功能见表 3-15。

表 3-15 IS 类函数

函数	如果为下面的内容,则返回 TRUE
ISBLANK	值为空
ISERR	值为除#N/A 以外的任意错误值
ISERROR	值为任意错误值(#N/A、#VALUE!、#REF!、#DIV/0!、#NUM!、#NAME? 或 #NULL!)
ISLOGICAL	值为逻辑值
ISNA	值为错误值 #N/A(值不存在)
ISNONTEXT	值为不是文本的任意项(注意此函数在值为空白单元格时返回 TRUE)
ISNUMBER	值为数字
ISREF	值为引用
ISTEXT	值为文本

Value 为需要进行检验的数据。分别为:空白(空白单元格)、错误值、逻辑值、文本、数字、引用值或对于以上任意参数的名称引用。

IS 类函数的参数 Value 是不可转换的。例如,在其他大多数需要数字的函数中,文本值"19"会被转换成数值 19。然而在公式 ISNUMBER("19")中,"19"并不由文本值转换成别的类型的值,函数 ISNUMBER 返回 FALSE。

IS 类函数在用公式检验计算结果时十分有用。当它与函数 IF 结合在一起使用时,可以提供一种方法来在公式中查出错误值。

3.10.2 错误信息函数

如果公式中存在错误,Excel 会给出错误信息。利用错误信息函数,可以帮助我们理解公式中可能存在哪些错误,从而高效地解决问题。

1. ERROR.TYPE 函数

语法:ERROR.TYPE(Error_val)

功能:返回对应于 Excel 中某一错误值的数字,如果没有错误则返回#N/A。在函数 IF 中可以使用 ERROR.TYPE 检测错误值,并返回文本字符串(如,消息)来取代错误值。

参数:Error_val 为需要得到其标号的一个错误值。尽管 error_val 可以为实际的错误值,但它通常为一个单元格引用,而此单元格中包含需要检测的公式。

表 3-16 ERROR.TYPE 函数返回值

Error_val	返回结果
#NULL!	1
#DIV/0!	2
#VALUE!	3
#REF!	4

Error_val	返回结果
#NAME?	5
#NUM!	6
#N/A	7
#GETTING – DATA	8
其他值	#N/A

【例3-47】　ERROR. TYPE 函数示例。如图3-73 所示。

	A	B	C
1	公式	结果	说明
2	=ERROR. TYPE(3>2)	#N/A	没有错误
3	=ERROR. TYPE(2/0)	2	错误类型为#DIV/0!
4	=ERROR. TYPE(A1B2)	5	错误类型为#NAME?
5	=ERROR. TYPE(INT(A))	5	错误类型为#NAME?
6	=IF(ERROR. TYPE(2/0)=2,"除数不能为0")	除数不能为0	如果错误类型为#DIV/0!，则显示"除数不能为0"

图 3-73　ERROR. TYPE 函数示例

2. TYPE 函数

语法：TYPE(Value)

功能：返回数值的类型。当某一个函数的计算结果取决于特定单元格中数值的类型时，可使用函数 TYPE。

参数：Value 可以为任意 Excel 数值，如数字、文本以及逻辑值等。

表 3-17　TYPE 函数返回值

Value	返回结果
数字	1
文本	2
逻辑值	4
误差值	16
数组	64

说明：

➢ 当使用能接受不同类型数据的函数（例如函数 ARGUMENT 和函数 INPUT）时，函数 TYPE 十分有用。可以使用函数 TYPE 来查找函数或公式所返回的数据是何种类型。

➢ 可以使用 TYPE 来确定单元格中是否含有公式。TYPE 仅确定结果、显示数值的类型。如果某个值是一个单元格引用，它所引用的另一个单元格中含有公式，则 TYPE 将返回此公式结果值的类型。

3.10.3 其他信息函数

1. CELL 函数

语法：CELL(Info_type,[Reference])

功能：返回某一引用区域的左上角单元格的格式、位置或内容等信息。

参数：Info_type 为一个文本值，指定所需要的单元格信息的类型。Reference 表示要获取其有关信息的单元格。如果忽略，则在 Info_type 中所指定的信息将返回给最后更改的单元格。

表 3-18　Info_type 的值与函数结果

Info_type	返　回
"address"	引用中第一个单元格的引用，文本类型
"col"	引用中单元格的列标
"color"	如果单元格中的负值以不同颜色显示，则为 1，否则返回 0
"contents"	引用中左上角单元格的值不是公式
"filename"	包含引用的文件名（包括全部路径）、文本类型。如果包含目标引用的工作表尚未保存，则返回空文本（""）
"format"	与单元格中不同的数字格式相对应的文本值。下表列出不同格式的文本值。如果单元格中负值以不同颜色显示，则在返回的文本值的结尾处加"−"；如果单元格中为正值或所有单元格均加括号，则在文本值的结尾处返回"()"
"parentheses"	如果单元格中为正值或全部单元格均加括号，则为 1，否则返回 0
"prefix"	与单元格中不同的标志前缀相对应的文本值。如果单元格文本左对齐，则返回单引号（'）；如果单元格文本右对齐，则返回双引号（"）；如果单元格文本居中，则返回插入字符（^）；如果单元格文本两端对齐，则返回反斜线（\）；如果是其他情况，则返回空文本（""）
"protect"	如果单元格没有锁定，则为 0；如果单元格锁定，则为 1
"row"	引用中单元格的行号
"type"	与单元格中的数据类型相对应的文本值。如果单元格为空，则返回"b"；如果单元格包含文本常量，则返回"l"；如果单元格包含其他内容，则返回"v"
"width"	取整后的单元格的列宽。列宽以默认字号的一个字符的宽度为单位

表 3-19 描述 Info_type 为"format"，以及引用为用内置数值格式设置的单元格时，函数 CELL 返回的文本值。

表 3-19　CELL 函数返回值

如果 Excel 的格式为	CELL 返回值
常规	"G"
0	"F0"
#,##0	",0"
0.00	"F2"

续表

如果 Excel 的格式为	CELL 返回值
#,##0.00	",2"
$#,##0_);($#,##0)	"C0"
$#,##0_);[Red]($#,##0)	"C0 – "
$#,##0.00_);($#,##0.00)	"C2"
$#,##0.00_);[Red]($#,##0.00)	"C2 – "
0%	"P0"
0.00%	"P2"
0.00E + 00	"S2"
# ? /? 或 # ?? /??	"G"
yy – m – d 或 yy – m – d h：mm 或 dd – mm – yy	"D4"
d – mmm – yy 或 dd – mmm – yy	"D1"
d – mmm 或 dd – mmm	"D2"
mmm – yy	"D3"
dd – mm	"D5"
h：mm AM/PM	"D7"
h：mm：ss AM/PM	"D6"
h：mm	"D9"
h：mm：ss	"D8"

说明：如果 CELL 公式中的 Info_type 参数为"format"，而且以后又用自定义格式设置了单元格，则必须重新计算工作表以更新 CELL 公式。

CELL 函数用于与其他电子表格程序兼容。

【例3-48】 CELL 函数示例。如图 3-74 所示。

	A	B	C
1	文本	10月1日	Excel
2			
3	公式	结果	说明
4	=CELL("row",A1)	1	A1单元格的行号
5	=CELL("format",B1)	D3	格式代码
6	=CELL("contents",C1)	Excel	C1单元格的内容

图 3-74 CELL 函数示例

2．INFO 函数

语法：INFO(Type_text)

功能：返回有关当前操作环境的信息。

参数：Type_text 为文本，指明所要返回的信息类型。

Type_text 的取值所对应的返回值见表 3-20。

表 3-20　INFO 函数返回值

如果 Excel 的格式为	INFO 返回值
"directory"	当前目录或文件夹的路径
"numfile"	打开的工作簿中活动工作表的数目
"origin"	A1 样式的绝对引用,文本形式,加上前缀"$A:",与 Lotus 1 − 2 − 3 的 3. x 版兼容。以当前滚动位置为基准,返回窗口中可见的最右上角的单元格
"osversion"	当前操作系统的版本号,文本值
"recalc"	当前的重新计算方式,返回"自动"或"手动"
"release"	Microsoft Excel 的版本号,文本值。
"system"	操作系统名称: Macintosh = "mac" Windows = "pcdos"

3. N 函数

语法：N(Value)

功能：返回转化为数值后的值。

参数：Value 为要转化的值。

函数 N 可以转化为表 3-21 列出的值：

表 3-21　N 函数可转化的值

数值或引用 N	返 回 值
数值	该数值
日期	(Microsoft Excel 的一种内部日期格式)该日期的序列号
TRUE	1
FALSE	0
错误值,例如 #DIV/0!	错误值
其他值	0

说明：一般情况下不必在公式中使用函数 N,因为 Excel 将根据需要自动对值进行转换。提供此函数是为了与其他电子表格程序兼容。

4. NA 函数

语法：NA( )

功能：返回错误值#N/A。错误值#N/A 表示"无法得到有效值"。请使用 NA 标志空白单元格。在没有内容的单元格中输入#N/A,可以避免不小心将空白单元格计算在内而产生的问题(当公式引用到含有#N/A 的单元格时,会返回错误值#N/A)。

说明：在函数名后面必须包括圆括号,否则,Excel 无法识别该函数。也可直接在单元格中键入#N/A。提供 NA 函数是为了与其他电子表格程序兼容。

数据分析

Excel 中除了数据管理、图表、排序、筛选等基本操作外,还提供了许多更加专业的分析工具,如假设分析、统计分析、方差分析、回归分析、规划求解等。正是由于 Excel 强大的数据处理、数据管理和数据分析功能,它才在众多的电子表格软件及数据处理软件中脱颖而出,被广泛地应用到各个领域。

本章主要介绍如何使用模拟运算表、单变量求解、方案分析、规划求解等工具来解决实际应用问题。

4.1　模拟运算表

模拟运算表是 Excel 模拟分析功能中的一项,以工作表中的一个单元格区域为运算基础,模拟出一个计算公式中某些参数值的变化对计算结果产生的影响,因此也称为灵敏度分析。由于它可以将所有不同的计算结果以列表方式同时显示出来,便于查看、比较,因而常用于财务分析和投资分析。

4.1.1　单变量模拟运算表

每个公式的计算结果都是由若干参数决定的,因此这些参数也是最终结果的决策因子,也称为变量。单变量模拟运算表主要用来分析当其他决策因子不变时,一个变量的变化对目标值的影响。

【例 4-1】　张三要买新房,需要贷款 50 万元,年限为 20 年,现行年利率为 5.60%。随着时间的推移,国家根据宏观调控的需要,有可能调整利率。作为投资决策者,张三需要分析不同利率情况下每月的月供额度。具体操作步骤如下:

➤ 制作如图 4-1 所示工作表,模拟出不同的贷款利率。

➤ 计算在现行利率情况下,张三每月的月供。选中 B7 单元格,输入公式" = PMT(B2/12,B3 * 12, − B1)"后回车。

➤ 选中 A7:B18 单元格区域。

	A	B
1	贷款额度	¥　500,000.00
2	年利率	5.60%
3	贷款年限	20
4		
5		
6	不同年利率的月供	
7	年利率	
8	4.50%	
9	4.80%	
10	5.00%	
11	5.50%	
12	5.80%	
13	6.00%	
14	6.30%	
15	6.60%	
16	7.00%	
17	7.50%	
18	8.00%	

图 4-1　单变量模拟运算原始表

➤ 单击"数据"选项卡"数据工具"功能组中的"模拟分析"按钮,在下拉菜单中选择"模拟运算表"命令,打开"模拟运算表"对话框,如图 4-2 所示。

➤ 将光标定位于"输入引用列的单元格"后的编辑框中,单击 B2 单元格。

模拟运算表	? ✕
输入引用行的单元格(R):	
输入引用列的单元格(C):	$B$2
确定	取消

图 4-2 "模拟运算表"对话框

☞ **注意:**

打开"模拟运算表"对话框时,单击某个单元格,在对话框中出现的单元格的引用均为绝对引用。

➤ 单击"确定"按钮,再设置 B8:B18 单元格区域的数字格式为"货币",结果如图 4-3 所示。

☞ **注意:**

B8 到 B18 单元格的公式均为"{=TABLE(,B2)}",表示是一个以 B2 单元格为列变量的模拟运算表,是一个数组公式。用户不可以单独修改该区域中的某个单元格内容。

	A	B
1	贷款额度	¥ 500,000.00
2	年利率	5.60%
3	贷款年限	20
4		
5		
6	不同年利率的月供	
7	年利率	¥3,467.74
8	4.50%	¥3,163.25
9	4.80%	¥3,244.79
10	5.00%	¥3,299.78
11	5.50%	¥3,439.44
12	5.80%	¥3,524.70
13	6.00%	¥3,582.16
14	6.30%	¥3,669.23
15	6.60%	¥3,757.36
16	7.00%	¥3,876.49
17	7.50%	¥4,027.97
18	8.00%	¥4,182.20

图 4-3 单变量模拟运算表结果

4.1.2 双变量模拟运算表

双变量模拟运算表与单变量模拟运算表的区别在于,单变量模拟运算是分析一个变量的变化对目标值的影响,而双变量模拟运算表是分析其他因素不变时,两个变量的变化对目标值的影响。

【例 4-2】 在例 4-1 的基础上,分析利率与贷款年限的变化对月供的影响。具体操作步骤如下:

	A	B	C	D	E	F
1	贷款额度	¥ 500,000.00				
2	年利率	5.60%				
3	贷款年限	20				
4						
5						
6						
7		15	18	20	25	30
8	4.50%					
9	4.80%					
10	5.00%					
11	5.50%					
12	5.80%					
13	6.00%					
14	6.30%					
15	6.60%					
16	7.00%					
17	7.50%					
18	8.00%					

图 4-4 双变量模拟运算原始表

➤ 制作如图 4-4 所示的原始表,模拟出不同的利率和贷款年限。

➤ 选中 A7 单元格,输入公式"= PMT(B2/12,B3 * 12, − B1)"后回车。

➤ 选中 A7:F18 单元格区域。

➤ 单击"数据"选项卡"数据工具"功能组中的"模拟分析"按钮,在下拉菜单中选择"模拟运算表"命令,打开"模拟运算表"对话框。

➤ 将光标定位于"输入引用列的单元格"后的编辑框中,单击 B2 单元格。

➤ 将光标定位于"输入引用行的单元格"后的编辑框中,单击 B3 单元格。如图 4-5 所示。

➤ 单击"确定"按钮,并设置单元格格式后,结果如图 4-6 所示。

图 4-5 "模拟运算表"对话框

	A	B	C	D	E	F
1	贷款额度	¥ 500,000.00				
2	年利率	5.60%				
3	贷款年限	20				
4						
5						
6						
7	¥3,467.74	15	18	20	25	30
8	4.50%	¥3,824.97	¥3,381.62	¥3,163.25	¥2,779.16	¥2,533.43
9	4.80%	¥3,902.07	¥3,461.40	¥3,244.79	¥2,864.98	¥2,623.33
10	5.00%	¥3,953.97	¥3,515.17	¥3,299.78	¥2,922.95	¥2,684.11
11	5.50%	¥4,085.42	¥3,651.58	¥3,439.44	¥3,070.44	¥2,838.95
12	5.80%	¥4,165.45	¥3,734.78	¥3,524.70	¥3,160.66	¥2,933.77
13	6.00%	¥4,219.28	¥3,790.81	¥3,582.16	¥3,221.51	¥2,997.75
14	6.30%	¥4,300.75	¥3,875.68	¥3,669.23	¥3,313.82	¥3,094.86
15	6.60%	¥4,383.07	¥3,961.53	¥3,757.36	¥3,407.35	¥3,193.29
16	7.00%	¥4,494.14	¥4,077.51	¥3,876.49	¥3,533.90	¥3,326.51
17	7.50%	¥4,635.06	¥4,224.87	¥4,027.97	¥3,694.96	¥3,496.07
18	8.00%	¥4,778.26	¥4,374.81	¥4,182.20	¥3,859.08	¥3,668.82

图 4-6 双变量模拟运算表结果

练习:利用模拟运算表分析,在利率、贷款年限固定的前提下,不同首付款情况下每月的月供。

4.2 单变量求解

模拟运算表主要用于分析决策变量的变化对目标值的影响,即分析不同的"因"会得到什么样的"果"。但实际工作中,特别是计划工作中,经常需要制定一个目标,然后分析要实现该目标需要达到的具体指标,再逐一落实。也就是在设置了目标值后,求其决策变量的解,即由公式中的"果"计算"因"。

Excel 中没有直接提供相关的函数来计算上述问题,但在模拟分析中提供了一个"单变量求解"功能。此功能相当于由公式中的"果"计算出"因"。

【例 4-3】 若现行年利率为 5.60%,张三每个月的还款能力为 5000 元,他从银行贷款 500000 元,那么张三多少年可以还清银行贷款?具体操作步骤如下:

➤ 创建如图 4-7 所示的工作表，在 B3 单元格中输入一个假设性的年限，如 20，在 B4
单元格中输入公式"= PMT(B2/12,B3 * 12, - B1)"。

➤ 单击"数据"选项卡"数据工具"功能组中的"模拟分析"按钮，在下拉菜单中选择
"单变量求解"命令，打开"单变量求解"对话框。

➤ 在"单变量求解"对话框中进行如图 4-8 所示的设置。

图 4-7　单变量求解原始表

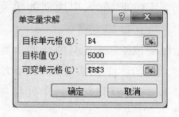

图 4-8　单变量求解

➤ 单击"确定"按钮，结果如图 4-9 所示。

	A	B	C	D	E	F
1	贷款额度	￥ 500,000.00				
2	年利率	5.60%				
3	贷款年限	11.25132634				
4	月还款	￥5,000.00				

图 4-9　单变量求解结果

此时，B3 单元格的内容发生了改变，如果需要接受这个改变，单击"确定"按钮，可知
张三需要约 12 年可以还清银行贷款。

练习：现行商业年利率为 5.60%，某企业近 5 年每月偿还能力为 100000 元，若该企
业申请贷款年限为 5 年，请计算该企业可以贷款的额度。

单变量求解其实质就是数学上的求解方程问题，而且求解的大多是非线性方程。即
对于方程式 y = f(x)中给定的 y，求解 x。但用手工计算非常麻烦，而单变量求解正是解决
这类问题的有力工具。

使用单变量求解功能的关键是在工作表上建立正确的数学模型，即利用公式和函数
描述清楚数据之间的关系，它是保证分析结果正确和有效的前提。

【例 4-4】　某公司财务报表中的损益表如图 4-10 所示，计算空白单元格的值，并分析
在现有水平下，将总利润提高到 150000 元，相应的销售收入要增加多少？

其中有关指标的计算公式如下：

产品销售成本 = 产品销售收入 * 44.5%

产品销售费用 = 产品销售收入 * 5%

产品销售税金 = 产品销售收入 * 40%
管理费用 = 产品销售收入 * 1.05%
财务费用 = 产品销售收入 * 0.2%
产品销售利润 = 产品销售收入 - 产品销售成本 - 产品销售费用 - 产品销售税金
营业利润 = 产品销售利润 + 其他业务利润 - 管理费用 - 财务费用
利润总额 = 营业利润 + 投资收益 + 营业外收入 - 营业外支出

	A	B
1	某公司损益表	
2		2015年1月
3	项目	本月数
4	一、产品销售收入	1402700.00
5	减：产品销售成本	
6	产品销售费用	
7	产品销售税金及附加	
8	二、产品销售利润	
9	加：其他业务利润	28054.00
10	减：管理费用	
11	财务费用	
12	三、营业利润	
13	加：投资收益	18700.00
14	营业外收入	10938.80
15	减：营业外支出	45987.20
16	四、利润总额	

图 4-10　某公司损益表

具体操作步骤如下：

➢ 按照上面的计算公式，分别计算出各个指标的值。

➢ 选中 B16 单元格。

➢ 单击“数据”选项卡“数据工具”功能组中的“模拟分析”按钮，在下拉菜单中选择“单变量求解”命令，打开“单变量求解”对话框。

➢ 在对话框中的“目标值”后的编辑框中输入“150000”。

➢ 将光标定位于“可变单元格”后的编辑框，然后用鼠标单击 B4 单元格，如图 4-11 所示。

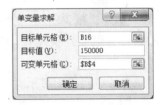

图 4-11　“单变量求解”对话框

➢ 单击“确定”按钮，这时出现“单变量求解状态”对话框，显示已求得的解，如图 4-12 所示。

	A	B	C	D	E	F
1	某公司损益表					
2		2015年1月				
3	项目	本月数				
4	一、产品销售收入	1495074.59				
5	减：产品销售成本	665308.19				
6	产品销售费用	74753.73				
7	产品销售税金及附加	598029.84				
8	二、产品销售利润	156982.83				
9	加：其他业务利润	28054.00				
10	减：管理费用	15698.28				
11	财务费用	2990.15				
12	三、营业利润	166348.40				
13	加：投资收益	18700.00				
14	营业外收入	10938.80				
15	减：营业外支出	45987.20				
16	四、利润总额	150000.00				

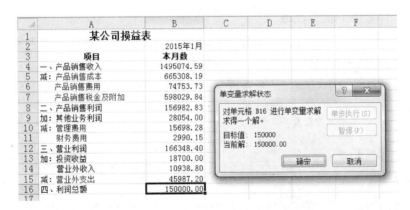

图 4-12　“单变量求解状态”对话框

➢ 单击“确定”按钮，接受单变量求解的结果。此时 B4 单元格的值更改为 1495074.59，表示只有当产品销售收入达到这个数值时，才能达到 150000 元的利润。

练习： 利用单变量求解的方法来求解非线性方程 $2x^3 - 5x^2 + 7x = 10$ 的根。

4.3 方案分析

模拟运算表主要用来分析一个或两个决策变量对于目标的影响,但对于一些更复杂的问题,常常需要从若干个不同的方案中确定哪个更好;需要考查不同的因素,不同的数值差异对目标的各方面影响;需要分析不同方案的优劣。

Excel 2010 在"模拟分析"中提供的"方案管理器"功能,可以根据需要建立各种可行方案。每个方案代表一套假设,例如"增加广告支出会如何""减少包装费用又会如何"等。"方案管理器"还可以对多个方案进行总结,以便决策人员综合考查各种方案,做出更明智的决策。

【例4-5】 基于图4-13所示的某公司的损益表,管理人员希望进一步分析,除了通过增加销售收入以外,还有什么方法可以增加公司的利润总额,具体效果如何。假设工作人员提出了三种方案来增加利润,分别是"降低成本"(销售成本610000元,营业外支出42000元)、"减少费用"(销售费用70000元,管理费用12000元,财务费用2500元)和"增加收入"(营业外收入12000元)。如何使用"方案管理器"来分析这三种方案对利润总额产生的影响?

为了更明确地显示方案内容,需要先对各决策单元格进行命名,使其具有实际含义。

4.3.1 命名单元格

为了进行方案总结时便于报告阅读方案摘要,在建立方案之前,最好将在方案中用到的各单元格命名。具体操作如下:

➢ 在损益表的 C4:C16 单元格中输入如图4-13所示的文本。

➢ 选定 B4:C16 单元格区域。

➢ 单击"公式"选项卡"定义的名称"功能组中的"根据所选内容创建"按钮 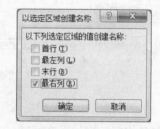,打开"以选定区域创建名称"对话框。

➢ 在对话框中,选中"最右列"复选框,如图4-14所示。

图4-13 输入文本   图4-14 "以选定区域创建名称"对话框

➢ 单击"确定"按钮关闭对话框。

此时,损益表中的 B4:B16 单元格全部用 C4:C16 单元格中的内容来命名。例如,单击 B4 单元格,则编辑栏中左侧的名称框中显示 B4 单元格的名称为"销售收入"。

4.3.2　创建方案

建立方案是方案分析的关键,应该根据实际问题的需要和可行性来建立一组方案。建立方案的步骤如下:

> 单击"数据"选项卡"模拟分析"功能组中的"模拟分析"按钮,在下拉菜单中选择"方案管理器"命令,弹出如图 4-15 所示"方案管理器"对话框。
> 单击"添加"按钮,这时出现"添加方案"对话框。
> 在"方案名"编辑框中输入方案的名称"降低成本"。
> 单击"可变单元格"区域框,按住【Ctrl】键,分别单击 B5 与 B15 单元格,对话框如图 4-16 所示。

图 4-15　"方案管理器"对话框

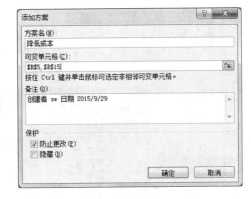

图 4-16　"添加方案"对话框

> 单击"确定"按钮,会出现"方案变量值"对话框,如图 4-17 所示。
> 在对话框中输入相关值(销售成本 610000 元,营业外支出 42000 元)后,单击"确定"按钮,返回"方案管理器"对话框。
> 在"方案管理器"对话框中按照同样的方法,分别再添加"减少费用"(销售费用 70000 元,管理费用 12000 元,财务费用 2500 元)和"增加收入"(营业外收入 12000 元)这两种方案。最终的"方案管理器"如图 4-18 所示。

图 4-17　"方案变量值"对话框

图 4-18　添加方案后的"方案管理器"

4.3.3 建立方案摘要

为了综合比较各种方案的结果,可以创建方案摘要报告。根据生成的摘要报告进行分析,可以选择最适合的一种方案。步骤如下:

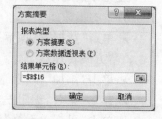

图 4-19 "方案摘要"对话框

➢ 在图 4-18 所示的"方案管理器"对话框中单击"摘要"按钮,出现图 4-19 所示的"方案摘要"对话框。

➢ 根据需要在"方案摘要"对话框中选择结果类型。一般情况下,选择"方案摘要",若还需要对报告进行进一步分析,可以选择"方案数据透视表"。此处选择"方案摘要"。

➢ 单击利润总额单元格 B16,然后单击"确定"按钮。

此时会生成一张名为"方案摘要"的新工作表,其内容如图 4-20 所示。

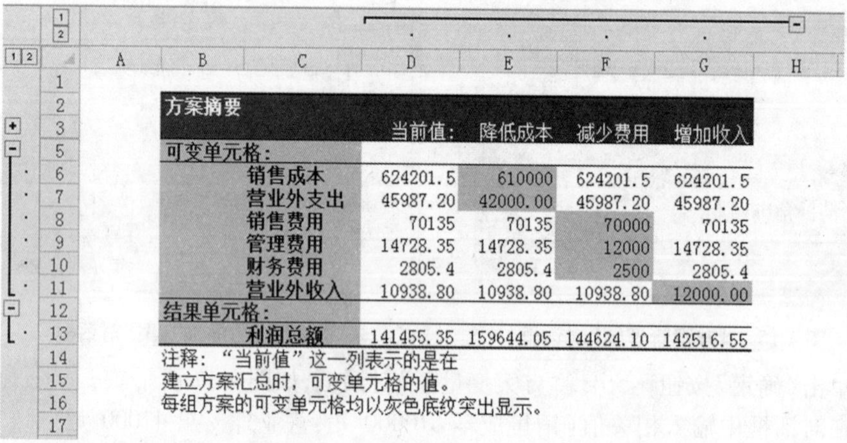

方案摘要		当前值:	降低成本	减少费用	增加收入
可变单元格:					
	销售成本	624201.5	610000	624201.5	624201.5
	营业外支出	45987.20	42000.00	45987.20	45987.20
	销售费用	70135	70135	70000	70135
	管理费用	14728.35	14728.35	12000	14728.35
	财务费用	2805.4	2805.4	2500	2805.4
	营业外收入	10938.80	10938.80	10938.80	12000.00
结果单元格:					
	利润总额	141455.35	159644.05	144624.10	142516.55

注释:"当前值"这一列表示的是在建立方案汇总时,可变单元格的值。
每组方案的可变单元格均以灰色底纹突出显示。

图 4-20 方案摘要

在方案摘要报告中,各方案的假设数据均自动以灰色背景着重显示,根据各方案的模拟数据计算出的目标值也同时显示在摘要中(D13:G13 区域),便于管理人员进行比较分析。三个方案中,可以看出,"降低成本"方案效果最好,"增加收入"方案对目标值的影响最小。

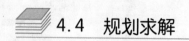 **4.4 规划求解**

许多决策问题都属于资源最优配置问题。例如,在生产管理和经营活动中,如何合理地利用有限的人力、物力、财力等资源,以便得到最好的经济效果,即达到产量最高、利润最大、成本最小、资源消耗最少等最优目标;又如,如何施行各种组织管理技术,使局部和整体、现在和将来、劳动消耗与资金占有的关系协调配合等。而线性规划、整数规划或非线性规划等方法正是研究有限资源的最优配置,以实现给定目标,取得最优经济效果的一种有效的数学方法。

虽然在数学中求解规划问题的方法很多,但计算都十分繁琐复杂,而 Excel 2010 提供的"规划求解"工具可以帮助我们方便地得到各种规划的最佳解。

默认情况下,Excel 的"数据"选项卡中并没有"规划求解"按钮,需要加载宏。具体方法如下:

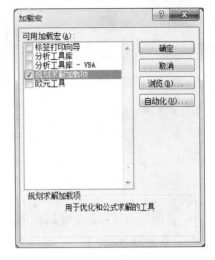

➤ 在"开发工具"选项卡"加载项"功能组中,单击"加载项"按钮 ⚙,弹出如图 4-21 所示的"加载宏"对话框。

➤ 选中"规划求解加载项"复选框。

➤ 单击"确定"按钮。

此时,在"数据"选项卡中增加了"分析"功能组,在该功能组中有"规划求解"按钮。

图 4-21 "加载宏"对话框

4.4.1 建立规划模型

通常,规划问题都有以下几个特征:

(1)决策变量:又叫未知数。它是实际问题中有待确定的未知因素。每个问题都有一组决策变量$(x_1, x_2, \cdots, x_n)$,这组变量的一组确定值就代表一个具体的规划方案。

(2)明确的目标:每个问题都有一个明确的目标,如利润最大或成本最小。这个目标用目标函数表示,它可以是决策变量的线性函数或非线性函数。根据不同的要求,目标函数可以达到最大值或最小值。确定目标函数是建立数学模型的关键。

(3)约束条件:是指实现目标的限制因素,它涉及内部条件和外部环境的各个方面,对模型的变量起约束作用。约束条件可以用线性不等式或等式来表示,也可以用非线性不等式或等式表示。

如果目标函数和约束条件都是线性函数,则属于线性规划问题,否则为非线性规划问题。如果要求决策变量的值为整数,则称为整数规划。规划求解问题的首要问题是将实际问题数学化、模型化,即将实际问题通过一组决策变量、一组用不等式或等式表示的约束条件以及目标函数来表示。然后即可应用 Excel 的规划求解工具来求解。

【例 4-6】 某企业要制订下一年度生产计划。按照合同规定,该企业第一季度到第四季度需要分别向客户供货 80、60、60 和 90 台。该企业的季度最大生产能力为 130 台,生产费用为 $f(x) = 80 + 98x - 0.12x^2$,其中 x 为季度生产总台数。该函数反映出生产规模越大,平均生产费用就越低,若生产数量大于交货数量,多余的可以下季度交货,但企业需要每台支付 16 元的存储费用。所以生产规模过大,超过交货数量太多,将增加存储费用。如何安排各季度的产量,才能既满足合同,又使企业的各种费用最小?

该问题是一个非线性规划问题。下面首先将其模型化,即根据实际问题确定决策变量,设置约束条件和目标函数。

该问题的决策变量是四个季度的产量,设为 x_1、x_2、x_3、x_4。该问题的约束条件有两个,即交货数量的约束与生产能力的约束。

交货数量的约束:

$$\begin{cases} x_1 \geqslant 80 \\ x_1 + x_2 \geqslant 140 \\ x_1 + x_2 + x_3 \geqslant 200 \\ x_1 + x_2 + x_3 + x_4 = 290 \end{cases}$$

生产能力的约束：

$$\begin{cases} x_1 \leqslant 130 \\ x_2 \leqslant 130 \\ x_3 \leqslant 130 \\ x_4 \leqslant 130 \end{cases}$$

该问题的目标是企业的费用最小。费用包括生产费用 P 和可能发生的存储费用 S 之和,公式分别为：

$$P = \sum_{i=1}^{4} (80 + 98x_i - 0.12x_i^2)$$

$$S = \sum_{i=1}^{4} 16y_i, \text{其中 } y_i \text{ 为各季度的存储费用。}$$

目标函数 Z 为: $Z = P + S$

4.4.2 求解规划模型

1. 创建工作表

➢ 创建如图 4-22 所示的工作表。

	A	B	C	D	E	F	G	H
1				规划求解				
2	目标函数							
3								
4		应交货数量	生产数量	生产费用	存储数量	存储费用	生产能力	可交货数量
5	第一季度	80	110				130	
6	第二季度	60	30				130	
7	第三季度	60	60				130	
8	第四季度	90	90				130	
9	合计							

图 4-22　规划模型工作表空表

➢ 选中 D5 单元格,输入公式“ = 80 + 98 * C5 - 0.12 * C5^2”后回车。
➢ 拖动 D5 单元格填充柄快速填充至 D8。
➢ 选中 E5 单元格,输入公式“ = C5 - B5”后回车。
➢ 选中 E6 单元格,输入公式“ = E5 + C6 - B6”后回车。
➢ 拖动 E6 单元格填充柄快速填充至 E8。
➢ 选中 F5 单元格,输入公式“ = 16 * E5”后回车。
➢ 拖动 F5 单元格填充柄快速填充至 F8。
➢ 选中 H5 单元格,输入公式“ = C5”后回车。
➢ 选中 H6 单元格,输入公式“ = E5 + C6”后回车。

➤ 拖动 H6 单元格填充柄快速填充至 H8。

➤ 选中 B9 单元格,输入公式" = SUM(B5:B8)"后回车。

➤ 拖动 B9 单元格填充柄快速填充至 F9。

➤ 选中 B2 单元格,输入公式" = D9 + F9"后回车。

建立好的工作表如图 4-23 所示。

此时可以改变一下各季度的产量,再比较一下目标函数值的变化。

	A	B	C	D	E	F	G	H
1				**规划求解**				
2	**目标函数**	26256						
3								
4		应交货数量	生产数量	生产费用	存储数量	存储费用	生产能力	可交货数量
5	第一季度	80	110	9408	30	480	130	110
6	第二季度	60	30	2912	0	0	130	60
7	第三季度	60	60	5528	0	0	130	60
8	第四季度	90	90	7928	0	0	130	90
9	合计	290	290	25776	30	480		

图 4-23 建立完成的工作表

2. 规划求解

下面通过 Excel 的规划求解功能帮助我们找到最佳方案。步骤如下:

➤ 单击"数据"选项卡"分析"功能组中的"规划求解"按钮,弹出如图 4-24 所示"规划求解参数"对话框。

图 4-24 "规划求解参数"对话框

☞ **注意：**

必须使用"开发工具"选项组中的"加载宏"按钮加载了"规划求解加载项"后，在"数据"选项卡中才能出现"分析"功能组。

➢ 在"设置目标"区域框中选择 B2 单元格，并选定"最小值"。

➢ 在"通过更改可变单元格"区域框中选中 C5：C8 单元格区域。

➢ 单击"遵守约束"列表框右侧的"添加"按钮，弹出"添加约束"对话框，如图 4-25 所示。

➢ 在"单元格引用"中指定第一季度生产数量所在单元格的引用 $C$5，关系运算符选择"<="，约束值中指定第一季度生产能力所在单元格的引用 $G$5。

图 4-25 "添加约束"对话框

➢ 单击"添加"按钮，此时添加了第一个约束条件：$C$5 <=$G$5，即第一季度的生产数量应该小于或等于第一季度的生产能力。

➢ 按照上述方法，继续添加表 4-1 中的其他约束条件。

表 4-1 其他约束条件及含义

约束条件	含 义
$C$5 <= $G$5	第一季度的生产数量应小于或等于第一季度的生产能力
$C$6 <= $G$6	第二季度的生产数量应小于或等于第二季度的生产能力
$C$6 <= $G$7	第三季度的生产数量应小于或等于第三季度的生产能力
$C$8 <= $G$8	第四季度的生产数量应小于或等于第四季度的生产能力
$H$5 >= $B$5	第一季度的可交货数量应大于或等于第一季度的应交货数量
$H$6 >= $B$6	第二季度的可交货数量应大于或等于第二季度的应交货数量
$H$7 >= $B$7	第三季度的可交货数量应大于或等于第三季度的应交货数量
$H$8 = $B$8	第四季度的可交货数量应等于第四季度的应交货数量
C5int	第一季度的生产数量为整数
C6int	第二季度的生产数量为整数
C7int	第三季度的生产数量为整数
C58int	第四季度的生产数量为整数

➢ 所有约束条件添加结束后，单击"确定"按钮，返回"规划求解参数"对话框，如图 4-26 所示。

➢ 单击"求解"按钮，Excel 即开始求解，求解完成后给出如图 4-27 所示"规划求解结果"对话框。

➢ 在此对话框中，选择"保留规划求解的解"单选按钮，选中"运算结果报告"，然后单击"确定"按钮。

最终的求解结果如图 4-28 所示。

图 4-26 添加约束后的对话框

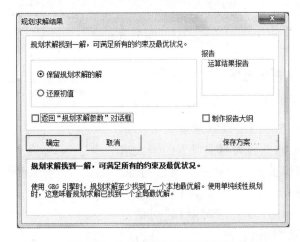

图 4-27 "规划求解结果"对话框

	A	B	C	D	E	F	G	H
1				规划求解				
2	目标函数	26096						
3								
4		应交货数量	生产数量	生产费用	存储数量	存储费用	生产能力	可交货数量
5	第一季度	80	130	10792	50	800	130	130
6	第二季度	60	10	1048	0	0	130	60
7	第三季度	60	60	5528	0	0	130	60
8	第四季度	90	90	7928	0	0	130	90
9	合计	290	290	25296	50	800		

图 4-28 规划求解后的结果

通过查看规划求解工具生成的报告,可以进一步分析规划求解结果,并根据需要修改或重新设置规划求解参数。运算结果报告如图 4-29 所示,可以看出目标单元格和可变单元格的初值和终值在两个方案中的差异。

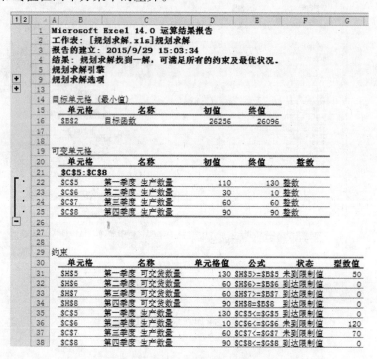

图 4-29 运算结果报告

4.4.3 修改规划求解选项

如果规划模型的约束条件矛盾,或是在限制条件下无可行解,系统将会给出规划求解失败的信息。规划求解失败可能是因为当前设置的最大求解时间太短、最大求解次数太少或是精度过高等。因此,可以修改规划求解选项。步骤如下:

➢ 在图 4-24 所示的"规划求解参数"对话框中,单击"选项"按钮。弹出如图 4-30 所示"选项"对话框。

➢ 根据需要,可以改变"约束精确度""迭代次数""最大时间"等参数。

➢ 设置完成后,单击"确定"按钮。

练习1:某工厂生产 A 产品和 B 产品。单位 A 产品的创利额为 3 元,单位 B 产品的创利额为 2 元。生产单位产品所需的机器小时为:加工车间生产 A 产品需 2 小时,生产 B 产品需 1 小时;装配

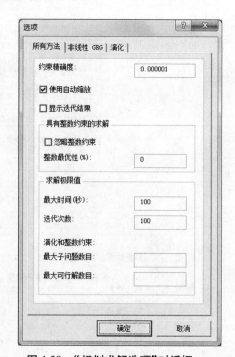

图 4-30 "规划求解选项"对话框

车间加工 A 产品需 1.5 小时,加工 B 产品需 2 小时。加工车间的生产能力为 500 机器小时,装配车间的生产能力为 480 机器小时。试规划如何安排 A、B 两种产品的产量以使创利额最大。

	A	B	C	D	E	F	G
1		产量	加工工时	装配工时	创利	加工能力	装配能力
2	产品A						
3	产品B						
4	合计						

图4-31 "练习1"规划求解原表

练习2:某单位一条生产线可以生产三种产品:产品 A、B 和 C。每种产品的销售利润、生产时间、所需原材料、占有金额如图 4-32 所示。在生产时间 30 天内、库存原材料 100 公斤、现有资金 17000 元的情况下,每种产品各安排生产多少件,才会使生产利润最大?

	A	B	C	D	E	F
1				生产计划表		
2		销售利润 (元/件)	生产时间 (天/件)	需要原材料 (公斤/件)	占有资金 (元/件)	计划生产 (件)
3	产品A	¥ 1,300.00	2	8	¥ 1,200.00	
4	产品B	¥ 1,200.00	2	8	¥ 1,000.00	
5	产品C	¥ 1,800.00	3	5	¥ 1,500.00	
6						
7			生产时间 (天)	库存原材料 (公斤)	资金 (元)	
8		现有资源	30	100	¥ 17,000.00	
9		占用资源				
10						
11	总利润 (元)					

图4-32 "练习2"规划求解原表

4.5 求解线性方程组

在程序设计语言中,一般都提供了数组数据类型。Excel 也支持数组运算,它可以将某个区域内的所有数据当作一个整体,定义为数组或矩阵。数组运算的公式与一般数据的运算公式类似,可以直接进行各种数学运算,也可以使用各种函数。主要差别有以下几点:

(1)计算的对象和结果是一组数据。一般的计算,计算对象可以是一组数据,但其计算结果是一个值,而数组计算的结果往往也是一组数据。

(2)按【Ctrl】+【Shift】+【Enter】结束输入。一般公式计算结束后,都是按回车或是移动光标键来结束输入,而数组的运算公式必须要按【Ctrl】+【Shift】+【Enter】来结束输入,或在对话框中按住【Ctrl】+【Shift】的同时单击"确定"按钮。这时相应的公式两端会自动加上花括号"{}",相应的计算也将按数组运算规则进行。

(3)结果区域是一个整体。在使用数组公式时,需要先选定结果区域,当按下【Ctrl】+

【Shift】+【Enter】后,运算结果便会填充到相关区域。这时的结果区域是一个整体,不能单独编辑其中的某个单元格。

4.5.1 数组运算

【例4-7】 快速计算一个区域中各个数的平方,数据如图 4-33(a)所示。

◢	A	B	C
1	1	3	5
2	3	9	11
3	7	15	17

	E	F	G
1	1	9	25
2	9	81	121
3	49	225	289

(a)   (b)

图 4-33 数组运算

➢ 选中单元格区域 E1:G3。

➢ 输入公式" = A1:C3 * A1:C3"。

➢ 按下【Ctrl】+【Shift】+【Enter】确认。

此时,Excel 自动将公式"{ = A1:C3 * A1:C3}"填入 E1:G3 区域,结果如图4-33(b)所示。

数组运算功能还可以快速计算两个具有相同行数与相同列数的区域中相应两数的加、减、乘、除。

【例4-8】 计算如图 4-34 所示的 A1:C3 与 E1:G3 两个区域中对应数据的和与积。

◢	A	B	C	D	E	F	G
1	1	3	5		1	9	25
2	3	9	11		9	81	121
3	7	15	17		49	225	289

图 4-34 原始数据

计算和,将结果存放在 A5:C7 单元格区域:

➢ 选中 A5:C7 单元格区域。

➢ 输入公式" = E1:G3 + A1:C3"。

➢ 按下【Ctrl】+【Shift】+【Enter】确认。

计算积,将结果存放在 E5:G7 单元格区域:

➢ 选中 E5:G7 单元格区域。

➢ 输入公式" = E1:G3 * A1:C3"。

➢ 按下【Ctrl】+【Shift】+【Enter】确认。

计算的结果如图 4-35 所示。

◢	A	B	C	D	E	F	G
1	1	3	5		1	9	25
2	3	9	11		9	81	121
3	7	15	17		49	225	289
4							
5	2	12	30		1	27	125
6	12	90	132		27	729	1331
7	56	240	306		343	3375	4913

图 4-35 计算结果

4.5.2　矩阵运算

在实际应用中,常常要用到矩阵运算。例如,统计分析、回归分析以及求解线性方程组、求解线性规划等,都要用到矩阵的加、减、乘、求逆、转置等运算。

矩阵的运算有其自身的规则,一般都用有关的矩阵函数来实现。

【例4-9】　计算两个矩阵的积。

两个矩阵的乘法要求:前一矩阵的列数等于后一矩阵的行数,且结果矩阵的第 i 行第 j 列元素等于前一矩阵第 i 行与后一矩阵第 j 列各对应元素的乘积之和。

➢ 创建如图4-36所示的原始数据(第一个矩阵4行3列,第二个矩阵3行4列)。

	A	B	C	D	E	F	G	H
1	1	2	3		1	2	3	4
2	4	5	6		5	6	7	8
3	7	8	9		9	10	11	12
4	10	11	12					

图 4-36　原始数据

➢ 选定 A6:D9 单元格区域。

➢ 输入公式"=MMULT(A1:C4,E1:H3)"。

➢ 按下【Ctrl】+【Shift】+【Enter】。

结果如图4-37所示。

	A	B	C	D	E	F	G	H
1	1	2	3		1	2	3	4
2	4	5	6		5	6	7	8
3	7	8	9		9	10	11	12
4	10	11	12					
5								
6	38	44	50	56				
7	83	98	113	128				
8	128	152	176	200				
9	173	206	239	272				

图 4-37　矩阵相乘结果

4.5.3　求解线性方程组

【例4-10】　求解如下线性方程组。

$$\begin{cases} 2x_1 + x_2 - 5x_3 + x_4 = 8 \\ x_1 - 3x_2 - 6x_4 = 9 \\ 2x_2 - x_3 + 2x_4 = -5 \\ x_1 + 4x_2 - 7x_3 + 6x_4 = 0 \end{cases}$$

将方程组写成矩阵形式:

$$\begin{pmatrix} 2 & 1 & -5 & 1 \\ 1 & -3 & 0 & -6 \\ 0 & 2 & -1 & 2 \\ 1 & 4 & -7 & 6 \end{pmatrix} \times \begin{pmatrix} x_1 \\ x_2 \\ x_3 \\ x_4 \end{pmatrix} = \begin{pmatrix} 8 \\ 9 \\ -5 \\ 0 \end{pmatrix}$$

其等价形式为：

$$\begin{pmatrix} x_1 \\ x_2 \\ x_3 \\ x_4 \end{pmatrix} = \begin{pmatrix} 2 & 1 & -5 & 1 \\ 1 & -3 & 0 & -6 \\ 0 & 2 & -1 & 2 \\ 1 & 4 & -7 & 6 \end{pmatrix}^{-1} \times \begin{pmatrix} 8 \\ 9 \\ -5 \\ 0 \end{pmatrix}$$

根据线性代数知识可知,求解线性方程组分两步进行：先计算系数矩阵的逆矩阵,再将此逆矩阵乘以结果矩阵。

1. 建立工作表

创建如图 4-38 所示工作表,此工作表中的 A1：D4 区域为系数矩阵,F1：F4 区域为结果矩阵。

▲	A	B	C	D	E	F
1	2	1	−5	1		8
2	1	−3	0	−6		9
3	0	2	−1	2		−5
4	1	4	−7	6		0

图 4-38　系数矩阵与结果矩阵

2. 求系数矩阵的逆矩阵

在 A6：D9 单元格区域计算矩阵的逆矩阵,可以使用 MINVERSE 函数计算而得。

➤ 选 A6：D9 单元格区域。

➤ 输入公式“ = MINVERSE(A1：D4) ”。

➤ 按下【Ctrl】+【Shift】+【Enter】。

结果如图 4-39 所示。

▲	A	B	C	D	E	F
1	2	1	−5	1		8
2	1	−3	0	−6		9
3	0	2	−1	2		−5
4	1	4	−7	6		0
5						
6	1.333333	−0.66667	0.333333	−1		
7	−0.07407	0.259259	1.148148	−0.11111		
8	0.37037	−0.2963	0.259259	−0.44444		
9	0.259259	−0.40741	−0.51852	−0.11111		

图 4-39　系数矩阵的逆矩阵计算结果

3. 计算两个矩阵乘积

➤ 选中 F6：F9 单元格区域。

➤ 输入公式“ = MMULT(A6：D9,F1：F4) ”。

➤ 按下【Ctrl】+【Shift】+【Enter】。

最终的结果如图 4-40 所示,其中 F6：F9 单元格的内容分别对应 x_1—x_4 的值。

可以使用矩阵 A1：D4 与矩阵 F6：F9 的乘积来验证求得的解是否正确。

	A	B	C	D	E	F
1	2	1	−5	1		8
2	1	−3	0	−6		9
3	0	2	−1	2		−5
4	1	4	−7	6		0
5						
6	1.333333	−0.66667	0.333333	−1		3
7	−0.07407	0.259259	1.148148	−0.11111		−4
8	0.37037	−0.2963	0.259259	−0.44444		−1
9	0.259259	−0.40741	−0.51852	−0.11111		1

图 4-40　线性方程组的解

练习：求如下矩阵的逆矩阵，并利用矩阵乘法验证计算结果是否正确。

$$\begin{pmatrix} 11 & 23 & 45 & 67 \\ 23 & 32 & 83 & 38 \\ 76 & 41 & 62 & 51 \\ 93 & 78 & 25 & 43 \end{pmatrix}$$

4.6　统计分析

所谓统计分析就是以概率论为理论基础，根据试验或观察得到的数据，对研究对象的客观规律做种种合理的估计和判断。

统计分析的内容非常丰富，本节只介绍运用 Excel 中的"描述统计"工具与"直方图"工具进行基本的统计分析。

4.6.1　描述统计

描述统计的任务就是描述随机变量（即试验或观察数据）的统计规律性。要完整地描述随机变量的统计特性需要分布函数。但在实际问题中，求随机变量的分布函数并不是很容易，且对于一些问题也是没有必要的。所以，通常只需要描述随机变量在某些方面的重要特征即可。

随机变量常用的数字特征有：数学期望（平均值）和方差，它们是从集中程度和离散程度两方面来描述的。除此之外，还有中位数、众数（模式）、峰值（峰度系数）、不对称度（偏态系数或偏斜度）等特征值。当然，也可以用图形来描述。

要进行基本的统计分析，获得随机变量的数字特征，可以使用 Excel 提供的统计函数来实现。例如，AVERAGE（平均值）、MEDIAN（中位数）、MODE（众数）、STDEV（标准差）、VAR（方差）、KURT（峰值）、SKEW（不对称度）等。

利用描述统计工具可以很方便快捷地给出指定数据的所有重要数字特征，包括：

平均值	标准差	区域	观测数（计数）
标准误差	方差	最大值	第 K 个最大值
中值（中位数）	峰值（峰度系数）	最小值	第 K 个最小值
模式（众数）	偏度（不对称度）	总和	置信度

默认情况下,Excel 2010 的"数据"选项卡中并没有"数据分析"按钮,需要加载宏。具体方法如下:

➢ 在"开发工具"选项卡"加载项"功能组中,单击"加载项"按钮 ⚙,弹出如图 4-41 所示"加载宏"对话框。

➢ 选中"分析工具库"复选框。

➢ 单击"确定"按钮。

此时,在"数据"选项卡中增加了"分析"功能组,在该功能组中有"数据分析"按钮 📇。

【例 4-11】 使用"统计描述"对如图 4-42 所示的学生考试成绩表进行基本的统计分析。具体步骤如下:

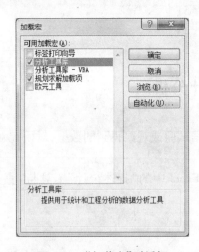

图 4-41 "加载宏"对话框

图 4-42 学生考试成绩表

➢ 执行"数据分析"命令,弹出如图 4-43 所示的"数据分析"对话框。

➢ 在"分析工具"中选择"描述统计",然后单击"确定"按钮,弹出如图 4-44 所示的"描述统计"对话框。

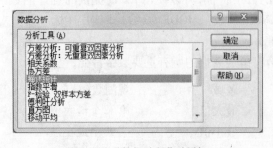

图 4-43 "数据分析"对话框

图 4-44 "描述统计"对话框

➢ 在"描述统计"对话框中指定有关参数：

- "输入区域"：指定要分析的数据所在的单元格区域。本例为 $C$1:$E$24。
- "分组方式"：指定输入数据是以行还是以列排列。本例选择"逐列"，因为某门的成绩都是按列放置的。
- "标志位于第一行"：若数据区域的第一行为标志行，则必须要选中此选项。否则不选中。
- 指定存放结果的位置为"新工作表组"，并在其后的文本框中输入新工作表的名称"描述统计"。
- 在"第 K 大值"后的文本框中输入 3，表示要输出第 3 大的数值。
- 在"第 K 小值"后的文本框中输入 3，表示要输出第 3 小的数值。
- 单击"确定"按钮。

此时，Excel 会自动创建一个名为"描述统计"的工作表，其内容如图 4-45 所示。

	A	B	C	D	E	F
1	语文		数学		英语	
2						
3	平均	80.47826	平均	65.26087	平均	70.21739
4	标准误差	1.80455	标准误差	2.767126	标准误差	2.682808
5	中位数	81	中位数	66	中位数	71
6	众数	90	众数	63	众数	66
7	标准差	8.654319	标准差	13.27067	标准差	12.86629
8	方差	74.89723	方差	176.1107	方差	165.5415
9	峰度	0.142674	峰度	6.252568	峰度	11.86452
10	偏度	0.032898	偏度	-1.74617	偏度	-2.90988
11	区域	38	区域	66	区域	68
12	最小值	62	最小值	19	最小值	19
13	最大值	100	最大值	85	最大值	87
14	求和	1851	求和	1501	求和	1615
15	观测数	23	观测数	23	观测数	23
16	最大(3)	90	最大(3)	82	最大(3)	83
17	最小(3)	71	最小(3)	56	最小(3)	65
18	置信度(95	3.742408	置信度(95	5.738668	置信度(95	5.563802

图 4-45　描述统计结果

4.6.2　直方图

"直方图"工具可以统计出数据的分组次数、累积频数，并描绘出数据的分布图表，从而更加直观地给出数据的统计特性。

【例 4-12】　用直方图分析上例考试成绩表中数学成绩在不同分数段的分布情况。

对于考试成绩而言，一般按分数区间分为五个组：优秀、良好、中等、及格与不及格。对应的分数区间为（百分制、整数成绩）：[90,100]、[80,89]、[70,79]、[60,69] 与 [0, 59]。本例中，对于 90 分以上的数据没有指定上界，Excel 会将上界以外的数据作为其他项进行统计。若要指定，本例中应该指定为 101，否则将会不包含成绩为 100 的数据。

具体步骤如下：

➢ 对样本数据进行分组，在 G2:G5 单元格中输入 59、69、79、89。

➢ 执行"数据分析"命令，弹出"数据分析"对话框，如图 4-43 所示。

➢ 在"分析工具"中选择"直方图"，然后单击"确定"按钮，弹出如图 4-46 所示的"直方图"对话框。

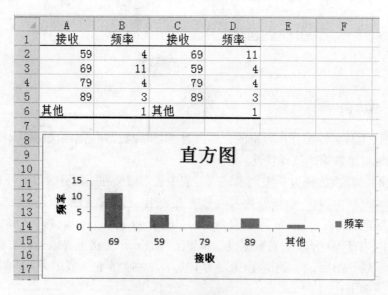

图 4-46　"直方图"对话框

➢ 在"输入区域"中指定 $D$2: $D$24 区域。

➢ 在"接收区域"中指定 $G$2: $G$5 区域。

接收区域即为分组数据所在区域。本例中的输入区域没有选中列标志,因此不需要选中"标志"。

➢ "输出选项"中指定"新工作表组",并输入新工作表的名称为"直方图"。

➢ 选中"柏拉图"与"图表输出"。选中"柏拉图",则产生的结果会按频率的大小进行排序。选中"累积百分率",则统计结果中会增加一列累积百分比数据。选中"图表输出"则会产生对应统计结果的直方图。

➢ 单击"确定"按钮。

最终的统计结果如图 4-47 所示。图中"其他"对应于大于 89 分的成绩。

	A	B	C	D	E	F
1	接收	频率	接收	频率		
2	59	4	69	11		
3	69	11	59	4		
4	79	4	79	4		
5	89	3	89	3		
6	其他	1	其他	1		
7						

图 4-47　直方图统计结果

练习：对下列 84 个成年男子头颅的最大宽度(单位为 mm)进行基本的统计分析,给出各种统计量和直方图。

141	148	132	138	154	142	150	146	155	158	150	140
147	148	144	150	149	145	149	158	143	141	144	144
126	140	144	142	141	140	145	135	147	146	141	136
140	146	142	137	148	154	137	139	143	140	131	143
141	149	148	135	148	152	143	144	141	143	147	146
150	132	142	142	143	153	149	146	149	138	142	149
142	137	134	144	146	147	140	142	140	137	152	145

宏与 VBA

虽然 Excel 为用户提供了强大的电子表格处理能力,但是在信息化社会的今天,Excel 的一般功能并不能满足一些高级用户的工作需求,这就需要使用 Excel 中的宏与 VBA 来帮助用户解决这些需求,提供工作效率。

5.1 宏的录制与执行

5.1.1 什么是宏

对于各行各业中的日常办公人员来说,几乎每天都要做例如创建报表、对报表进行格式设置以及一些数据的处理与分析等工作,这些工作基本都是一些重复的操作。为了节省时间,提高工作效率,就可以采用 Excel 中的宏来处理这些操作。

要使用 Excel 2010 中的宏,可以先做如下步骤:

➤ 选择"文件"选项卡中的"选项"命令,打开"Excel 选项"对话框。

➤ 在对话框左侧选择"自定义功能区",对话框如图 5-1 所示。

➤ 选中对话框右侧列表框中的"开发工具"复选框。

➤ 单击"确定"关闭对话框。

完成上述设置以后,在 Excel 功能区中增加了"开发工具"选项卡,如图 5-2 所示。

图 5-1 "Excel 选项"对话框

图 5-2 "开发工具"选项卡

5.1.2 录制宏

用户可以将一些常用的操作，比如字体、边框等格式设置录制成一个宏操作，以备使用。录制宏的具体操作如下：

> 选择"开发工具"选项卡中"代码"功能组的"录制宏"按钮 录制宏，或者选择"视图"选项卡中"宏"选项组的"宏"按钮 ，在下拉菜单中选择"录制宏"命令，都可以打开"录制新宏"对话框，如图 5-3 所示。

> 在"宏名"文本框中输入一个名称用来表示该宏，如"标题格式"，表示该宏用于设置标题的格式。

➢ 在"快捷键"区域的文本框中输入一个
字母,可以为其创建快捷键。

➢ 在"保存在"下拉列表中选择宏的保存
位置。宏的保存位置共三种,具体含义
如下:

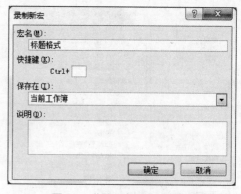

● 个人宏工作簿:表示可以在多个工作
簿中使用录制的宏。

● 新工作簿:表示只有在新建的工作簿
中,录制的宏才可以使用。

● 当前工作簿:表示只有当前工作簿打
开时,录制的宏才可以使用。

图 5-3　"录制新宏"对话框

➢ 在"说明"文本框中可以输入对该宏的文字说明。

➢ 单击"确定"按钮关闭对话框,开始录制该宏的操作。

➢ 连续执行若干需要录制的操作,如设置字体、边框、对齐方式等。

➢ 需要录制的操作完成后,执行"开发工具"选项卡中"代码"功能组的"停止录制"按
钮■ 停止录制,结束宏的录制。

5.1.3　执行宏

录制宏的操作完成后,若需要将同样的操作应用到其他工作表,则切换到其他工作
表,通过执行已经录制的宏,就可以实现相同操作的重复复制,提高工作效率。执行宏的
操作步骤如下:

➢ 切换到需要使用宏的工作表。

➢ 选择"开发工具"选项卡中"代码"功能组的"宏"按钮,打开"宏"对话框,如图 5-4
所示。

➢ 在列表框中选择需要的宏,单击"执行"按钮即可。

图 5-4　"宏"对话框

5.2 自定义宏——VBA

VBA 是 Visual Basic For Application 的缩写,它集成了 Visual Basic 很大一部分的编程方法。本文所讲的 VBA 主要是处理 Excel 中的对象,如工作簿、工作表和单元格等。

5.2.1 VBA 开发环境简介

Excel 提供了 VBA 的开发环境,即 Visual Basic 编辑器(Visual Basic Editor),简称 VBE,在窗口中用户可以编写、调试和运行应用程序。

1. VBE 的启动

VBE 不能被单独打开,必须在运行 Excel 的前提下才能打开,启动 VBE 可以采取下列方法之一:

(1)单击"开发工具"选项卡中的"Visual Basic"按钮。

(2)使用组合键【Alt】+【F11】。

(3)在工作表标签上单击鼠标右键,在弹出的菜单中选择"查看代码"命令。

2. VBE 的界面

VBE 的操作界面默认状态下由标题栏、菜单栏、工具栏、工程资源管理器窗口、属性窗口、代码窗口组成,如图 5-5 所示,这些窗口具有一定的灵活性,在不用时,可以将其关闭。需要使用时,则在"视图"菜单中选择即可。

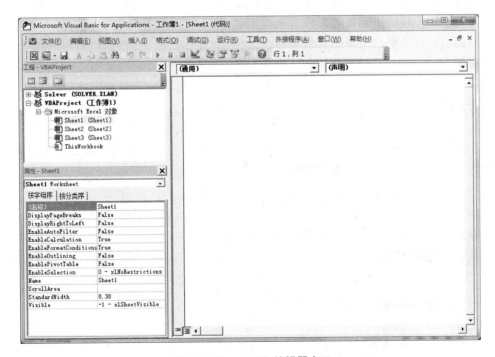

图 5-5　Visual Basic 编辑器窗口

（1）标题栏。

标题栏位于窗口的顶部，标题栏中含有"控制菜单"图标，左侧显示当前窗口的标题，右侧是一组最小化、最大化和关闭按钮。

（2）菜单栏。

菜单栏位于标题栏之下，有"文件""编辑""视图""插入""格式""调试""运行""工具""外接程序""窗口"和"帮助"11 个菜单项。鼠标单击某菜单项或用访问键（ALT + 字母）访问某菜单项就会弹出相应由若干个命令组成的下拉菜单，这些下拉菜单包含了 VBE 的各种功能。

（3）工具栏。

工具栏中包含了一系列的常用菜单命令，相同类型的工具按钮集合成一组工具栏，工具栏提供了对命令的快捷访问。VBE 提供了 4 种工具栏，即"标准""编辑""调试"和"用户窗体"，可以在"视图"菜单中的"工具栏"子菜单中进行选择。

（4）工程资源管理器。

在工程资源管理器中显示了当前工程中的各类文件清单，以树形目录来显示。每一个打开的 Excel 工作簿都作为一个工程。工程节点展开后包含了该工作簿中的每一个工作表对象，还会显示一个"ThisWorkbook"对象表示当前工作表。

（5）属性窗口。

属性窗口中的内容是随着选择不同的对象而发生变化的，不同的对象有不同的属性，在属性窗口中可以查看或设置某对象的属性值。

（6）代码窗口。

代码窗口是用来查看和编辑 VBA 代码的，是我们编辑 VBA 的主要场所。每一个对象都有一个相关联的代码窗口。在代码窗口的顶部有两个下拉列表。左边一个为"对象"下拉列表，用来显示选择的对象名称；右边一个为"过程"下拉列表，列出所选对象的所有事件。

除了以上的窗口外，VBA 还提供了"本地窗口""监视窗口"和"立即窗口"，用于调试和运行程序。

3. 用户窗体

用户窗体是 VBA 中的一个重要组成部分，通过用户窗体可以制作需要的用户界面，实现各种操作。插入用户窗体的操作方法有如下几种：

（1）执行"插入"菜单中的"用户窗体"命令。

（2）在工程资源管理器中单击鼠标右键，选择"插入"菜单中的"用户窗体"命令。

（3）单击工具栏中的"插入用户窗体"按钮 。

新插入的用户窗体会以"UserForm1""UserForm2"等为默认的名称，同时还会打开"工具箱"工具栏，提供各种可以添加到窗体中的控件，如按钮、文本框等。

5.2.2 宏安全性

1. 打开包含宏的文件

在打开包含宏命令的 Excel 文件时，可能会在功能区的下方弹出一条"安全警告"或

"Microsoft Word 安全声明"（图5-6）。用户可以单击"启用内容"或"启用宏"按钮,则文档中的宏可以被运行。若单击右侧的关闭按钮 ✖ 或"禁用宏"按钮,则无法运行文档中的宏,但是可见宏名和查看宏代码。

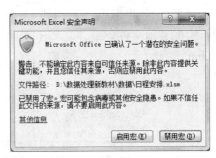

图 5-6　宏安全警告

2. 设置宏安全性

如果用户非常信任各种来源的 VBA 代码,可以将"宏设置"设为启用所有宏,但这样很容易中"宏病毒"。具体步骤如下:

➢ 单击"开发工具"选项卡,选择"代码"选项组中的"宏安全性"命令按钮,弹出"信任中心"对话框。如图5-7 所示。

➢ 在左侧选择"宏设置"命令。

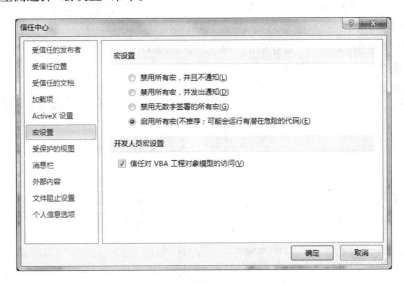

图 5-7　"信任中心"对话框

➢ 在右侧的"宏设置"中选择"启用所有宏(不推荐;可能会运行有潜在危险的代码)"单选按钮。

➢ 在"开发人员宏设置"中勾选"信任对 VBA 工程对象模型的访问"。

➢ 单击"确定"按钮。

3. 保存含有宏的文件

宏主要用来实现日常工作中的某些任务的自动化操作。由于使用 VBA 代码可以控

制或者运行 Office 软件以及其他应用程序,因此这些强大的功能可以被用来制作计算机
病毒。默认情况下,Office 软件设置为禁止宏的运行。因此在保存含有宏命令的文档时,
若按照默认的文件类型来保存,系统将弹出如图 5-8 所示的对话框。若单击"是"则宏操
作将不能被保存,若单击"否"则回到"另存为"对话框,在"文件类型"列表框中重新选择
能够运行宏的其他文件类型,即"Excel 启用宏的工作簿(* . xlsm)"或"Excel 启用宏的模
板(* . xltm)"。

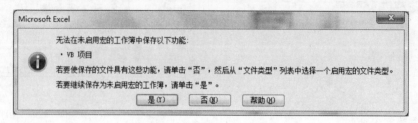

图 5-8　保存含有宏命令的文件时弹出的对话框

5.2.3　第一个 VBA 过程代码

我们将演示在一个新建的文档中,该如何创建一个 VBA 过程并运行该过程。

1. 新建一个 VBA 过程

➤ 在 VBE 左侧工程资源管理器中的"VBAProject(工作簿 1)"上右击鼠标,在弹出的
快捷菜单中选"插入"命令中的"模块"命令,如图 5-9 所示。

➤ 单击菜单栏中"插入"菜单,选择"过程"命令,如图 5-10 所示。

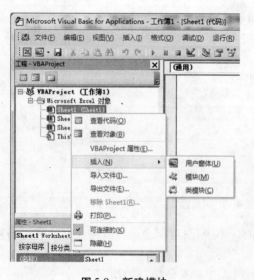

图 5-9　新建模块

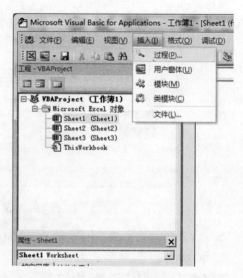

图 5-10　新建过程

➤ 在"名称"文本框中输入 First,单击"确定",如图 5-11 所示。

➤ 在"代码"窗口输入如图 5-12 所示的代码。

图5-11 "添加过程"对话框

```
Private Sub First()
    MsgBox "我的第一个Excel VBA程序"
End Sub
```

图5-12 First 过程的代码

到此,已经建立了一个 VBA 的过程。

2. 运行 VBA 过程

要运行 First 过程,先将光标放在 First 过程中,然后单击工具栏中的"运行子过程/用户窗口"按钮 ▶,或按【F5】,即可出现代码的运行结果——一个提示对话框。

3. 保存代码

单击"保存"按钮 🖫,此时将保存含有 VBA 代码的 Excel 工作簿。如前所述,含有宏和 VBA 代码的 Excel 工作簿要存为 xlsm 或 xltm 格式。

5.2.4 Microsoft Excel 对象模型

为了更好地进行 VBA 的编程,这里我们先介绍面向对象程序设计的几个基本概念。

1. 对象

在现实生活中,一个人是一个对象,一支笔也是一个对象,可以说每一个可见的实体都是一个对象。而在 VBA 的程序设计中,一个窗体是一个对象,一个按钮也是一个对象。对象就是存在的东西,是 VBA 要处理的对象,包括工作簿、工作表、单元格、图表等。对象可以相互包含,如一个工作簿包含了多个工作表,一个工作表包含了多了单元格,这种对象的排列模式就称为对象模型。

2. 属性

属性是用来反映和设置对象的特性和状态的,如对象的名称、标题等属性。每一个对象都有自己的属性,不同类型的对象有不同的属性。设置对象属性值的方法有两种:一种是通过属性窗口来设置,一种是在程序中通过代码来设置。在代码中设置属性的格式如下:

对象名.属性名=属性值

3. 方法

方法是指对象可以执行的动作,实际上,方法是一个对象内部预设的程序段,可以实现一些特殊的功能或操作。调用对象方法的格式如下:

对象名.方法名[参数]

有些方法是不带参数的,而有些则一定需要参数,要注意参数与方法名之间要用空格隔开。

4. 事件

事件是指由系统预先设置好的,能被对象识别的动作。例如单击鼠标、选中单元格、改变单元格数据、单击按钮、敲击键盘都是该对象的一个事件。当对象察觉到某一事件发生时,就会响应该事件,即执行一段用户编写好的程序代码,从而实现一些需要的操作。这段被执行的代码称为事件过程。下面分别介绍工作簿级别和工作表级别的常用事件。

(1) 工作簿级别的事件。

工作簿级别的事件发生在某个工作簿对象中,在工程资源管理器中双击"ThisWork-book"打开当前工作簿对象的代码编辑窗口。在"对象"下拉列表中选择"WorkBook",在"过程"下拉列表中就可以看到工作簿对象的所有事件,其中常用的事件有以下几种:

① Open 事件:打开工作簿时将触发 Open 事件。

② Activate 事件:激活工作簿时触发 Activate 事件。

③ SheetActivate 事件:工作簿中的任意一个工作表被激活时触发 SheetActivate 事件。

④ NewSheet 事件:在工作簿中新建一个工作表时触发 NewSheet 事件。

(2) 工作表级别的事件。

在工程资源管理器中双击要操作的工作表名称,打开该工作表的代码编辑窗口。在"对象"下拉列表中选择"WorkSheet",在"过程"下拉列表中就可以看到工作表的所有事件,其中常用的事件有以下几种:

① Activate 事件:激活该工作表时触发 Activate 事件。

② Change 事件:更改工作表中的某单元格内容时触发 Change 事件。

③ FollowHyperlink 事件:单击工作表中某个超链接时触发 FollowHyperlink 事件。

④ SelectionChange 事件:改变工作表中单元格的选择区域时触发 SelectionChange 事件。

5. Excel 的对象模型

尽管在 Excel 的对象模型中包括 100 多个对象,但程序设计主要集中在如下五个对象上,如图 5-13 所示。

Application 对象
Workbooks 对象
Worksheets 对象
Range 对象
Chart 对象

图 5-13　Excel **对象模型**

(1) Application 对象:Excel 对象模型中的顶层对象,代表 Excel 应用程序。

(2) Workbooks 对象:Excel 中的工作簿,即一个 Excel 文件,Application 对象包含 Workbooks 对象。

(3) Worksheets 对象:工作簿中的一个工作表,Workbooks 对象包含 Worksheets 对象。

(4) Range 对象:工作表中选中的单元格区域,Worksheets 对象包含 Range 对象。

(5) Chart 对象:工作表中的图表对象,Worksheets 对象包含 Chart 对象。

对于工作簿中一个工作表的引用,可以采用下面的格式,其中 book1.xlsx 是工作簿的名称,sheet1 是工作表的名称。

Application. Workbooks("book1. xlsx"). WorkSheets("sheet1")

5.2.5 数据类型、常量、变量

1. 数据类型

数据类型是告诉计算机将数据以何种形式存储在内存中,如整数、字符串等。VBA中用户可以使用系统提供的基本数据类型,也可以根据需要定义自己的数据类型。VBA中的基本数据类型如表5-1所示。

表5-1 数据类型

数据类型	类型名称	存储空间(Byte)	初始值
整型	Integer	2	0
长整型	Long	4	
单精度	Single	4	
双精度	Double	8	
货币型	Currency	8	
字节型	Byte	1	
变长字符串	String	10 + 串长度	空字符串
定长字符串	String * Size	串长度	
布尔型	Boolean	2	False
日期型	Date	8	0:00:00
变体型	Variant	>= 16	空字符串
对象型	Object	4	

2. 常量

所谓常量就是在程序运行期间,值始终保持不变的量。常量可以是具体的数值,也可以是专门说明的符号。具体数值的常量又根据不同的数据类型分为数值常量、字符常量、逻辑常量、日期常量。常量在声明后不可以再改变它的值,声明常量的格式为:

　　　Const 常量名 As 数据类型 = 常量的值

例如,Const Pi As Single = 3.1415926。

3. 变量

变量就是以符号形式出现在程序中,且取值可以发生变化的数据。根据变量的作用域的不同,可将变量分为过程级变量、模块级变量和全局变量。

过程级变量:在一个过程中,使用 Dim 声明的变量称为过程级变量,也称为局部变量。其作用范围仅限于该过程。

模块级变量:在第一个过程前面的通用声明部分,用 Private 或 Dim 声明的变量是模块级变量。其作用范围是所在的窗体或模块中的所有过程。

全局变量:在第一个过程前面的通用声明部分,用 Public 声明的变量是全局变量。其作用范围是整个工程中所有窗体或模块中的过程。

除此之外,还有一种变量叫静态变量,静态变量是在过程中用 Static 声明的变量。静态变量的值在过程结束后仍然保留。

5.2.6 运算符与表达式

1. 运算符

在程序设计的过程中,经常要进行各种各样的运算,运算符就是指定某种运算的操作符号。VBA 中运算符包括四种运算:算术运算符、字符串连接运算符、关系运算符和逻辑运算符。

(1)算术运算符。

算术运算符是非常常用的运算符,它的操作对象是数值型数据。表 5-2 列出了常用的算术运算符。

表 5-2　常用算术运算符

运算符	功能	说　明
+	加法	与数学中的一致
-	减法	与数学中的一致
*	乘法	与数学中的一致
/	浮点除法	不论操作数的类型如何,结果都是双精度数
\	整除	结果为整型或长整型的数
MOD	取模运算	结果是第一个操作数整除第二个操作数所得的余数,正负号与第一个操作数相同,结果为整型
^	指数运算	结果为双精度数

☞ 注意:

+、-、* 的运算中,如果两个操作数的类型相同,则运算结果的类型也是该类型;如果操作数的类型不同,则运算结果的类型是操作数中存储长度较长的操作数的类型。例如,一个整型数与一个长整型数进行运算,结果为长整型数;一个整型数与一个单精度数进行运算,结果为单精度数;一个长整型数与一个单精度数运算,结果为双精度数。

例如,在过程中输入下列代码,请观察其结果:

```
Debug. Print 10 + 3                '结果为 13
Debug. Print 32760 + 8             '溢出
Debug. Print 10 * 10               '结果为 100
Debug. Print 256 * 256             '溢出
Debug. Print 256^2                 '结果为 65536
```

Debug. Print 15/2	'结果为 7.5
Debug. Print 15\2	'结果为 7
Debug. Print 12.5 mod 3	'结果为 0
Debug. Print 13 mod 3	'结果为 1
Debug. Print 10 mod – 3	'结果为 1

（2）字符串连接运算符。

字符串连接运算符有"&"和"+"两种,其中"+"只有在操作数都是字符型数据时才作为字符串连接运算符,否则做算术运算;"&"不论操作数是何种类型,均做字符串连接运算。

例如:

Debug. Print 10 + 13	'结果为 23
Debug. Print 10 & 3	'结果为 1013
Debug. Print "10" + "13"	'结果为 1013
Debug. Print "10" + 3	'结果为 13

（3）关系运算符。

关系运算用于对两个数进行比较,根据比较的结果返回逻辑值 True 或 False。表 5-3 列出了常用的比较运算符。

其中"="既可以用作关系运算符,也可以用作赋值符号。例如 A = B = 2 中,变量 A 后面的"="是赋值运算,而变量 B 和数值 2 之间的"="是关系运算符。该语句的作用是将 B 和 2 进行比较,然后将比较的结果赋值给变量 A。

表 5-3　常用关系运算符

运算符	功能
>	大于
<	小于
=	等于
< >	不等于
> =	大于等于
< =	小于等于
Like	比较字符串
Is	比较对象

例如:

Debug. Print "a" < "b"	'结果为 True
Debug. Print "a" < "A"	'结果为 True
Debug. Print "apple" Like "a * "	'结果为 True," * "代表任意多个任意字符

（4）逻辑运算符。

逻辑运算符又称布尔运算符,用于对逻辑值进行运算,结果也为逻辑值。表 5-4 中列出了常用的逻辑运算符。

表 5-4　常用逻辑运算符

运算符	功能	运 算 规 则
Not	逻辑非	Not True 的结果为 False，Not False 的结果为 True
And	逻辑与	操作数都为 True 时，结果才为 True，否则均为 False
Or	逻辑或	只要有一个操作数为 True，结果都为 True，否则为 False
Xor	逻辑异或	两个操作数不同时结果为 True，否则为 False

2. 表达式

把常量和变量用运算符、括号连接起来的式子就是表达式。在 VBA 表达式中只能使用圆括号，且括号必须成对使用。

例如：

$(a+b+c)/2$

"hello"&"Excel"

$a+b>c$

$x=2 \text{ or } x-y<0 \text{ and } x+y>3$

3. 运算符的优先级

当一个表达式中有多个运算符时，运算次序由运算符的优先级决定，优先级相同时，从左到右依次运算。在表达式中也可以通过圆括号来改变运算次序，圆括号的优先级别最高。各种运算符的优先级别为：

算术运算符 > 连接运算符 > 关系运算符 > 逻辑运算符

算术运算符的优先顺序从高到低依次为：^、-（负号）、* 和 /、\、Mod、+ 和 -。

逻辑运算符的优先顺序从高到低依次为：Not、And、Or、Xor。

5.2.7　常用的 VBA 函数

VBA 函数就是指 Excel VBA 中所提供的函数，这些函数可以在程序中直接使用，并返回需要的值。在代码窗口中输入"vba"，再输入一个"."，系统会弹出一个列表框，在该列表框中显示了 VBA 中所有的函数。VBA 函数常用的有数学函数、字符串函数、日期/时间函数、转换函数和测试函数等。

1. 数学函数

数学函数用于各种数学运算，包括三角函数、求平方根、绝对值等，表 5-5 列出了常用的数学函数名称和功能。

表 5-5 数学函数

函数名	功　能	示　例	
		表达式	结果
Sqr(x)	求 x 的平方根值,x≥0	Sqr(16)	4
Log(x)	求 x 的自然对数,x>0	Log(2)	0.69314
Exp(x)	求以 e 为底的幂,即求 e^x	Exp(2)	7.38906
Abs(x)	求 x 的绝对值	Abs(−4.8)	4.8
Hex(x)	求 x 的十六进制数值,结果为一字符串	Hex(1000)	3E8
Oct(x)	求 x 的八进制数值,结果为一字符串	Oct(1000)	1750
Sgn(x)	求 x 的符号,x>0 为 1,x=0 为 0,x<0 为 −1	Sgn(−10) Sgn(10)	−1 1
Rnd(x)	产生一个在[0,1)区间均匀分布的随机数,若产生 m~n 之间的随机整数其通式为: Int(Rnd∗(n−m)+1)+m	Int(Rnd∗(99−10)+1)+10	产生两位随机整数
Sin(x)	求 x 的正弦值,x 单位为弧度	Sin(30∗3.141592/180)	0.5
Cos(x)	求 x 的余弦值,x 单位为弧度	Cos(30∗3.141592/180)	0.866025
Tan(x)	求 x 的正切值,x 单位为弧度	Tan(30∗3.141592/180)	0.57735
Atn(x)	求 x 的反正切值,x 单位为弧度	Atn(30∗3.141592/180)	0.48235

2. 字符串函数

字符串函数用于处理各种字符串的运算,包括大小写转换、截取字符串等,表 5-6 列出了常用的字符串函数名称和功能。

表 5-6 字符串函数

函数名	功　能	示　例		
		表达式	结果	说明
Len(St)	求字符串 St 的长度(字符个数)	Len(St∗)	14	
Left(St,n)	从字符串 St 左边起取 n 个字符	Left(St,4)	I am	
Right(St,n)	从字符串 St 右边起取 n 个字符	Right(St,7)	Student	
Mid(St,n1,n2)	从字符串 St 左边第 n1 个位置开始向右取 n2 个字符,若 n2 省略则取从 n1 到结尾的所有字符	Mid(St,3,2) Mid(St,8)	am Student	假设 St ="I am a Student"
Instr([n,]St1,St2)	从 St1 的第 n 个位置起查找给定的字符 St2,返回该字符在 St1 中最先出现的位置,n 的缺省值为 1,若没有找到 St2,则函数值为 0	Instr(4,St,"a") Instr(St,"R")	6 0	

续表

函数名	功 能	示 例		说明
		表达式	结果	
Ucase(St)	将字符串 St 中的小写字符改为大写	Ucase("New")	NEW	
Lcase(St)	将字符串 St 中的大写字符改为小写	Lcase("NAME")	name	
Ltrim(St)	去掉字符串 St 的前导空格	Ltrim(" New")	New	
Rtrim(St)	去掉字符串 St 的尾随空格	Rtrim("New ")	New	
Trim(St)	去掉字符串 St 的前导和尾随空格	Trim(" New ")	New	
String(n, St)	得到由 n 个给定字符 St 组成的一个字符串	String(6, "#")	######	
Space(n)	得到 n 个空格	"A" & Space(3) & "B"	A B	

3. 日期/时间函数

日期/时间函数用于处理日期和时间的运算,包括获取时间、获取日期等,表 5-7 列出了常用的日期/时间函数名称和功能。

表 5-7　日期/时间函数

函数名	功 能
Date	返回系统当前的日期
Time	返回系统当前的时间
Now	返回系统当前的日期和时间
Year(x)	返回 x 中的年号整数,x 为一有效的日期变量、常量或字符表达式
Month(x)	返回 x 中的月份整数,x 为一有效的日期变量、常量或字符表达式
Day(x)	返回 1~31 之间的整型数,x 为一有效的日期变量、常量或字符表达式
Weekday(x[`,c])	返回 x 是星期几,x 为一有效的日期变量、常量或字符表达式,c 是用于指定星期几为一个星期第一天的常数,缺省时以星期天为第一天

4. 转换函数

转换函数用于处理数据类型或形式的转换,包括整型、浮点型、字符串型之间以及字符与 ASCII 码之间的转换等,表 5-8 列出了常用的转换函数名称和功能。

表 5-8　转换函数

函数名	功 能	示 例	
		表达式	结果
Str(x)	将数值数据 x 转换成字符串(含符号位)	Str(1024)	1024
CStr(x)	将 x 转换成字符串型,若 x 为数值型,则转为数字字符串(对于正数符号位不予保留)	CStr(1024)	1024
Val(x)	将字符串 x 中的数字转换成数值	Val("1024B")	1024
Chr(x)	返回以 x 为 ASCII 代码值的字符	Chr(65)	A

续表

函数名	功　能	示　例	
		表达式	结果
Asc(x)	给出字符 x 的 ASCII 代码值(十进制数)	Asc("A")	65
CInt(x)	将数值型数据 x 的小数部分四舍五入取整	CInt(16.8) CInt(-16.8)	17 -17
Fix(x)	将数值型数据 x 的小数部分舍去	Fix(-16.8)	-16
Int(x)	取小于等于 x 的最大整数	Int(16.8) Int(-16.8)	16 -17

5. 测试函数

测试函数用于做一些判断,返回一个逻辑值,如对数值型数据的判断、对日期型数据的判断等,表 5-9 列出了常用的测试函数名称和功能。

表 5-9　测试函数

函数名	功　能
IsNumeric(x)	返回 Boolean 值,指出 x 的运算结果是否为数字。如果为数字,则返回 True;否则返回 False
IsDate(x)	返回 Boolean 值,指出 x 的运算结果是否为日期。如果为日期,则返回 True;否则返回 False
IsEmpty(x)	返回 Boolean 值,判断 x 是否为空。如果为空,则返回 True;否则返回 False
IsArray(x)	返回 Boolean 值,判断 x 是否为数组。如果为数组,则返回 True;否则返回 False
IsNull(x)	返回 Boolean 值,判断 x 是否不包含任何有效数据。如果是,则返回 True;否则返回 False

6. 其他函数

(1) InputBox 函数。

InputBox 也叫输入对话框,用来接受用户的键盘输入。其格式为:

变量名 = InputBox(Prompt[,Title][,Default][,Xpos][,Ypos][,Helpfile][,Context])

其中各参数含义如下:

➤ Prompt:必选参数,用于设定显示在对话框中的提示信息内容。

➤ Title:可选参数,用于设定显示在对话框标题栏中的信息。

➤ Default:可选参数,用于设定输入对话框中文本框的默认值。

➤ Xpos 和 Ypos:可选参数,用于设定对话框在屏幕显示时的位置,必须要同时设置。

➤ Helpfile 和 Context:可选参数,用于设定帮助文件名和帮助主题号,必须同时设置。

例如:

```
Private Sub inputsample()
    Dim Myno as String
    myno = InputBox("请输入您的学号","学号","张强")
End Sub
```

程序运行后,即可弹出如图 5-14 所示的对话框。

(2)MsgBox 函数。

MsgBox 函数可以调用系统预定义的消息对话框,在对话框中显示消息,等待用户单击了某一个按钮后,根据不同的按钮返回一个整数。其格式为:

图 5-14 InputBox 对话框

变量名 = MsgBox(Prompt[,Buttons][,Title][,Helpfile,Context])

若弹出消息对话框只有一个"确定"按钮,则表示用户不需要选择操作按钮,此时 MsgBox 函数无需返回值,其格式可以简化为:

MsgBox Prompt[,Buttons][,Title][,Helpfile][,Context]

其中各参数含义如下:

➤ Prompt:必选参数,用于设定显示在对话框中的消息,并且可以使用"&"符号来输出多个字符串。

➤ Buttons:可选参数,表示消息对话框中显示的按钮和图标形式等。缺省时的默认值为 0,消息对话框中只显示"确定"按钮。Buttons 是一个由四个部分组成的数值之和,表 5-10 列出了各部分参数的可选值和功能,Buttons 的值为表中 a + b + c + d,可以将常数用" + "连接起来,也可以将值相加计算出总和。

➤ Title:可选参数,用于设定显示在对话框标题栏中的信息。

➤ Helpfile 和 Context:可选参数,用于设定帮助文件名和帮助主题号,必须同时设置。

表 5-10 Buttons 参数的可选值

(a)

常数	值	功能描述
vbOkOnly	0	显示"确定"按钮
vbOkCancle	1	显示"确定"和"取消"按钮
vbAbortRetryIgnore	2	显示"终止""重试"和"忽略"按钮
vbYesNoDCancel	3	显示"是"和"否"和"取消"按钮
vbYesNo	4	显示"是"和"否"按钮
vbRetryCancel	5	显示"重试"和"取消"按钮

(b)

常数	值	功能描述
vbCritical	16	显示危急告警图标
vbQuestion	32	显示警示疑问图标
vbExclamation	48	显示警告信息图标
vbInformation	64	显示通知信息图标

（c）

常数	值	功能描述
vbDefaultButton1	0	第一个按钮为默认按钮
vbDefaultButton2	256	第二个按钮为默认按钮
vbDefaultButton3	512	第三个按钮为默认按钮
vbDefaultButton4	768	第四个按钮为默认按钮

（d）

常数	值	功能描述
vbApplicationModal	0	应用程序强制返回,应用程序一直被挂起,直到用户对消息框做出响应才继续工作
vbSystemModal	4096	显示"确定"和"取消"按钮

如果希望弹出一个询问对话框,有"是"和"否"两个按钮,显示警示疑问图标,默认按钮为第二个按钮"否",则 Buttons 的取值可以是"vbYesNo + vbQuestion + vbDefaultButton2",或者是数值"292"。

例如:

    Private Sub MsgboxSample( )

        MsgBox "您是否要关闭", vbYesNo + vbQuestion + vbDefaultButton2 , "关闭程序"

    End Sub

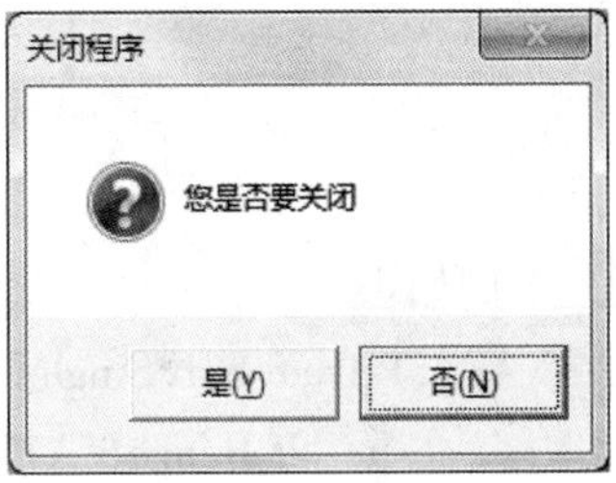

运行上面的程序将弹出如图 5-15 所示的对话框。

图 5-15　MsgBox 对话框

若希望根据用户对信息框的不同选择来进行相应的操作,则可以对 MsgBox 的返回值进行判断。单击不同的按钮将返回不同的数值,具体见表 5-11。

表 5-11　MsgBox 函数中按钮的返回值

按钮名称	常数	取值
确定（Ok）	vbOk	1
取消（Cancel）	vbCancle	2
终止（Abort）	vbAbort	3
重试（Retry）	vbRetry	4
忽略（Ignore）	vbIgnore	5
是（Yes）	vbYes	6
否（No）	vbNo	7

5.2.8　程序控制语句

1. 选择分支语句

选择分支语句是根据一个逻辑表达式的值决定程序执行的走向。用来实现选择分支结构的语句主要有 If-End If 语句和 Select Case-End Select 语句。If-End If 语句主要用于分支比较少的程序,Select Case-End Select 语句通常用于多个分支的程序中。

(1) 单行结构的 If 语句。

单行结构的条件语句的格式为:

　　　　If < 条件 > Then < 语句 A > [Else < 语句 B >]

该语句的功能是:如果条件成立,则执行语句 A,否则执行语句 B。其中 Else 部分是可选的,若省略 Else 部分,则分支语句成为单分支语句。本语句的流程图如图 5-16 所示。

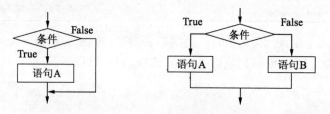

图 5-16　单行结构 If 语句流程图

例如:

```
Private Sub SingleIfSample( )
        If Range("A1") >60 Then MsgBox"成绩合格!"Else MsgBox"成绩不及格!"
    End sub
```

若在工作表中的 A1 单元格内输入的数据大于 60,则在执行程序时,会弹出一个成绩合格的对话框,否则弹出成绩不合格的对话框。

(2) 块结构的 If 语句。

块结构的 If 语句的格式为:

```
If < 条件 1 > Then
        < 语句块 1 >
[ ElseIf < 条件 2 > Then
        < 语句块 2 > ]
[ ElseIf < 条件 3 > Then
        < 语句块 3 > ]
    …
[ ElseIf < 条件 n > Then
        < 语句块 n > ]
[ Else
        < 语句块 n +1 > ]
End If
```

块结构的条件语句的功能是：如果条件 1 成立，则执行语句块 1；否则判断条件 2，如果条件 2 成立，则执行语句块 2；……否则执行语句块 n + 1。块结构语句中的各个条件的判断是按照顺序进行的，如果前面的条件成立，则执行对应的语句块，然后便跳出条件语句。块结构的条件语句的流程图如图 5-17 所示。

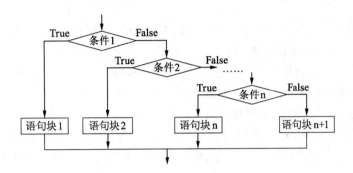

图 5-17　块结构 If 语句流程图

例如：

```
Private Sub IfSample( )
    Dim Score As Single
    Score = Range("A1"). Value
    If Score >= 90 Then
        MsgBox "优秀"
    ElseIf Score >= 80 Then
        MsgBox "良好"
    ElseIf Score >= 60 Then
        MsgBox "合格"
    Else
        MsgBox "不及格"
    End If
End Sub
```

上述程序的功能是根据单元格 A1 中的数值进行判断，根据结果显示相应的对话框。

（3）Select Case 语句。

当有多条分支时虽然仍可以使用 If 语句，但是代码的书写往往会比较复杂，因此通常情况下，多分支结构的程序使用 Select Case 语句来实现。Select Case 语句的格式为：

```
Select Case <测试表达式>
    Case <表达式 1>
        <语句块 1>
    [Case <表达式 2>
        <语句块 2>]
    ...
```

```
    [ Case < 表达式 n >
        < 语句块 n > ]
    [ Case Else
        < 语句块 n + 1 > ]
End Select
```

Select Case 的功能是：首先计算出测试表达式的值，然后从上到下依次与各个表达式的值进行比较，若匹配，则执行相应的语句块，然后跳出到 End Select 后面的语句继续执行；若所有的表达式的值都不能匹配，则执行 Case Else 之后的语句块。Select Case 语句的流程图与块结构的 If 语句的流程图类似，请参考图 5-17。

Case 中的表达式可以是下列几种形式：

① 具体的取值或表达式，值与值之间用逗号分隔，如 1,3,5,a+b 等，当采用多值条件时，各条件之间的关系是"或"的关系，即只要有一个值与测试表达式匹配，则该分支被认为匹配，执行其后的语句块。

② 连续的范围，用关键字 To 来连接两个值，如 10 To 100。

③ 使用关键字 Is 构成的比较表达式，如 Is >= 10。

若用 Select Case 语句来实现成绩登记判断，则其代码如下：

```
Sub SelectSample( )
    Dim Score As Single
    Score = Range("A1"). Value
    Select Case Score
        Case Is >= 90
            MsgBox "优秀"
        Case 80 To 90
            MsgBox "良好"
        Case 60 To 80
            MsgBox "合格"
        Case Else
            MsgBox "不及格"
    End Select
End Sub
```

比较而言，使用 Select Case 语句可以更加简化条件表达式，使程序的结构更加清晰。

2. 循环重复语句

在程序中，如果需要重复相同的或相似的操作步骤，就可以用循环语句来实现。VBA 中主要有 For 循环和 Do 循环两种。For 循环中又分为 For-Next 循环和 For Each-Next 循环，后者是前者的一种变体。

（1）For-Next 循环。

For-Next 循环又称为计次循环，即指定循环的次数，其格式为：

For < 循环变量 > = < 初值 > To < 终值 > [Step 步长]

<循环体>
　　[Exit For]
　　　　<循环体>
　　Next[<循环变量>]
For-Next 循环中各语句的含义如下：

➢ 循环变量是一个数值变量,用来作为循环计数器。

➢ 初值和终值是一个数值表达式,分别是循环变量第一次循环的值和最后一次循环的值。

➢ 步长是循环变量的增量,也是一个数值表达式,步长的值可正可负,但不能为0。若步长值为正,则循环变量的值递增,否则循环变量的值递减。若省略步长值,则默认步长值为1。

➢ 循环体是放在 For 和 Next 之间的一条或多条语句,当循环变量超过终值时,循环过程将正常结束。如果要提前退出循环,就需要在循环体内使用 Exit For 语句,Exit For 语句通常在条件判断后使用。使用 Exit For 能退出当前一层循环,执行 Next 语句之后的程序。

➢ Next 是 For 循环的最后一条语句,后面的循环变量可以省略,若不省略则必须与 For 语句中的循环变量一致。

For-Next 循环的流程图如图 5-18 所示。

例如,求 $1 + 2 + 3 + \cdots + 100$ 的结果,其代码如下：

```
Sub ForSample( )
    Dim I As Integer, Sum As Integer
    For I = 1 To 100
        Sum = Sum + I
    Next
    Debug. Print "1 + 2 + 3 + ⋯ + 100 = " & Sum
End Sub
```

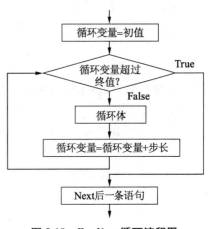

图 5-18　For-Next 循环流程图

（2）For Each-Next 循环。

如果需要在一个集合对象内进行循环,如在一个工作簿中循环所有的工作表,或者在一个单元格区域内循环所有的单元格,这时会很难指定循环范围和次数,则可以使用 For Each-Next 循环来实现。For Each-Next 循环的格式为：

　　For Each <循环变量> In <集合>
　　　　<循环体>
　　[Exit For]
　　　　<循环体>
　　Next[<循环变量>]

要注意的是,这里的循环变量必须定义为变体型,即 Variant 类型。

例如,要设置单元格区域 A1:E5 中所有单元格的数值为 100,其代码如下:

```
Sub ForEachSample( )
    Dim C
    For Each C In Range("A1:E5")
            C. Value = 100
    Next
End Sub
```

(3) Do-Loop 循环。

Do-Loop 循环不指定循环次数,而使用条件来控制循环的开始和结束,有"当型"循环和"直到型"循环。"当型"循环是在循环语句中使用 While 语句来控制当条件成立时循环;而"直到型"循环则是在循环语句中使用 Until 语句来控制条件成立时退出循环。

"当型"循环常用的格式如下:

```
Do While  <条件>
    <循环体>
    [Exit Do]
    <循环体>
Loop
```

程序执行的过程是,先对条件进行判断,当条件为真(False)时执行下面的循环体,只有当条件为假(False)时,才跳出循环,执行 Loop 语句后面的语句。"当型"循环的流程图如图 5-19(a)所示。

"直到型"循环常用的格式如下:

```
Do
    <循环体>
    [Exit Do]
    <循环体>
Loop Until <条件>
```

程序执行的过程是,先将循环体的语句执行一次,然后再判断条件,若条件为假(False)则继续循环,直到条件为真(True)时跳出循环,执行 Loop 语句后面的语句。"直到型"循环的流程图如图 5-19(b)所示。

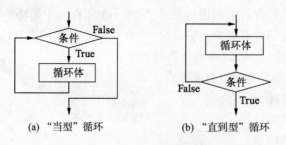

(a) "当型"循环　　　　(b) "直到型"循环

图 5-19　Do-Loop 循环流程图

还有一种 Do 循环是无条件循环,即在程序中既没有 While 语句也没有 Until 语句,但在循环体中必须要有 Exit Do 语句,否则就会造成死循环,同样 Exit Do 语句通常在条件判断之后用来退出当前一层 Do 循环。

例如,随机生成 10 个三位偶数,若用"当型"循环,其代码如下:

```
Sub DoWhileSample( )
    Dim N As Integer, C As Integer
    Do While C < 10
        N = Int( Rnd * 900) + 100
        If N Mod 2 = 0 Then
            C = C + 1
            Debug. Print N
        End If
    Loop
End Sub
```

若用"直到型"循环,其代码如下:

```
Sub DoUntilSample ( )
    Dim N As Integer, C As Integer
    Do
        N = Int( Rnd * 900) + 100
        If N Mod 2 = 0 Then
            C = C + 1
            Debug. Print N
        End If
    Loop Until C = 10
End Sub
```

若使用无条件循环,其代码如下:

```
Sub DoSample( )
    Dim N As Integer, C As Integer
    Do
        N = Int( Rnd * 900) + 100
        If N Mod 2 = 0 Then
            C = C + 1
            Debug. Print N
            If C = 10 Then Exit Do
        End If
    Loop
End Sub
```

3. With 语句

通过前面的学习,我们知道对象会有多个属性。若在编写程序中,需要同时设置一个对象的多个属性,可以多次反复使用形如"对象名.属性=值"的语句来设置,但是这非常麻烦,而且降低了程序的可读性。为了解决这样的问题,可以使用 With 语句,在避免输入烦琐的同时,还提高了程序的运行速度。With 语句的格式如下,要注意在所有的属性前都要加上英文输入法下的点号"."。

```
With 对象名
    .属性 1 = 属性值
    .属性 2 = 属性值
    …
    .属性 n = 属性值
End With
```

例如,要设置 A1:F1 单元格区域中的文字字体大小为 20 磅、字体颜色为红色、加粗、倾斜、水平居中,其代码如下:

```
Sub WithSample( )
    With Range("A1:F1")
        .Font.Size = 20
        .Font.Color = vbRed
        .Font.Bold = True
        .Font.Italic = True
        .HorizontalAlignment = xlCenter
    End With
End Sub
```

在上面的代码中有 4 个属性是 Font 属性的子属性,因此还可以将 Font 属性也添加到 With 语句中,改造后的代码更加整洁,其代码如下:

```
Sub WithSample( )
    With Range("A1:F1").Font
        .Size = 20
        .Color = vbRed
        .Bold = True
        .Italic = True
    End With
    Range("A1:F1").HorizontalAlignment = xlCenter
End Sub
```

4. 错误控制语句

程序在实际运行中,可能会因为一些意外情况而导致运行错误,从而中断了程序的执行。为了解决这样的问题,可以在编程时使用 GoTo 语句来绕开错误,进而使程序顺利执行。例如,在程序中需要删除一个名为"MySheet"的工作表,但是在运行时工作簿中没有名为"MySheet"的工作表,则需要给出一个错误提示,其代码如下:

```
Sub GoToSample( )
```

```
        On Error GoTo Err
        Sheets("MySheet").Delete
        Exit Sub
    Err：
            MsgBox "您要删除的工作表不存在!"
    End Sub
```

需要注意的是,在上面的程序中不仅会因为工作表不存在而跳转到 Err 标记后执行,而且其他原因导致删除时出错,也都会跳转到 Err 标记后执行。另外,由于程序使用了 GoTo 语句,会造成程序阅读的麻烦和执行效率的降低。因此,我们应该尽量少使用 GoTo 语句,而使用其他方法来处理错误。

5.2.9　使用 VBA 控制 Excel

在 VBA 程序中可以通过代码来控制 Excel 的很多操作,如工作簿和工作表的新建、保存等操作。下面具体介绍这些控制 Excel 的方法。

1. 控制工作簿

在控制工作簿的过程中,要使用的是 Workbooks 对象,即工作簿集合对象,读者这里一定要注意不能写成 Workbook 对象。控制工作簿的主要操作有:

(1) 新建工作簿。

Workbooks 对象的 Add 方法用于新建一个工作簿,其格式为:

Workbooks. Add ［(Template)］

其中的 Template 为可选参数,用来确定新建的工作簿中包含什么类型的工作表,该参数的取值及功能见表 5-12。若省略该参数,则默认情况下表示新建一个包含三张工作表的工作簿。

表 5-12　Template 常量表

常　　　量	功　　　能
xlWBATWorksheet	新建的工作簿中含有一个工作表
xlWBATChat	新建的工作簿中含有一个图表
xlWBATExcel4MacroSheet	新建的工作簿中含有一个宏表
xlWBATExcel4IntlMacroSheet	新建的工作簿中含有一个国际通用宏表

(2) 打开工作簿。

Workbooks 对象的 Open 方法用于打开一个已经存在的工作簿,如果运行程序时要打开的文件不存在,则系统会弹出一个错误提示对话框。Open 方法的格式为:

Workbooks. Open　文件路径和名称

其中文件路径可以是绝对路径,也可以是相对路径。绝对路径是指文件在硬盘上的实际存储路径。而相对路径是指要打开的文件与含有 VBA 代码的 Excel 文件之间的相对关系。

例如,"D:\Sample\Chapter4"中有两个文件"Book1.xlsx"和"Book2.xlsx",若要在"Book1.xlsx"的 VBA 程序中打开"Book2.xlsx",使用绝对路径的代码如下:

```
Sub WorkbooksOpenSample( )
    Workbooks. Open "D:\Sample\Chapter4\Book2.xlsx"
End Sub
```

使用相对路径的代码如下:

```
Sub WorkbooksOpenSample( )
    Workbooks. Open "Book2.xlsx"
End Sub
```

(3) 保存工作簿。

若要将文件以原文件名和原路径来保存,可以使用 Workbooks 对象的 Save 方法,其格式为:

```
Workbooks("工作簿名称"). Save
```

如果用 Save 方法来保存一个新建的工作簿,则系统会自动以默认的文件名将该工作簿保存在包含 VBA 程序的 Excel 文件所在的路径下。

若要实现同时保存所有打开的工作簿,可以使用 For Each-Next 循环,其代码如下:

```
Sub WorkbooksSaveSample( )
    Dim W As Workbook
    For Each W In Workbooks
        W. Save
    Next
End Sub
```

若要将文件另存为其他的路径或文件名,可以使用 Workbooks 对象的 SaveAs 方法,其格式为:

```
Workbooks("工作簿名称"). SaveAs  新的路径和文件名
```

例如,将已经打开的工作簿 Book1.xlsx 以文件名 Test.xlsx 保存在 D 盘根目录中,其代码如下:

```
Sub WorkbooksSaveAsSample( )
    Workbooks("book1.xlsx"). SaveAs "d:\Test.xlsx"
End Sub
```

在保存工作簿时,还可以使用 ActiveWorkbook 对象(当前活动工作簿对象),如要保存当前活动工作簿的代码是:

```
ActiveWorkbook. Save
```

(4) 关闭工作簿:Close。

```
Workbooks("工作簿名称"). Close
```

在关闭指定工作簿时,必须保证该工作簿是打开的,否则运行程序时,系统将给出一个"下标越界"的错误。

要关闭所有打开的工作簿,其格式为:

Workbooks. Close

在使用 Close 方法关闭工作簿时,如果存在尚未保存修改的工作表,则系统会弹出提示是否保存的对话框。利用 VBA 代码可以在程序中设置关闭前是否保存更改,设置后在执行关闭程序时将不会再弹出是否保存更改的提示对话框,其格式为:

Workbooks("工作簿名称"). Close savechanges：= True|False

其中 savechanges 参数的取值若为 True,则关闭工作簿并自动保存;若取值为 False,则关闭工作簿但是不保存也不弹出提示保存的对话框。

2. 控制工作表

对于工作表的控制,主要是通过 Worksheets 对象来实现的,具体操作说明如下。

(1) 插入工作表。

利用 Worksheets 对象的 Add 方法可以实现工作表的插入。一次可以插入一个工作表,也可以同时插入多个工作表。其格式为:

WorkSheets. Add ［Count：=<数值常量>］|［Before：=<工作表引用>］|［After：
=<工作表引用>］

若需要一次插入一个工作表即可,则省略 Add 方法后面的所有参数。此时运行程序会在当前活动工作表的前面插入一个空白的工作表,工作表的名称为系统默认指定,如"Sheet4"。如需在新建工作表的同时为其指定名称"成绩表",其代码如下:

```
Sub WorksheetsAddSample( )
    Worksheets. Add
    ActiveSheet. Name = "成绩表"
End Sub
```

除了上述方式外,也可以采用创建对象型变量的方法,其代码如下:

```
Sub WorksheetsAddSample( )
    Dim sheetObj As Object
    Set sheetObj = Worksheets. Add
    sheetObj. Name = "成绩表"
End Sub
```

要注意的是,因为插入新工作表时指定了名称,所以通常会在插入之前先判断该名称的工作表是否存在,其代码如下:

```
Sub WorksheetsAddIfSample( )
    Dim n As Integer
    For n = 1 To Worksheets. Count
        If Worksheets(n). Name = "成绩表" Then
            MsgBox "该名称的工作表已经存在!"
            Exit Sub
        End If
    Next
    Worksheets. Add
```

ActiveSheet. Name ="成绩表"
　　　　End Sub
　　若要同时插入多个新的工作表,则在 Add 方法后使用 Count 参数即可,如同时插入 2 个工作表的代码是:Worksheets. Add Count:=2。

　　Before 和 After 参数用于确定新工作表插入的位置,如要在"成绩表"的后面插入一张新的工作表,其代码是:Worksheets. Add After:=Sheets("成绩表")。这条语句也可以写成:Worksheets. Add After:=Worksheets("成绩表")。Worksheets 对象代表当前工作簿中的工作表,而 Sheets 对象代表当前工作簿中的所有包括工作表、图表、宏表等在内的所有工作表。

　　需要注意的是,Count、After 和 Before 三个参数是并列关系,也就是说一次只能使用其中一个参数,不可以在 Add 方法后同时出现两个及以上参数。

　　(2) 选定工作表。

　　在程序设计过程中,有些操作需要在指定的工作表中完成,这时应该先通过程序选定指定工作表,可以使用 Worksheets 对象的 Select 方法来实现。Select 方法可以使工作表处于被选中的状态,其格式如下:

　　　　　Worksheets("工作表名称"). Select

　　除此之外,还可以使用 Worksheets 对象的 Activate 方法。Activate 方法的功能是将工作表置于活动的状态,而当前活动的工作表也就是被选中的工作表,其格式如下:

　　　　　Worksheets("工作表名称"). Activate

　　对工作表名称的引用,有下面三种方法:

　　① 直接使用工作表标签中显示的工作表名称,如"工资表"。

　　② 使用工作表的默认系统名称,即重命名之前的名称,类似于"Sheet1"的名称,在 VBE 窗口的工程资源管理器中可以看到。

　　③ 使用工作表在工作簿中的索引号(位置),索引号是工作表标签自左向右的排列顺序,第一个工作表的索引号即为"1",如 Sheets(1) 或 Worksheets(1)。

　　对于单张的工作表来说,使用 Select 方法和 Activate 方法的效果是一样的。但是它们的区别在于,Activate 方法只能使一张工作表处于活动状态,而 Select 方法可以利用数组同时选中多张工作表,示例代码如下:

　　　　Sub WorksheetsMultiSelectSample( )
　　　　　Worksheets(Array("学生表", "成绩表")). Select
　　　　End Sub

　　如要选定工作簿中的所有工作表,代码如下:

　　　　Sub WorksheetsSelectAllSample( )
　　　　　Worksheets. Select
　　　　End Sub

　　(3) 移动或复制工作表。

　　移动或复制工作表,可以使用 Worksheets 对象的 Move 方法和 Copy 方法,并以目标工作表作为参照,用 Before 和 After 参数来指明工作表移动或复制的位置,其格式如下:

Worksheets("工作表名称"). Move|Copy ［After｜Before：=目标工作表名称］

当 Move 或 Copy 方法后没有 After 或 Before 参数时,表示将工作表移动或复制到一个新建的工作簿中。移动工作表的代码以及含义如下:

① 将"学生表"移动到"sheet1"前面。

Worksheets("学生表"). Move Before：= Worksheets("sheet1")

② 将"学生表"移动到新建工作簿中。

Worksheets("学生表"). Move

③ 将"学生表"移动到"Book2.xlsx"工作簿中的"sheet1"后面。这里必须确保"Book2.xlsx"工作簿是被打开的,否则系统会给出"下标越界"的错误提示框。

Worksheets("学生表"). Move After：= Workbooks("Book2.xlsx"). Worksheets
("sheet1")

复制工作表的代码与此类似,这里不再赘述,请读者自行参考。

(4)删除工作表。

删除工作表可以使用 Worksheets 对象的 Delete 方法,其格式如下:

Worksheets("工作表名称"). Delete

使用 Delete 方法删除工作表时,系统会给出一个询问对话框,如图 5-20 所示。若用户单击"删除"按钮,则返回值 True,否则返回值 False。在程序中,可以根据返回值来检查删除工作表的操作是否成功。具体代码如下:

```
Sub WorksheetsDeleteSample( )
    Dim flg As Boolean
    flg = Worksheets("学生表"). Delete
    If flg = True Then
        MsgBox "删除工作表成功!"
    Else
        MsgBox "删除操作被用户取消!"
    End If
End Sub
```

图 5-20 询问对话框

在删除工作表时,有时为了方便用户使用,可以设定系统不弹出删除的询问对话框,只需设置 Application 对象的 DisplayAlerts 属性值即可。该属性的默认值为 True,即显示系统的警告或提示对话框。下面的代码在运行时,系统会直接删除工作表而不弹出对话框:

Sub WorksheetsDeleteNoAlertSample( )

```
        Application. DisplayAlerts = False
        Worksheets("学生表"). Delete
    End Sub
```

3. 控制单元格

在对单元格的操作中,主要使用 4 个对象,分别是:Cells、Rows、Columns 和 Range,其含义和使用方法在下面的篇幅中介绍。

(1) 选取单元格。

选取单元格的方法是 Select,此方法在前面的内容中已经介绍,这里主要介绍对于选择区域的表示。

若需要选中全部的单元格,可以使用下面代码中的一种:

```
    Cells. Select
    Rows. Select
    Columns. Select
```

下面分别介绍这几个对象的含义:

① Cells(Row,Column)代表单个单元格,Row 表示行号,Column 表示列号。例如:

```
    Cells(3,1). Select              '表示选中单元格 A3
    Cells(3,"A"). Select            '也表示选中单元格 A3
```

② Rows 对象代表了工作表中的一行或若干连续的行。例如:

```
    Rows(2). Select                 '表示选中工作表中的第 2 行
    Rows("2:2"). Select             '也表示选中工作表中的第 2 行
    Rows("1:5"). Select             '表示选中工作表中的第 1 行到第 5 行
```

③ Columns 对象代表了工作表中的一列或若干连续的列,使用方法与 Rows 类似。例如:

```
    Colunms("A"). Select            '表示选中工作表中的第 A 列
    Colunms("A:C"). Select          '表示选中工作表中的第 A 列到第 C 列
```

④ Range 对象代表工作表中的一个或多个单元格区域,可以是一个或多个单元格、一行或多行、一列或多列,也可以是任意的选择区域。例如:

```
    Range("A5"). Select             '表示选中 A5 单元格
    Range("A1:D5"). Select          '表示选中 A1:D5 的单元格区域
    Range("A1","D5"). Select        '表示选中单元格 A1 和单元格 D5
    Range("1:1"). Select            '表示选中工作表中的第 1 行
    Range("1:3"). Select            '表示选中工作表中的第 1 行到第 3 行
    Range("A"). Select              '表示选中工作表中的第 A 列
    Range("A:C"). Select            '表示选中工作表中的第 A 列到第 C 列
```

除此以外,单元格还可以用一种简化的表示方法,如[A3]表示单元格 A3,[A1:B4]表示 A1:B4 的单元格区域。

(2) 单元格赋值。

对于单元格的赋值,可以使用单元格对象的 Value 属性。该属性可在单元格中输入

值或者获取单元格的数值,其格式如下:

　　　　单元格引用范围. Value = 值

　　例如,在 A1:B5 单元格区域中输入"123",其代码如下:

```
Sub CellEvaluationSample( )
    Range("A1:B5"). Value = "123"
End Sub
```

　　用户也可以将一个单元格中的数值复制给其他的单元格,如将 E1 单元格的内容复制到 A1:B5 单元格区域,其代码如下:

```
Sub CellEvaluationSample( )
    Range("A1:B5"). Value = Range("E1")
End Sub
```

　　除此以外,在实际应用中更多使用的是利用公式赋值,可以使用单元格对象的 Formula 属性。该属性可以在单元格中输入公式或者获取单元格中的公式。例如,在 E1 单元格中计算 A1:D1 单元格区域中的数据总和,其代码如下:

```
Sub CellFormulaSample( )
    Range("E1"). Formula = " = Sum( A1:D1)"
End Sub
```

　　(3) 插入行或列。

　　插入行或列可以使用单元格对象的 Insert 方法,其格式如下:

　　行或列的引用. Insert

　　例如:

```
Rows(2). Insert              '表示在第 2 行前插入一个空行
Rows("2:4"). Insert          '表示在第 2 行前插入四个空行
Column("B"). Insert          '表示在第 B 列前插入一个空列
Column("B:C"). Insert        '表示在第 B 列前插入两个空列
```

　　(4) 删除行或列。

　　删除行或列可以使用单元格对象的 Delete 方法,其格式如下:

　　行或列的引用. Delete

　　例如:

```
Rows(2). Delete              '表示删除工作表中的第 2 行。
Rows("2:4"). Delete          '表示删除工作表中的第 2 行到第 4 行。
Column("B"). Delete          '表示删除工作表中的第 B 列。
Column("B:C"). Delete        '表示删除工作表中的第 B 列到第 C 列。
```

5.2.10　VBA 开发实例 1:文秘工作日程提醒

　　在实际工作中,企业的文秘人员最常见的操作就是为上级领导安排每天的行程,并在适当的时间提醒领导接下来的日程安排。如果仅仅依靠文秘人员的文字记录来查询日程,往往会因为一些人为的因素而造成延误。而且文秘人员经常去查看日程安排,也会影响正在做的工作,导致文秘人员工作效率低、心理负担重。因此,可以使用 VBA 程序来实现日程安排的自动提醒功能。

1. 制作"日程安排"工作表

首先,由文秘人员对一周中领导的工作日程进行合理的安排,并且制作成 Excel 的电子表格。这里我们假设每天只做 4 项日程的安排,安排好的日程表如图 5-21,并且自 A1 单元格开始存放。

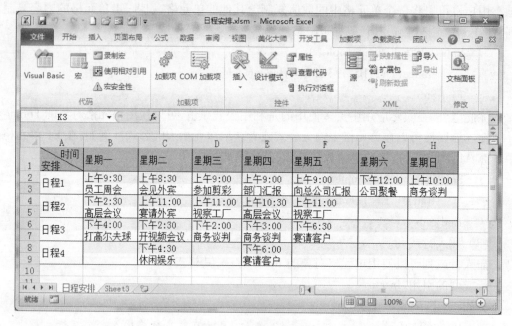

图 5-21　日程安排表

请注意表中的时间格式是"上午 9:30",而单元格的实际数值为 9:30:00。要按照表中的格式显示,只需在设置单元格格式时,在"数字"标签中选择"自定义"中的"上午/下午 h"时"mm"分""即可。

2. 添加"日程提醒"窗体

在程序运行中,若满足了需要提醒的条件,则系统会弹出一个提醒界面,界面中设置了两个单选按钮供用户选择不同的操作,分别是:"我已经知道了。"和"谢谢,请等会再提醒一次!"。具体操作如下:

➤ 在 VBE 窗口的菜单栏中选择"插入"菜单下的"用户窗体",或者在工程资源管理中单击鼠标右键后选择"插入"菜单下的"用户窗体",系统会自动创建一个名为"UserForm1"的窗体。

➤ 在"属性"窗口中修改"Caption"属性的值为"日程提醒",来修改窗体的标题。

➤ 在"控件"工具箱中单击"标签"按钮 **A**,在窗体的合适位置拖动鼠标指针绘制出一个标签。

➤ 选中窗体中的"标签"后,在"属性"窗口中单击"Font"属性右侧文本框中的 ... 按钮,打开"字体"对话框,在该对话框中设置标签文字的显示字体。

➤ 在"控件"工具箱中单击"选项按钮"按钮 ⊙，在窗体的合适位置拖动鼠标指针绘制出一个适当大小的选项按钮。

➤ 选中该选项按钮，在"属性"窗口中修改"Caption"属性的值为"我已经知道了。"，并修改"Value"属性值为"True"，表示默认选中该选项按钮。

➤ 按照同样的方法，在窗体中再添加一个选项按钮，修改其"Caption"属性的值为"谢谢，请等会再提醒一次!"，但不用设置"Value"属性。

➤ 在"控件"工具箱中单击"命令按钮"按钮 ▭，在窗体的合适位置拖动鼠标指针绘制出一个命令按钮。

选中该命令按钮，在"属性"窗口中修改"Caption"属性的值为"OK"。

通过上面的操作将会创建出如图 5-22 所示的用户窗体。

3. 添加"日程提醒"模块

在"日程提醒"模块中编写一个名称为 Remind( )的过程，用于判断是否需要弹出"日程提醒"对话框。该过程先根据当前时间找到当天的

图 5-22 "日程提醒"窗体设计视图

日程安排，然后比较当前时间与日程安排中的时间，根据比较结果来确定是否弹出"日程提醒"对话框。该过程的实现步骤如下：

➤ 定义两个全局变量，用于在"日程提醒"模块和"日程提醒"窗体代码中交换数据，获取用户的处理结果。

➤ 根据当前的系统日期，使用 Weekday 函数计算当前日期是星期几，并参考工作表根据星期几计算出对应单元格的列号。

➤ 将当前的系统时间转换成以分钟数来表示，即分钟数 = 小时 * 60 + 分钟。

➤ 通过 For 循环将当天所有日程的安排时间也转换成分钟数，并与当前时间的分钟数相减，若安排时间减去当前时间的值大于 0 并且小于 30，则弹出提醒对话框。

"日程提醒"模块的代码如下：

```
Option Base 1
Public flag(4) As Boolean              '记录用户对日程安排提醒做出的选择
Public n As Integer                    '记录被触发的日程安排索引号
Sub Remind( )
    Dim now_time As Integer, plan_time(4) As Integer
    Dim i As Integer, weekn As Integer, count As Integer
    weekn = Weekday(Now( ), 2) +1
                           '根据星期几，计算当前日期所在的单元格列号
    now_time = Hour(Now( )) * 60 + Minute(Now( ))
                           '将当前时间转化为分钟数
    For i = 1 To 4
```

```
        plan_time(i) = Hour(Cells(i * 2, weekn)) * 60 + Minute(Cells(i * 2,
           weekn))                        '将工作表中的计划时间转化为分钟数
        count = plan_time(i) - now_time
        If count > 0 And count < 30 Then
                                    '判断当前时间是否在需要提醒的范围,即30
                                       分钟内
           If flag(i) = False Then
                                       '判断用户是否已经对该日程做出操作选择
              n = i            '记录即将弹出提醒对话框的日程安排索引号
              UserForm1.Label1.Caption = "还有" & Str(count) & "分钟就
                 到" & Cells(1 + i * 2, weekn) & "的时间了。"
                                    '拼装出日程提醒对话框中显示的文字
              UserForm1.Show        '显示日程提醒窗体
           End If
        End If
     Next i
  End Sub
```

对于代码的说明如下：

（1）"Option Base 1"是设定数组的默认下标从 1 开始，若没有本条语句，则默认下标从 0 开始，即 flag 数组中有 5 个元素。

（2）两个 Public 对象的声明是为了在模块和窗体间传递数据。为了简化程序，我们在 Excel 工作表中设置了每天只能有 4 个安排的限制，因此这里定义了一个有 4 个元素的一维数组 flag，用来记录用户在"日程提醒"窗体中选择了哪个选项按钮。用户可以根据实际情况来修改每日可以支持的日程安排数。

（3）"Weekday(Now(), 2) + 1"表达式中的 Now() 函数用来获取当前的系统日期和时间，Weekday() 函数用来获取日期中的星期几，参数"2"表示 Weekday() 函数返回数值 1 则代表星期一。而最后的加 1 是因为工作表中的星期是从第 2 列开始的。

（4）flag 数组的类型是布尔型数据，而布尔型数据的默认值是 False，若程序中第二个 If 语句中的条件 flag(i) = False 成立，则表示两种可能性：一是从未弹出过"日程提醒"窗体；二是弹出过"日程提醒"窗体，但是用户选择了"谢谢，请等会再提醒一次！"的选项按钮。

4. 添加窗体代码

当系统运行"日程提醒"模块的代码后，会在适当的时候弹出"日程提醒"窗体，用户在窗体中可以根据不同的需要选择不同的选项。若用户选择的是第一个选项，点击"OK"按钮后，则表示该日程不需要再次提醒，因此在代码中设置 flag 数组中的值为"True"，表示该日程提醒已经完成，即使满足提醒的条件也不再弹出"日程提醒"窗体。

在 VBE 窗口中,双击"OK"按钮,进入代码编辑界面,系统会自动添加按钮的 Click 事件过程,在该事件过程中输入如下代码即可:

```
Private Sub CommandButton1_Click( )
        If OptionButton1. Value = True Then      '用户选择了第一个选项按钮
                flag(n) = True                   '在日程提醒模块中不再提醒该日程
        End If
        UserForm1. Hide                          '关闭该窗体
End Sub
```

5. 设置自动提醒

通过前面的设计,已经实现了日程的提醒功能,当运行宏代码时,将根据情况来弹出提醒窗体。但是这个提醒功能还是需要手工来运行代码时才能启动的,不能够实现自动提醒。而要实现自动提醒只需要编写 ThisWorkbook 对象中的 Open 事件即可,具体操作步骤如下:

➤ 在工程资源管理器中双击"ThisWorkbook"对象,打开相应的代码窗口。

➤ 单击代码窗口上方的"对象"下拉列表,选择"WorkBook"选项,系统会自动生成 WorkBook 对象的 Open 事件过程,这个事件是在每次打开工作簿时触发的。

➤ 在 Open 事件过程中添加如下代码即可:

```
Private Sub Workbook_Open( )
        Worksheets("日程安排表"). Activate       '激活"日程安排"工作表
        Call Remind                              '调用 Remind 过程
        Application. OnTime Now + TimeValue("00:06:00") , "Remind"
                                                 '每隔6分钟系统自动调用 Remind
                                                 过程

End Sub
```

其中,Application 对象的 OnTime 方法是在指定的时间或者在有规律的时间间隔内运行某过程。

通过以上程序的设计,文秘人员只需要在上班后打开日程安排的工作簿,就可以放心地完成其他的任务。只要工作簿不被关闭,系统会自动识别何时需要弹出提醒对话框,如图 5-23 所示,这大大提高了文秘人员的工作效率。

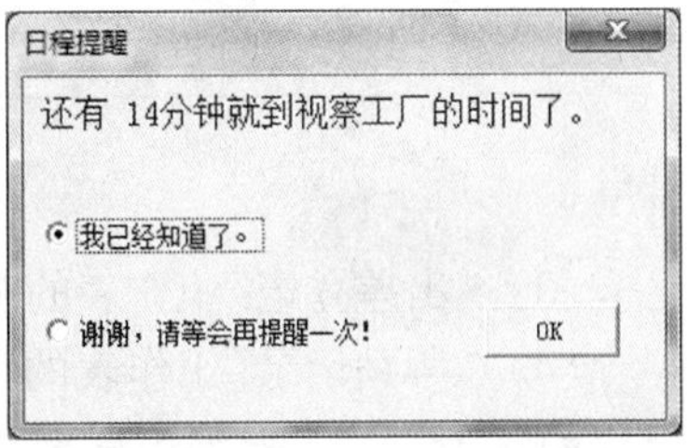

5.2.11 VBA 开发实例 2:工资管理系统

图 5-23 "日程提醒"对话框

1. 创建工作表

为了实现工资管理系统,首先需要创建一些基本数据,我们以工作表的形式来存放这些数据。在工资管理系统中需要用到"员工信息"表、"出差登记"表、"考勤记录"表和"工资表"表。这里我们只是实现最简单的工资计算功能,其他更为复杂的功能请在此基础上自行研究。

（1）"员工信息"工作表的设计如图 5-24 所示。要注意的是工作表中第 1 行和第 2 行中没有实际的员工信息，员工信息是从第三行开始的。同时列与列之间的顺序是不能改变的，否则本文中的程序则无法执行。若要改变列与列的顺序，请同时改变程序中相应的代码。

工号	姓名	性别	学历	部门	职务	工作时间	电话
公司员工信息表							
NO0001	周韧	男	专科	生产部	职工	2002/1/31	139****2543
NO0002	马钥	女	硕士	生产部	职工	2002/6/26	139****2544
NO0003	闫强	男	本科	生产部	主管	2002/8/28	139****2545
NO0004	庄海波	男	专科	生产部	职工	2002/8/31	139****2546
NO0005	戴一平	女	本科	生产部	职工	2003/4/16	139****2547
NO0006	黄暖丹	女	专科	生产部	职工	2003/5/1	139****2548
NO0007	邓正北	女	博士	生产部	职工	2003/5/17	139****2549
NO0008	潘正武	男	本科	销售部	职工	2003/6/29	139****2550
NO0009	李张营	女	专科	销售部	职工	2003/8/2	139****2551
NO0010	冯涓	女	专科	财务部	主管	2004/3/31	139****2552
NO0011	俞国军	男	专科	研发部	职工	2004/12/3	139****2553
NO0012	徐震	女	本科	生产部	职工	2004/12/17	139****2554
NO0013	何晶	女	专科	销售部	职工	2005/5/1	139****2555
NO0014	张江峰	男	专科	研发部	主管	2005/6/13	139****2556
NO0015	王亚先	女	专科	销售部	职工	2005/8/6	139****2557
NO0016	苗伟	男	本科	生产部	职工	2005/11/10	139****2558
NO0017	马云龙	男	专科	生产部	职工	2005/11/10	139****2559

图 5-24　"员工信息"工作表

（2）"出差登记"工作表的设计如图 5-25 所示。

（3）"考勤记录"工作表的设计如图 5-26 所示。由于图片的大小限制，在图 5-26 中已经隐藏了 5 月 4 号到 5 月 31 的列，请注意列的标号。

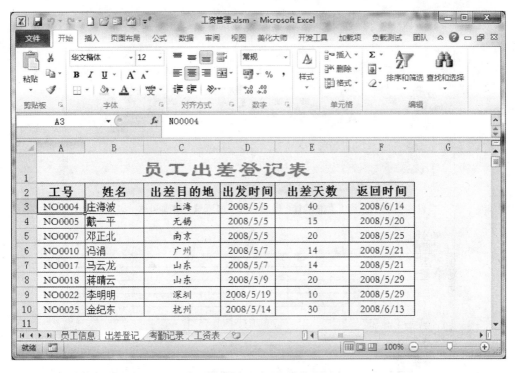

图 5-25 "出差登记"工作表

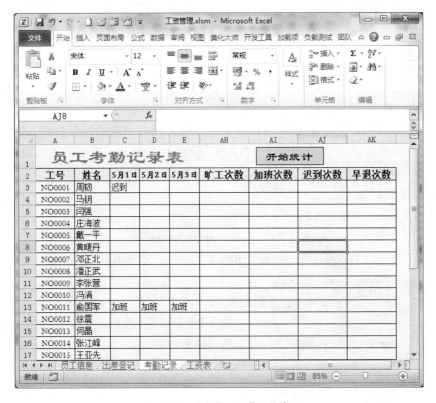

图 5-26 "考勤记录"工作表

（4）"工资表"工作表的设计如图 5-27 所示。

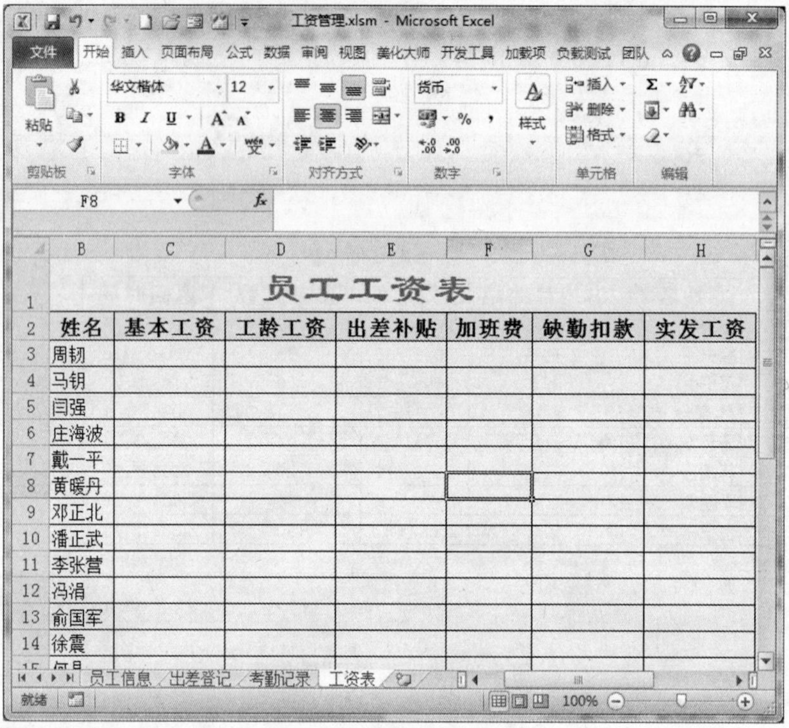

图 5-27 "工资表"工作表

2. 统计考勤信息

由于员工的工资与其本月的考勤状况有关，因此我们先在"考勤记录"工作表中计算出所有员工的旷工、加班、迟到、早退的次数。

为了编写代码，首先要在 VBE 窗口的工程资源管理器中单击鼠标右键，选择"插入"菜单中的"模块"命令，为系统添加一个名称为"模块 1"的模块。下面的代码如未做说明，则均放在该模块中。

本功能的代码如下：

```
Sub  统计考勤信息( )
    Dim i As Integer, j As Integer, count As Integer
    Dim kuanggong As Integer, jiaban As Integer, chidao As Integer, zaotui As In-
        teger
    count = Worksheets("考勤记录"). Range("A1"). CurrentRegion. Rows. count
                        '取出"考勤记录"表中有数据单元格的总行数
    For i = 3 To count          '循环计算所有员工
        kuanggong = 0
        jiaban = 0
        chidao = 0
```

```
zaotui = 0
For j = 3 To 33          '循环读取某员工一个月的所有考勤记录单元格
    Select Case Cells(i, j)
                         '根据不同的单元格内容,修改相应的变量值
            Case "旷工"
                kuanggong = kuanggong + 1
            Case "加班"
                jiaban = jiaban + 1
            Case "迟到"
                chidao = chidao + 1
            Case "早退"
                zaotui = zaotui + 1
    End Select
Next j
                         '给该员工的旷工、加班、迟到、早退情况赋值
Cells(i, 34) = kuanggong
Cells(i, 35) = jiaban
Cells(i, 36) = chidao
Cells(i, 37) = zaotui
Next i
End Sub
```

这里要注意的是 CurrentRegion 属性,这是在 VBA 程序开发时非常有用的属性,它会返回某单元格所在的数据列表区域,即由空行和空列分隔开来的区域。在下面的程序中我们会反复用到它。

3. 计算基本工资

员工的基本工资直接取决于他的学历,学历越高其基本工资也越高。在本例中假设专科学历的基本工资为 1500 元,本科学历的基本工资为 2000 元,硕士学历的基本工资为 2500 元,博士学历的基本工资为 3500 元。

本程序的设计思路是:根据"工资表"表中要计算基本工资的员工的工号,在"员工信息"表中查询出他的学历,根据不同的学历来设置他的基本工资。具体代码如下:

```
Sub  计算基本工资()
Dim i As Integer, j As Integer
Dim count1 As Integer, count2 As Integer
count1 = Worksheets("工资表"). Range("A1"). CurrentRegion. Rows. count
count2 = Worksheets("员工信息"). Range("A1"). CurrentRegion. Rows. count
            '分别取出"工资表"表和"员工信息"表中有数据单元格的总行数
For i = 3 To count1
            '循环"工资表"表中需要计算基本工资的所有员工
```

```
For j = 3 To count2
    '通过循环在"员工信息"表中查找该员工的学历情况
    If Cells(i, 1) = Worksheets("员工信息").Cells(j, 1) Then
    '在"员工信息"工作表中找出相同的工号,即找到相应的员工
    Select Case Worksheets("员工信息").Cells(j, 4)
                '根据员工的学历制定基本工资
        Case "专科"
            Cells(i, 3) = 1500
        Case "本科"
            Cells(i, 3) = 2000
        Case "硕士"
            Cells(i, 3) = 2500
        Case "博士"
            Cells(i, 3) = 3500
    End Select
    Exit For
    End If                '已经完成该员工基本工资的计算,则跳出循环
Next j
Next i
End Sub
```

4. 计算工龄工资

工龄工资由该员工在本公司工作年限来决定,工作年限越长,其工龄工资也越高。在本例中,假设每增加一年的工龄,其工龄工资上涨 100 元。

本程序中使用了 Year( )函数来取得当前日期和工作日期的年份。其代码如下:

```
Sub  计算工龄工资()
Dim i As Integer, j As Integer
Dim count1 As Integer, count2 As Integer
Dim workyear As Integer
count1 = Worksheets("工资表").Range("A1").CurrentRegion.Rows.count
count2 = Worksheets("员工信息").Range("A1").CurrentRegion.Rows.count
        '分别取出"工资表"表和"员工信息"表中有数据单元格的总行数
For i = 3 To count1
        '循环"工资表"表中需要计算工龄工资的所有员工
    For j = 3 To count2
        '通过循环在"员工信息"表中查找该员工的参加工作时间
    If Cells(i, 1) = Worksheets("员工信息").Cells(j, 1) Then
        '在"员工信息"表中找出相同的工号,即找到相应的员工
```

```
            workyear = Year(Now) - Year(Worksheets("员工信息").Cells(j, 7))
                            '获取当前日期和员工工作日期的年份之差
            Cells(i, 4) = 100 * workyear
                            '设定工龄工资为每增加一年工龄多100元
            Exit For
          End If          '已经完成该员工工龄工资的计算,则跳出循环
        Next j
      Next i
    End Sub
```

5. 计算出差补贴

出差补贴是公司对于在外地出差的员工所给予的生活和交通补贴,因此在计算出差补贴时需要用到"出差登记"表中的数据。本例中假设出差的每天补贴为100元。

本程序的设计思路是:根据"工资表"表中要计算出差补贴的员工的工号,在"出差登记"表中查询出他的"出差天数",然后来计算他的出差补贴。同时对于没有出差的员工,设置其出差补贴为"0"。具体代码如下:

```
    Sub  计算出差补贴()
      Dim i As Integer, j As Integer
      Dim count1 As Integer, count2 As Integer
      Dim butie As Double
      count1 = Worksheets("出差登记").Range("B3").CurrentRegion.Rows.count + 2
      count2 = Worksheets("工资表").Range("A1").CurrentRegion.Rows.count
                '分别取出"工资表"表和"出差登记"表中有数据单元格的总行数
      For i = 3 To count1
                '循环读取"出差登记"表中的记录
        For j = 3 To count2
                '通过循环,在"工资表"表中查找出有出差登记的员工
          If Cells(j, 1) = Worksheets("出差登记").Cells(i, 1) Then
                '在"出差登记"表中找出相同的工号,即找到相应的员工
            butie = Worksheets("出差登记").Cells(i, 5) * 100
                        '计算出差补贴,为每天100元
            Cells(j, 5) = butie
            Exit For
          End If
        Next j
      Next i
      For j = 3 To count2
        If Cells(j, 5) = "" Then
          Cells(j, 5) = 0          '将其他员工的出差补贴设置为0
```

```
        End If
    Next j
  End Sub
```

6. 计算加班费

在工作中,有时需要员工加班来完成一些紧迫的工作,这时就要向员工支付加班费。在本例中为了简化程序,将加班以次数来计算,每加班一次支付给员工100元加班费。

本程序的设计思路是:根据"工资表"中要计算加班费的员工的工号,在"考勤记录"表中查询出他的"加班次数",然后来计算他的加班费。具体代码如下:

```
Sub 计算加班费( )
Dim i As Integer, j As Integer
Dim count1 As Integer, count2 As Integer
Dim jiabanfei As Integer
count1 = Worksheets("工资表"). Range("A1"). CurrentRegion. Rows. count
count2 = Worksheets("考勤记录"). Range("A1"). CurrentRegion. Rows. count
         '分别取出"工资表"表和"考勤记录"表中有数据单元格的总行数
For i = 3 To count1      '循环"工资表"中需要计算加班费的所有员工
    For j = 3 To count2
        '通过循环在"考勤记录"表中查找该员工的加班次数
    If Cells(i, 1) = Worksheets("考勤记录"). Cells(j, 1) Then
        '在"考勤记录"中找出相同的工号,即找到相应的员工
        jiabanfei = Worksheets("考勤记录"). Cells(j, 35) * 100
                '计算加班费为每次100元
        Cells(i, 6) = jiabanfei
        Exit For
    End If
    Next j
Next i
End Sub
```

7. 计算缺勤扣款

对于有旷工、迟到和早退现象的员工要进行一定程度的罚款,本例中假设旷工一次罚款200元,迟到或早退一次罚款50元。其代码如下:

```
Sub 计算缺勤扣款( )
Dim i As Integer, j As Integer
Dim count1 As Integer, count2 As Integer
Dim koukuan As Integer
count1 = Worksheets("工资表"). Range("A1"). CurrentRegion. Rows. count
count2 = Worksheets("考勤记录"). Range("A1"). CurrentRegion. Rows. count
```

```
                        '分别取出"工资表"表和"考勤记录"表中有数据单元格的总行数
        For i = 3 To count1    '循环"工资表"表中需要计算缺勤扣款的所有员工
            For j = 3 To count2
                    '通过循环在"考勤记录"表中查找该员工的旷工、迟到和早退的
                    次数
                If Cells(i, 1) = Worksheets("考勤记录"). Cells(j, 1) Then
                        '在"考勤记录"中找出相同的工号,即找到相应的员工
                    koukuan = Worksheets("考勤记录"). Cells(j, 34) * 200 +
                        Worksheets("考勤记录"). Cells(i, 36) * 50 + Worksheets
                        ("考勤记录"). Cells(i, 37) *50
                            '计算缺勤扣款为迟到和早退每次50元,旷工每次200元
                    Cells(i, 7) = koukuan
                    Exit For
                End If
            Next j
        Next i
    End Sub
```

8. 计算实发工资

将前面的各项工资进行计算,最后生成该员工的实发工资,计算公式为:

实发工资 = 基本工资 + 工龄工资 + 出差补贴 + 加班费 − 缺勤扣款

本功能的代码如下:

```
    Sub  计算实发工资()
        Dim i As Integer
        Dim count As Integer
        count = Worksheets("工资表"). Range("A1"). CurrentRegion. Rows. count
                '取出"工资表"表中有数据单元格的总行数
        For i = 3 To count
            Cells(i,8) = Cells(i,3) + Cells(i,4) + Cells(i,5) + Cells(i,6) −
            Cells(i,7)    '计算出总的实发工资
        Next i
    End Sub
```

9. 在工作表中添加按钮并指定宏

在完成了上面的程序设计后,接下来的任务是在工作表中添加相应的按钮,并为按钮指定具体的功能,即指定宏。

(1) 在"考勤记录"工作表中添加按钮并指定宏。

在"考勤记录"工作表中,只需要实现一个功能,即统计考勤信息。因此,只需要通过如下的步骤在工作表中绘制一个矩形即可:

➤ 在 Excel 的"插入"选项卡中,单击"插图"功能组中的"形状"按钮,在下拉列表

中选中矩形按钮 ▢ ，在合适的位置拖动鼠标，绘制出一个矩形。

➢ 在矩形上单击鼠标右键，选择"编辑文字"后，在矩形框中输入"开始统计"。

➢ 为了使按钮更加美观，在矩形边框上单击鼠标右键，选择"设置形状格式"，将弹出如图5-28所示的对话框，根据需要设置线条和填充的格式。

添加了矩形控件的工作表如图5-29所示。接下来的工作是为该矩形控件指定需要执行的宏，具体步骤如下：

图5-28 "设置形状格式"对话框

图5-29 "考勤记录"工作表

➢ 在矩形边框上单击鼠标右键，选择"指定宏"，将打开如图5-30所示的对话框。

➢ 在"位置"下拉选项中选择"当前工作簿"。

➢ 在列表框中选择"统计考勤信息"。

➢ 单击"确定"按钮关闭对话框即可。

要注意的是，若是已经给矩形控件指定宏，则矩形控件就成了一个按钮，这时单击该按钮即可运行相应的代码。若要重新设置矩形的格式，可单击鼠标右键重新选择设置。

图5-30 "指定宏"对话框

（2）在"工资表"工作表中添加按钮并指定宏。

在"工资表"表中需要分别计算基本工资、工龄工资、出差补贴、加班费、缺勤扣款和实发工资，因此需要有 6 个按钮来实现不同的功能。请采用与"考勤记录"表中相同的方法在"工资表"表中添加 6 个按钮，并分别为其指定相应功能的宏。添加好按钮的"工资表"表如图 5-31 所示。

图 5-31 "工资表"工作表

当单击各个计算按钮后，各项数据将会被填写到相应的单元格中，如图 5-32 所示。

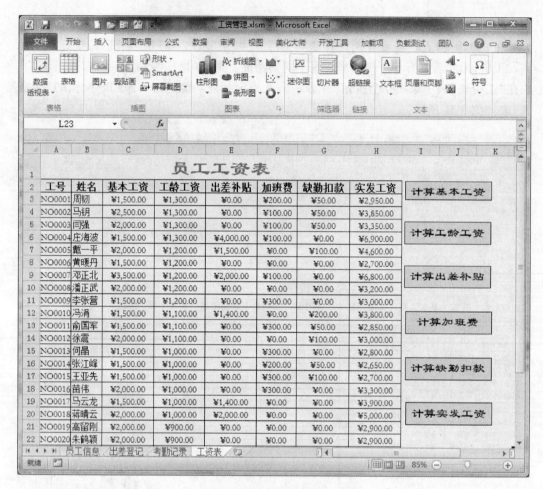

图 5-32　计算好的"工资表"工作表

10. 创建用户登录窗体

最后，我们需要为工资管理系统设置一定的使用权限，即口令正确才可以进入工作簿中进行工资的管理。

（1）创建登录窗体。

在工程资源管理器中添加一个用户窗体，并在窗体中放置合适的控件，设置好的窗体如图 5-33 所示。

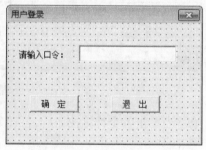

图 5-33　"用户登录"窗体

为了保证口令在输入时的安全，在"属性"窗口中，将文本框的 PassworChar 属性设置为"＊"，这样在运行程序时，文本框中所有输入的内容都以"＊"来显示。

（2）编写"确定"按钮代码。

在"确定"按钮上双击鼠标，进入"确定"按钮的 Click 事件过程。这里我们假设口令为"excel"，若口令正确则显示工作簿，否则弹出提示对话框。代码如下：

```
Private Sub CommandButton1_Click( )
    If TextBox1. Text = "excel" Then
        UserForm1. Hide                    '登录成功,隐藏"用户登录"窗体
    Else
        MsgBox "您的口令不正确!"
    End If
End Sub
```

（3）编写"退出"按钮代码。

在"退出"按钮上双击鼠标，进入"退出"按钮的 Click 事件过程。在该过程中只要关闭当前工作簿即可。

```
Private Sub CommandButton2_Click( )
    ActiveWorkbook. Close（False）
End Sub
```

11. 其他代码

（1）运行程序时，在"用户登录"对话框中，若用户点击了"退出"按钮，则整个工作簿都会被关闭。而若是用户点击了"用户登录"窗体中的"关闭"按钮▣，则会直接关闭该对话框，但是不会关闭工作簿。为了解决这个问题，可以在"用户登录"窗体的代码中追加下面的代码，Terminate 事件在窗体被终止时触发：

```
Private Sub UserForm_Terminate( )
    ActiveWorkbook. Close（False）
End Sub
```

（2）为了使用户在打开工作簿时自动弹出"用户登录"对话框，需要设置 ThisWorkbook 对象的 Open 事件代码。具体代码如下：

```
Private Sub Workbook_Open( )
    UserForm1. Show                        '显示"用户登录"窗体
End Sub
```

第六章

共享与协作

6.1 共享工作簿

Excel 允许多个用户通过网络同时使用同一个工作簿文件,对其进行编辑公式、更改格式或添加工作表等操作。

使用共享工作簿的定期更新功能,可以按照用户指定的间隔自动接收由其他用户对共享工作簿所做的修改,同时还可以保存自己对工作簿所做的改动。

共享工作簿给用户带来了许多方便,使他们能协同工作、共同处理某个工作簿,对其进行修改和查看。但同时也带来了一些麻烦,如有些数据不希望某些人查看或修改,有些修改可能会引起冲突等,因此需要采取一些措施对工作簿进行保护。

6.1.1 新建共享工作簿

新建共享工作簿的方法很简单,方法如下:

➢ 打开 Excel,新建工作簿。

➢ 在"审阅"选项卡的"更改"功能组中单击"共享工作簿",弹出图 6-1 所示的"共享工作簿"对话框。

➢ 选中"允许多用户同时编辑,同时允许工作簿合并"复选框。

➢ 单击"确定"按钮。

➢ 在弹出的"另存为"对话框中,输入文件名或网站地址,将共享工作簿保存在其他用户可以访问到的一个网络资源上。

建立共享工作簿的同时也启用了冲突日志,使用冲突日志可以查看对共享工作簿的更改,以及在有冲突时修改的取舍情况。

能够访问保存有共享工作簿的网络资源的所有用户都可以访问共享工作簿。

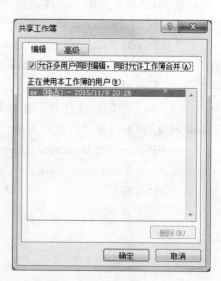

图 6-1 "共享工作簿"对话框

6.1.2　设置共享工作簿

在建立共享工作簿时,还可以对其进行一些设置。

➢ 打开共享工作簿。

➢ 在"审阅"选项卡的"更改"功能组中单击"共享工作簿",弹出"共享工作簿"对话框。

➢ 单击"高级"选项卡,如图6-2所示。

1. 设置更新频率

每一位用户都可以独立地设置从其他用户接受更新的频率。

选中"更新"下的"保存文件时",可使用户在每次保存共享工作簿时查看其他用户的更改;选中"更新"下的"自动更新间隔",在"分

图6-2　"高级"选项卡

钟"中输入时间间隔,选中"查看其他人的更改",可以使用户每隔一定的时间间隔就能查看其他用户所做的修改;如果选中的是"保存本人的更改并查看其他用户的更改",可以在每次更新时保存共享工作簿,以便其他用户也可以查看到自己所做的修改。

2. 设置个人视图

个人视图是一组显示和打印设置。每一位用户可以独立地设置自己的个人视图。

➢ 打印设置:包括分页符、在"视图"菜单中的"分页预览"命令中设置的打印区域以及"文件"菜单中"页面设置"对话框中所做的设置。

➢ 筛选设置:包括使用"自动筛选"和"高级筛选"所做的设置。

3. 保存冲突与修订冲突处理

每个用户都可以为工作簿保存冲突日志。选中"修订"下的"保存修订记录",并在编辑框中输入天数,可以设置保留冲突日志的时间。

各个用户对共享工作簿进行修改后,最终要将这些修改合并。合并时,如果各自的修订发生冲突,就要进行冲突处理。选中"用户间的修订冲突"下的"询问保存哪些修订信息",可以在修订发生冲突时弹出保存修订的提示,让用户做出选择。

6.1.3　查看与合并修订

当一个共享工作簿在经过多个人的修订之后,工作簿的用户一定很想查看其他人或者自己到底做了哪些修订,修订数据都保存在冲突日志里。

1. 查看修订

查看冲突日志有两种方法:在工作表上显示修订数据和在"日志"工作表上查看。

➢ 打开共享工作簿。

➢ 在"审阅"选项卡的"更改"功能组中单击"修订"按钮右侧的下拉箭头,选择"突出显示修订"命令,打开图6-3所示的对话框。

图 6-3 "突出显示修订"对话框

> 选中"编辑时跟踪修订信息,同时共享工作簿"。
> 选中"在屏幕上突出显示修订"。
> 单击"确定"按钮。

此时,Excel 会将工作表中修改过的内容、插入或删除的单元格以突出的颜色标记显示,且为每一个用户的修改都分配一种不同的颜色。当鼠标指针停留在修订过的单元格上时,会用批注的形式显示出修订的详细信息,如图 6-4 所示。

	A	B	C	D	E	F	G	H
1	日期	药品编号	药品类别	品名	零售价	数量	金额	零售单位
2	2008-1-8	YPYL003	饮片原料	灵芝草	￥ 150.00	2	￥ 300.00	元/袋（250g）
3	2008-1-8	YPYL004	饮片原料	冬虫夏草	￥ 260.00	1	￥ 260.00	元/盒（10g）
4	2008-1-8	YLQ002	医疗器械	周林频谱仪	￥ 225.00	1	￥ 225.00	元/台
5	2008-1-8	YLQ003	医疗器械	颈椎治疗仪	￥ 198.00	1	￥ 198.00	元/个
6	2008-1-8	BJP007	保健品	燕窝	￥ 198.00	1	￥ 198.00	元/盒
7	2008-1-8	BJP005	保健品	朵儿胶囊	￥ 77.40	2	￥ 154.80	元/盒
8	2008-1-8	BJP003	保健品	排毒养颜	￥ 67.20	2	￥ 134.40	元/盒
9	2008-1-8	BJP004	保健品	太太口服液	￥ 38.00	3	￥ 114.00	元/盒
10	2008-1-8	BIP005	保健品	朵儿胶囊	￥ 77.40	1	￥ 77.40	元/盒
11	2008-1-8	YLQ004	医疗器械	505神功元气带	￥ 69.50	1		
12	2008-1-8	YLQ007	医疗器械	月球车	￥ 58.00	2		
13	2008-1-8	ZCY007	中成药	国公酒	￥ 11.40	5		
14	2008-1-8	BJP002	保健品	红桃K	￥ 44.80	1		
15	2008-1-8	YPYL007	饮片原料	枸杞	￥ 18.00	2		
16	2008-1-8	YPYL001	饮片原料	人参	￥ 0.13	250	￥ 32.00	元/g
17	2008-1-8	XY004	西药	青霉素	￥ 25.00	1	￥ 25.00	元/盒
18	2008-1-8	ZCY005	中成药	感冒冲剂	￥ 12.30	2	￥ 24.60	元/盒
19	2008-1-8	ZCY002	中成药	舒肝和胃丸	￥ 11.00	2	￥ 22.00	元/盒
20	2008-1-8	XY006	西药	去痛片	￥ 8.60	2	￥ 17.20	元/瓶

（批注框）Kinghood, 2011-3-28 14:40:
单元格 F12 从"1"更改为"2"。

图 6-4 突出显示修订信息

2. 合并修订

在合并修订时,可以根据需要接受或拒绝所做的修订。

> 打开共享工作簿。
> 在"审阅"选项卡的"更改"功能组中单击"修订"按钮右侧的下拉箭头,选择"接受/拒绝修订"命令,打开图 6-5 所示的"接受或拒绝修订"对话框。

图 6-5 "接受或拒绝修订"对话框

> 根据需要选择修订时间、修订人与位置,然后单击"确定"按钮,这时会出现图 6-6 所示对话框。

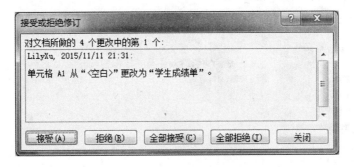

图 6-6 "接受或拒绝修订"对话框

> 根据需要单击相关按钮。单击"接受"按钮,接受修订并清除突出显示标记,若某处经过多次修改,还会提示用户为单元格从多个修改值中选择一个。单击"拒绝"按钮,放弃当前对工作表的修改。单击"全部接受"或"全部拒绝",可以一次性完成修改或拒绝修改。

6.1.4 合并共享工作簿

当其他用户更新共享工作簿后,通常需要使用"比较和合并工作簿"命令先比较这些用户所做的更改,然后再用这些更改更新工作簿。

☞ **注意:**

　　共享工作簿只能与从该同一共享工作簿生成的工作簿副本合并。不能使用"比较和合并工作簿"命令合并尚未共享的工作簿。若要使用"比较和合并工作簿"命令,共享工作簿的所有用户都必须保存一个包含自己所做更改的共享工作簿副本,并使用有别于原始工作簿的唯一文件名。共享工作簿的所有副本都应与该共享工作簿位于同一个文件夹中。

合并共享工作簿的方法为:
> 将"比较和合并工作簿"命令添加到"快速访问工具栏"上:
>> ● 单击"文件"选项卡。

- 单击"选项"。
- 在"快速访问工具栏"类别中的"从下列位置选择命令"列表中选择"所有命令"。
- 在列表中,单击"比较和合并工作簿",单击"添加",然后单击"确定"。

➤ 打开要将更改合并到其中的共享工作簿副本。

➤ 在"快速访问工具栏"上,单击"比较和合并工作簿"按钮。

➤ 在打开的对话框中,选择需要合并的工作簿(允许多选)后,单击"确定"按钮。此时,需要合并的共享工作簿修订数据都合并到当前打开的共享工作簿中。

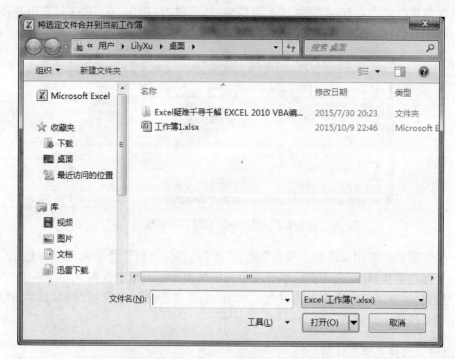

图 6-7 "将选定文件合并到当前工作簿"对话框

6.1.5 保护共享工作簿

保护共享工作簿之前必须先撤销工作簿的共享状态,或者说只能在工作簿共享之前进行保护。

➤ 打开共享工作簿。

➤ 在"审阅"选项卡的"更改"功能组中单击"共享工作簿",弹出如图 6-1 所示的"共享工作簿"对话框。

➤ 取消选中"允许多用户同时编辑,同时允许工作簿合并"复选框。

➤ 单击"确定"按钮,撤销共享工作簿。

➤ 在"审阅"选项卡的"更改"功能组中单击"保护并共享工作簿",打开"保护共享工作簿"对话框。如图 6-8 所示。

➤ 选中"以跟踪修订方式共享",并输入密码。

➤ 单击"确定"按钮,会出现"确认密码"对话框,输入确认密码后单击"确定"按钮。可能会出现如图 6-9 所示的提示框。

➤ 若有提示框,单击"确定"按钮即可。

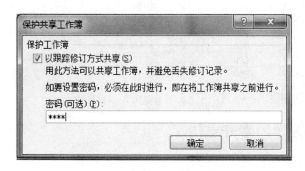

图 6-8 "保护共享工作簿"对话框

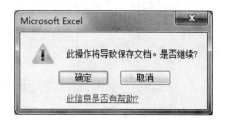

图 6-9 提示信息框

6.2 Excel 与其他 Office 软件间的协作

与其他软件相比,Excel 在数据输入、函数处理、图表制作等方面具有优势;而 Word 在文字输入、格式编排等方面一枝独秀;若要制作幻灯片,则 PowerPoint 让我们得心应手。尽管 Excel 具有简单的数据库功能,但在数据的组织、管理等方面,又远不及 Access。所以在实际工作中,经常需要将不同软件进行协作,如在 Word、PowerPoint 中插入 Excel 图表,在 Excel 与 Access 之间互导数据等。

6.2.1 Excel 与 Word、PowerPoint 的协作

不仅可以在 Excel 的工作表或工作簿之间建立链接,还可以将 Excel 图表链接到 Word、PowerPoint 中。如果 Excel 中的工作表发生变化,则 Word、PowerPoint 中的文件也会更新。

1. 将 Excel 数据复制到 Word 文档中

打开一个有图表的工作簿,如图 6-10 所示。

➤ 选中数据区域 A1:F11,然后按下组合键【Ctrl】+【C】复制数据。

➤ 打开 Word 文档,单击"开始"选项卡"剪贴板"功能组中"粘贴"下方的下拉箭头,选择其中的"选择性粘贴"命令,弹出如图 6-11 所示的"选择性粘贴"对话框。

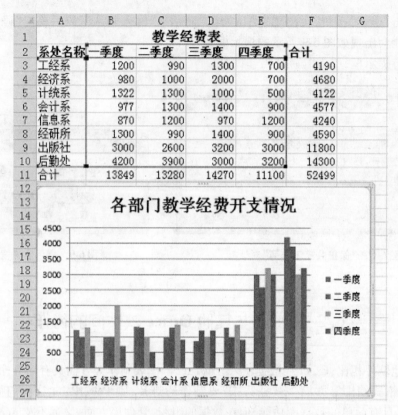

图 6-10　带有图表的工作簿

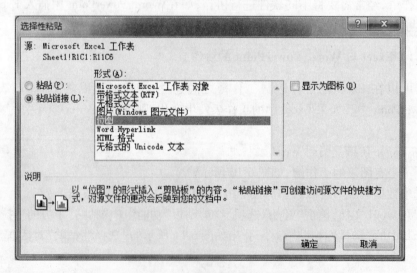

图 6-11　"选择性粘贴"对话框

➤ 选中左侧的"粘贴链接",然后在"形式"列表框中选择"位图"。

➤ 单击"确定"按钮,效果如图 6-12 所示。

教学经费表					
系处名称	一季度	二季度	三季度	四季度	合计
工经系	1200	990	1300	700	4190
经济系	980	1000	2000	700	4680
计统系	1322	1300	1000	500	4122
会计系	977	1300	1400	900	4577
信息系	870	1200	970	1200	4240
经研所	1300	990	1400	900	4590
出版社	3000	2600	3200	3000	11800
后勤处	4200	3900	3000	3200	14300
合计	13849	13280	14270	11100	52499

图 6-12　Word 中的效果

若此时修改 Excel 工作表中的数据,会发现 Word 文档中的数据会自动地随之改变。

2. 将图表复制到 PowerPoint 中

➤ 打开如图 6-10 所示的有图表的工作簿。

➤ 选中图表,然后按下组合键【Ctrl】+【C】复制图表。

➤ 在 PowerPoint 中选择要插入图表的幻灯片,然后在该幻灯片中单击"开始"选项卡 "剪贴板"功能组中"粘贴"下方的下拉箭头,选择其中的"选择性粘贴"命令,打开 "选择性粘贴"对话框,如图 6-13 所示。

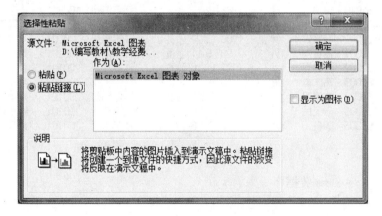

图 6-13　"选择性粘贴"对话框

➤ 选中"粘贴链接",在"作为"列表框中选中"Microsoft Office Excel 图表对象"。

➤ 单击"确定"按钮。

6.2.2　Excel 与 Access 的协作

1. 将 Excel 工作表导入到 Access 中

将如图 6-14 所示的 Excel 工作表"学生信息表"导入 Access 中的方法为:

	A	B	C	D	E	F	G	H
1	学号	姓名	性别	出生日期	政治面貌	籍贯	班级编号	系别
2	0611034001	严治国	男	1988-2-9	团员	江苏南京	100101	计算机学院
3	0611034002	杨军华	男	1987-8-6	团员	江苏苏州	100101	计算机学院
4	0611034003	陈延俊	男	1987-10-9	团员	江苏扬州	100101	计算机学院
5	0611034004	王一冰	女	1986-9-6	党员	江苏苏州	100101	计算机学院
6	0611034005	赵朋清	女	1987-10-12	团员	江苏南通	100101	计算机学院
7	0611034006	周韧	男	1986-11-8	团员	山东青岛	100101	计算机学院
8	0611034007	马钥	女	1988-5-4	团员	江苏南通	100101	计算机学院
9	0611034008	闫强	男	1988-8-5	团员	江苏苏州	100101	计算机学院
10	0611034009	庄海波	男	1987-9-1	团员	福建福州	100101	计算机学院
11	0611034010	戴一平	女	1988-7-2	团员	广东广州	100101	计算机学院
12	0611034011	黄暖丹	女	1988-1-6	团员	江苏苏州	100101	计算机学院
13	0614051001	邓正北	女	1987-11-19	团员	江苏镇江	100201	电子工程学院
14	0614051002	潘正武	男	1988-3-8	团员	浙江杭州	100201	电子工程学院
15	0614051003	李张营	女	1986-12-8	团员	福建厦门	100201	电子工程学院
16	0614051004	冯涓	女	1987-12-29	团员	江苏苏州	100201	电子工程学院
17	0614051005	俞国军	男	1988-7-26	团员	江苏南通	100201	电子工程学院
18	0614051006	徐震	女	1986-9-8	团员	江苏无锡	100201	电子工程学院
19	0614051007	何晶	女	1987-9-4	党员	江苏常州	100201	电子工程学院
20	0614051008	张江峰	男	1987-11-15	团员	江苏无锡	100201	电子工程学院
21	0614051009	王亚先	女	1987-11-21	团员	江苏苏州	100201	电子工程学院
22	0614051010	苗伟	男	1988-12-12	党员	江苏苏州	100201	电子工程学院
23	0615401001	马云龙	男	1987-6-18	党员	江苏盐城	300201	外国语学院
24	0615401002	蒋晴云	女	1986-12-22	团员	江苏扬州	300201	外国语学院
25	0617062001	高留刚	男	1987-8-11	团员	江苏南京	200101	数学科学学院
26	0617062002	朱鹤颖	女	1987-11-15	团员	江苏扬州	200101	数学科学学院
27	0617062003	高庆丰	男	1988-2-1	团员	江苏苏州	200101	数学科学学院
28	0617062004	李明明	女	1988-3-3	团员	江苏扬州	200101	数学科学学院
29	0617062005	于爱民	男	1986-4-5	团员	江苏苏州	200101	数学科学学院
30	0617062006	陈键	女	1987-5-6	团员	江苏南通	200101	数学科学学院

图6-14 学生信息表

➢ 打开一个 Access 数据库。

➢ 选中"表"对象，执行"外部数据"选项卡中"导入并链接"功能组中的"Excel"命令。

➢ 在"选择数据源和目标"对话框中，指定数据源文件"学生信息表.xls"。如图6-15 所示。

➢ 单击"确定"按钮，打开"导入数据表向导"对话框。如图6-16 所示。

➢ 选中要导入的工作表，然后单击"下一步"按钮。如图6-17 所示。

➢ 选中"第一行包含列标题"，然后单击"下一步"按钮。

➢ 全部使用默认设置，直接单击所有的"下一步"按钮。

➢ 单击"完成"按钮，出现如图6-18 所示的对话框。

➢ 单击"关闭"按钮，完成 Excel 工作表的导入。

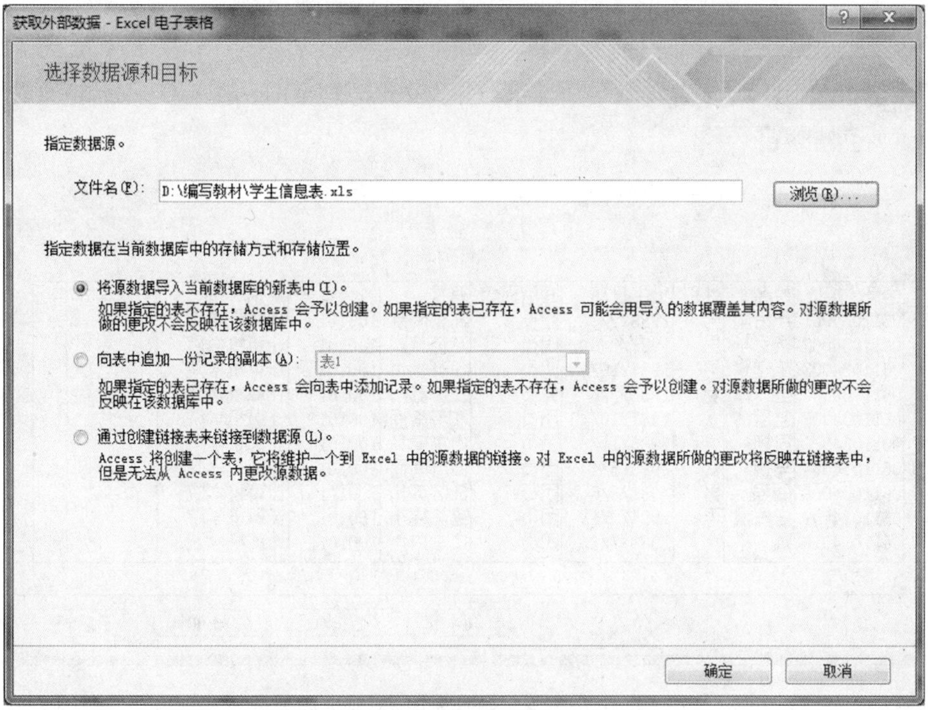

获取外部数据 - Excel 电子表格

选择数据源和目标

指定数据源。

文件名(F): D:\编写教材\学生信息表.xls   浏览(R)...

指定数据在当前数据库中的存储方式和存储位置。

○ 将源数据导入当前数据库的新表中(I)。
　　如果指定的表不存在，Access 会予以创建。如果指定的表已存在，Access 可能会用导入的数据覆盖其内容。对源数据所做的更改不会反映在该数据库中。

○ 向表中追加一份记录的副本(A): 表1
　　如果指定的表已存在，Access 会向表中添加记录。如果指定的表不存在，Access 会予以创建。对源数据所做的更改不会反映在该数据库中。

○ 通过创建链接表来链接到数据源(L)。
　　Access 将创建一个表，它将维护一个到 Excel 中的源数据的链接。对 Excel 中的源数据所做的更改将反映在链接表中，但是无法从 Access 内更改源数据。

确定　　取消

图 6-15 "导入"对话框

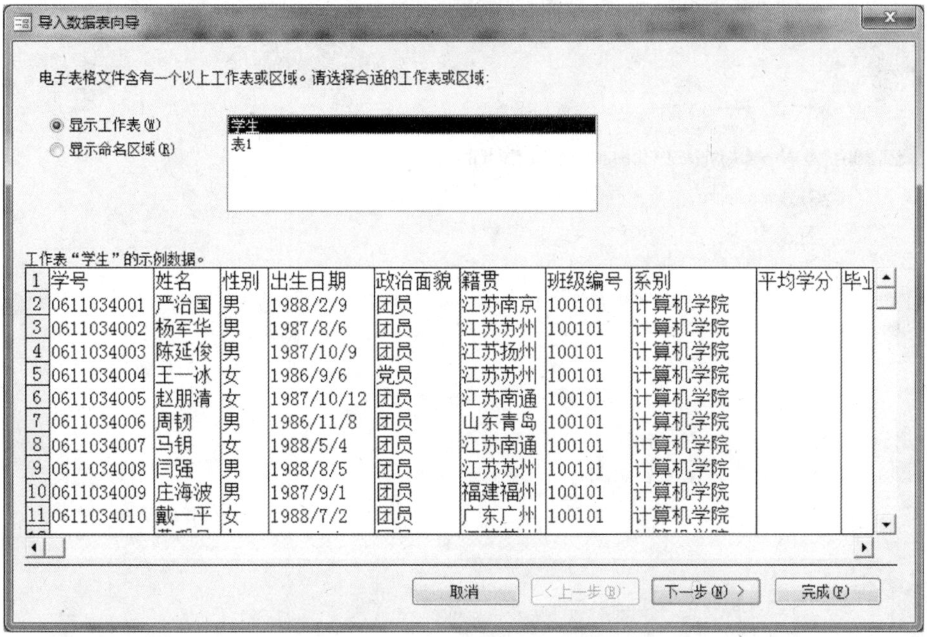

导入数据表向导

电子表格文件含有一个以上工作表或区域。请选择合适的工作表或区域:

○ 显示工作表(W)　　学生
○ 显示命名区域(R)　　表1

工作表"学生"的示例数据。

	学号	姓名	性别	出生日期	政治面貌	籍贯	班级编号	系别	平均学分	毕业
1	学号	姓名	性别	出生日期	政治面貌	籍贯	班级编号	系别	平均学分	毕业
2	0611034001	严治国	男	1988/2/9	团员	江苏南京	100101	计算机学院		
3	0611034002	杨军华	男	1987/8/6	团员	江苏苏州	100101	计算机学院		
4	0611034003	陈延俊	男	1987/10/9	团员	江苏扬州	100101	计算机学院		
5	0611034004	王一冰	女	1986/9/6	党员	江苏苏州	100101	计算机学院		
6	0611034005	赵朋清	女	1987/10/12	团员	江苏南通	100101	计算机学院		
7	0611034006	周韧	男	1986/11/8	团员	山东青岛	100101	计算机学院		
8	0611034007	马钥	男	1988/5/4	团员	江苏南京	100101	计算机学院		
9	0611034008	闫强	男	1988/8/5	团员	江苏苏州	100101	计算机学院		
10	0611034009	庄海波	男	1987/9/1	团员	福建福州	100101	计算机学院		
11	0611034010	戴一平	女	1988/7/2	团员	广东广州	100101	计算机学院		

取消　　< 上一步(B)　　下一步(N) >　　完成(F)

图 6-16 "导入数据表向导"对话框 1

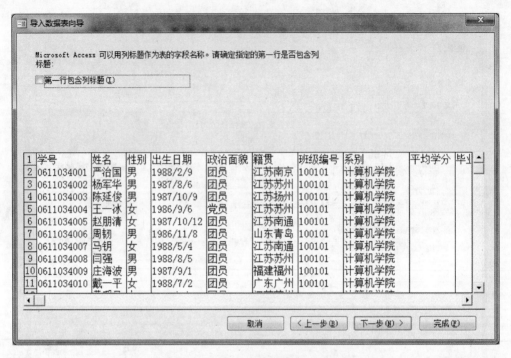

图 6-17 "导入数据表向导"对话框 2

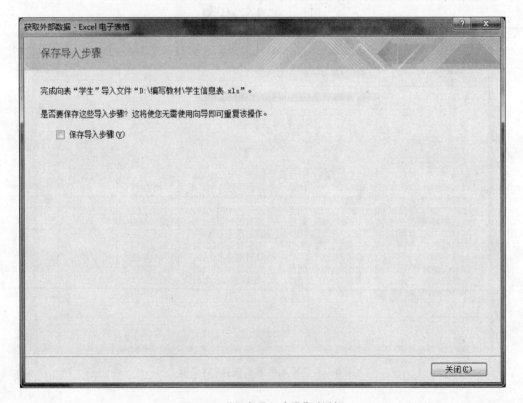

图 6-18 "保存导入步骤"对话框

在导入数据时,也可以在第二步中选择链接表命令,接下来的操作与前面的叙述完全相同,也可以将 Excel 工作表导入 Access 中。直接导入的数据与 Excel 中的工作表再无关系,而链接表导入的数据随 Excel 中的源数据变化而自动更新。

2. 将 Access 中的数据导入 Excel 中

将 Access 中的数据导入 Excel 中也很容易,通常有两种方法。

方法一:

➤ 打开 Access 数据库。

➤ 双击某张表,以数据表视图方式浏览表。

➤ 拖动鼠标,选中数据,然后按下组合键【Ctrl】+【C】复制数据。

➤ 切换到 Excel。

➤ 在某张工作表中按下组合键【Ctrl】+【V】执行粘贴操作。

方法二:

➤ 打开 Excel 工作簿。

➤ 执行"数据"选项卡"获取外部数据"功能组中的"自 Acess"命令,打开"选取数据源"对话框。如图 6-19 所示。

图 6-19 "选取数据源"对话框

➤ 选择指定位置的 Access 数据库文件(.MDB),然后单击"打开"按钮,打开图 6-20 所示的"选择表格"对话框。

➢ 选择要导入的表，然后单击“确定”按钮，打开图 6-21 所示对话框。

➢ 在“导入数据”对话框中，选择数据位置后单击“确定”按钮。

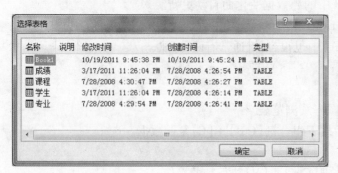

图 6-20 “选择表格”对话框

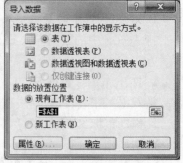

图 6-21 “导入数据”对话框

6.3 Excel 通过 MS Query 操作外部数据

Excel 通过 MS Query 可以直接查询外部数据源中的数据，并将查询结果显示在 Excel 的工作表中，且不影响数据源的数据。

已知教学管理系统数据库中有如下几张表：学生表、课程表、成绩表、教师表与任课表。表的结构与数据如图 6-22、图 6-23 所示。

学生表 : 表

字段名称	数据类型
学号	文本
姓名	文本
性别	文本
出生日期	日期/时间
政治面貌	文本
籍贯	文本
系别	文本

(a) 学生表

教师表 : 表

字段名称	数据类型
教师编号	文本
姓名	文本
性别	文本
学历	文本
工作时间	日期/时间
职称	文本
系别	文本
简历	备注

(b) 教师表

课程表 : 表

字段名称	数据类型
课程编号	文本
课程名	文本
课程类别	是/否
学分	数字

(c) 课程表

任课表 : 表

字段名称	数据类型
课程编号	文本
教师编号	文本
班级编号	文本

(d) 任课表

成绩表 : 表

字段名称	数据类型
学号	文本
课程编号	文本
成绩	数字

(d) 成绩表

图 6-22 表结构

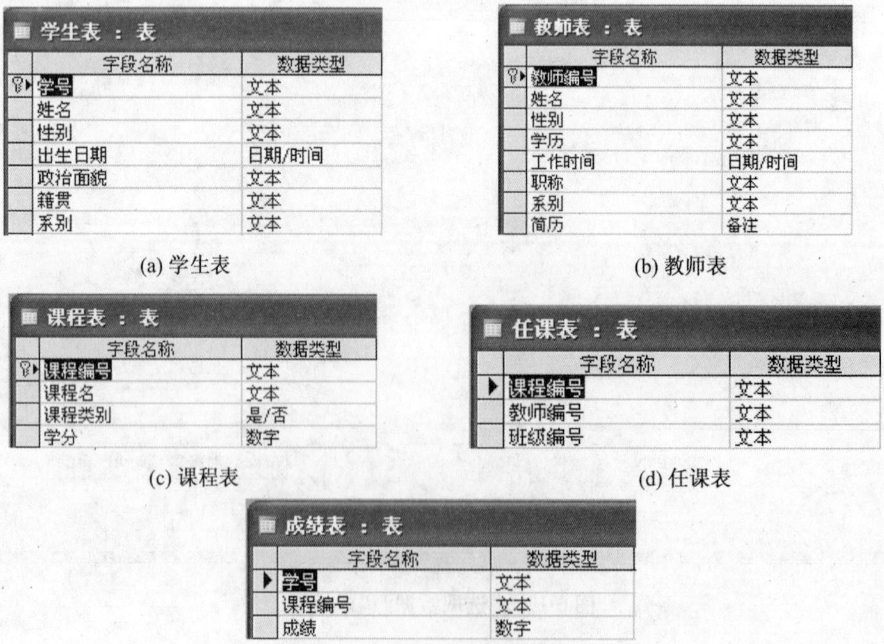

学生表 : 表

学号	姓名	性别	出生日期	政治面貌	籍贯	系列
0611034001	严治国	男	1988-2-9	团员	江苏南京	计算机学院
0611034002	杨军华	男	1987-8-6	团员	江苏苏州	计算机学院
0611034003	陈延俊	男	1987-10-9	团员	江苏扬州	计算机学院
0611034004	王一冰	女	1986-9-6	党员	江苏苏州	计算机学院
0611034005	赵朋清	女	1987-10-12	团员	江苏南通	计算机学院
0611034006	周韧	男	1986-11-8	团员	山东青岛	计算机学院
0611034007	马钥	女	1988-5-4	团员	江苏南通	计算机学院
0611034008	闫强	男	1988-8-5	团员	江苏苏州	计算机学院
0611034009	庄海波	男	1987-9-1	团员	福建福州	计算机学院
0611034010	戴一平	女	1988-7-2	团员	广东广州	计算机学院
0611034011	黄暖丹	女	1988-1-6	团员	江苏苏州	计算机学院
0614051001	邓正北	女	1987-11-19	团员	江苏镇江	电子工程学院
0614051002	潘正武	男	1988-3-8	团员	浙江杭州	电子工程学院
0614051003	李张营	女	1986-12-8	团员	福建厦门	电子工程学院
0614051004	冯涓	女	1987-12-29	团员	江苏苏州	电子工程学院
0614051005	俞国军	男	1988-7-26	团员	江苏南通	电子工程学院
0614051006	徐震	女	1986-9-8	团员	江苏无锡	电子工程学院
0614051007	何晶	女	1987-9-4	党员	江苏无锡	电子工程学院
0614051008	张江峰	男	1987-11-15	团员	江苏无锡	电子工程学院
0614051009	王亚先	女	1987-11-21	团员	江苏苏州	电子工程学院
0614051010	苗伟	男	1988-12-12	党员	江苏苏州	电子工程学院
0615401001	马云龙	男	1987-6-18	党员	江苏盐城	外国语学院
0615401002	蒋晴云	女	1986-12-22	团员	江苏扬州	外国语学院

(a) 学生表

任课表 : 表

课程编号	教师编号	班级编号
01	1001002	300201
01	1001003	100101
01	1001003	100201
01	1001004	300202
01	1001009	100102
05	1001010	100201
04	1011015	100101
03	1021004	100201
03	1021005	300201
03	1021017	100101
02	1031005	100101
02	1031005	100201
07	1031006	100101
02	1031007	100102
02	1031008	300201

(b) 任课表

课程表 : 表

课程编号	课程名	课程类别	学分
01	计算机应用基础	☑	3
02	高等数学	☑	4
03	英语	☑	4
04	数字电路	☐	2
05	数据结构	☐	3
06	大学语文	☐	2
07	数学分析	☐	2
08	思想修养	☐	2
09	JAVA程序设计	☐	3
10	计算机网络	☑	4
11	数据库原理	☑	4
12	软件工程	☐	3
13	操作系统	☑	3
14	线形代数	☑	2
15	人工智能	☐	2
16	算法设计与分析	☐	3
17	数字图像处理	☐	2
18	多媒体技术	☐	2
19	中文信息处理	☐	2
20	法律基础	☐	2
		☑	

(c) 课程表

■ 教师表 : 表

	教师编号	姓名	性别	学历	工作时间	职称	系别	简历
+	1001001	朱迅宇	男	硕士	1996-9-4	讲师	计算机学院	
+	1001002	倪东	男	本科	2002-4-9	助教	计算机学院	
+	1001003	崔雨笛	男	本科	1985-4-6	教授	计算机学院	
+	1001004	蒋谥峰	男	本科	1987-6-12	副教授	计算机学院	
+	1001009	刘剑峰	男	本科	2003-8-12	助教	计算机学院	
+	1001010	李兵	女	本科	2002-2-9	助教	计算机学院	
+	1001011	尤奇	男	本科	2001-7-20	助教	计算机学院	
+	1001012	袁建英	男	本科	1990-5-31	讲师	计算机学院	
+	1001013	章尧	男	本科	1982-12-21	教授	计算机学院	
+	1011011	徐喜荣	男	硕士	1982-4-28	教授	电子工程学院	
+	1011012	周冥皓	男	本科	1989-10-11	讲师	电子工程学院	
+	1011013	蒋华	男	本科	1994-9-9	讲师	电子工程学院	
+	1011014	赵月友	男	硕士	1993-10-10	讲师	电子工程学院	
+	1011015	周玉平	男	本科	1991-11-14	讲师	电子工程学院	
+	1011016	王莉	男	本科	1990-9-19	副教授	电子工程学院	
+	1011017	周耀辉	男	本科	1991-11-19	讲师	电子工程学院	
+	1011018	陆顺青	女	硕士	1995-12-18	讲师	电子工程学院	
+	1011019	黄海龙	男	本科	2001-9-8	助教	电子工程学院	
+	1011020	程忠海	男	本科	2003-11-11	助教	电子工程学院	
+	1011021	戴建峰	女	本科	2002-1-10	助教	电子工程学院	
+	1021001	刘建兵	男	本科	1980-2-3	教授	外国语学院	
+	1021002	金亚素	男	本科	1978-6-30	教授	外国语学院	
+	1021003	龚明辉	女	本科	1984-11-12	副教授	外国语学院	
+	1021004	白广雷	男	本科	1995-3-30	讲师	外国语学院	
+	1021005	丁辉	男	本科	1992-9-22	讲师	外国语学院	
+	1021006	陈斌	男	本科	1990-10-20	讲师	外国语学院	
+	1021017	冯涓	女	本科	2001-1-19	助教	外国语学院	
+	1021018	崔俊	男	本科	2004-6-12	助教	外国语学院	
+	1031005	杨盛	男	本科	2003-5-2	助教	数学科学学院	
+	1031006	何雪儿	女	硕士	1997-9-4	讲师	数学科学学院	
+	1031007	韩凯	男	本科	2002-9-4	助教	数学科学学院	
+	1031008	李博	男	本科	1986-6-15	副教授	数学科学学院	
+	1031014	汤振华	男	本科	1983-9-23	教授	数学科学学院	
+	1031015	黄暖丹	女	本科	1984-8-12	副教授	数学科学学院	
+	1031016	孙岚	男	本科	1979-7-24	教授	数学科学学院	

(d) 教师表

■ 成绩表 : 表

学号	课程编号	成绩
0611034001	01	77
0611034001	02	89
0611034001	03	90
0611034001	04	85
0611034006	01	82
0611034006	02	72
0611034006	03	75
0611034006	04	84
0611034007	01	87
0611034007	02	98
0611034007	03	90
0611034007	04	89
0611034008	01	80
0611034008	02	91
0611034008	03	84
0611034008	04	90
0611034009	01	87
0611034009	02	82
0611034009	03	62
0611034009	04	87
0611034010	01	67
0611034010	02	97
0611034010	03	66
0611034010	04	52
0611034011	01	72
0611034011	02	76
0611034011	03	79
0611034011	04	54
0614051001	01	69
0614051001	02	77
0614051001	03	61
0614051002	01	85
0614051002	02	56

(e) 成绩表

图 6-23　表数据

【例 6-1】　在 Excel 中，基于 Access 的"学生表"，查询籍贯为"苏州"的同学所有信息。

> 单击"数据"选项卡"获取外部数据"功能组中的"自其他来源"下拉箭头，在弹出的下拉列表中选择"来自 Microsoft Query"，打开"选择数据源"对话框。如图 6-24 所示。

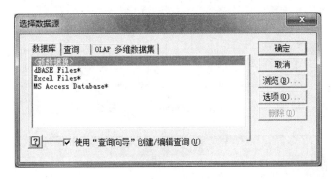

图 6-24　"选择数据源"对话框

> 在"数据库"选项卡中，选择"新数据源"，然后单击"确定"按钮，打开"创建新数据源"对话框。

> 在"创建新数据源"对话框中，输入数据源名称"教学管理"，选择访问数据库驱动程序的类型为"Driver do Microsoft Access（＊.mdb）"。如图 6-25 所示。

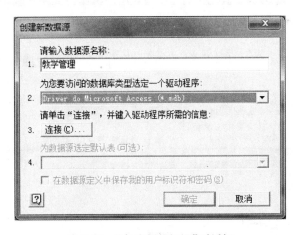

图 6-25　"创建新数据源"对话框

> 单击"连接"按钮，打开"ODBC Microsoft Access 安装"对话框。如图 6-26 所示。

> 单击"选择"按钮，在弹出的对话框中选择相关的 Access 数据库文件，然后返回此对话框。此时，在按钮上方会显示数据库文件的路径。

> 单击"确定"按钮，返回"创建新数据源"对话框。

> 单击"创建新数据源"对话框中的"确定"按钮，返回"选择数据源"对话框。此时，在"数据库"选项卡中建立了一个名为"教学管理"的数据源。如图 6-27 所示。

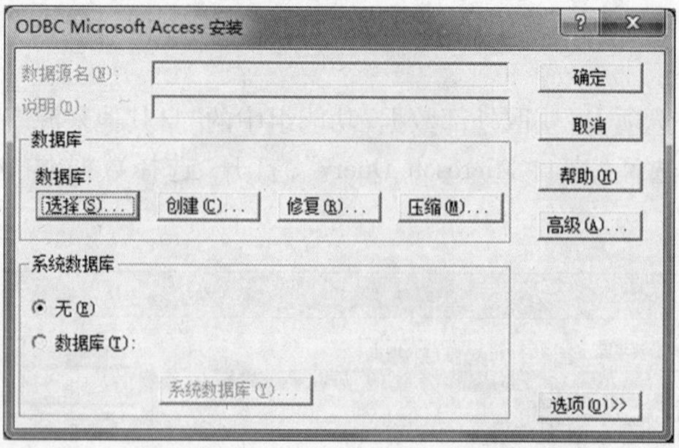

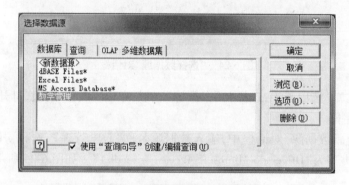

图 6-26 "ODBC Microsoft Access 安装"对话框

图 6-27 创建"教学管理"数据源

➢ 选中"教学管理",然后单击"确定"按钮,打开"查询向导-选择列"对话框。如图 6-28 所示。

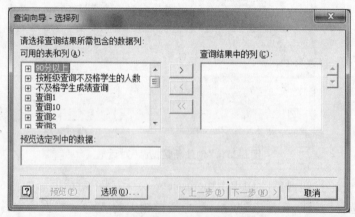

图 6-28 查询向导-选择列

➢ 在"可用的表和列"中找到"学生表",然后单击 ➕ 展开字段,双击字段或选中某字段后单击 ＞ 按钮,可以将字段添加到"查询结果中的列"中。

➢ 将"学生表"所有字段全部添加到"查询结果中的列"中,然后单击"下一步"按钮,进入第二步:筛选数据。

➤ 在"查询向导-筛选数据"对话框中,选中"籍贯"列,然后在右侧下拉列表中选择"包含""江苏苏州"。如图 6-29 所示。

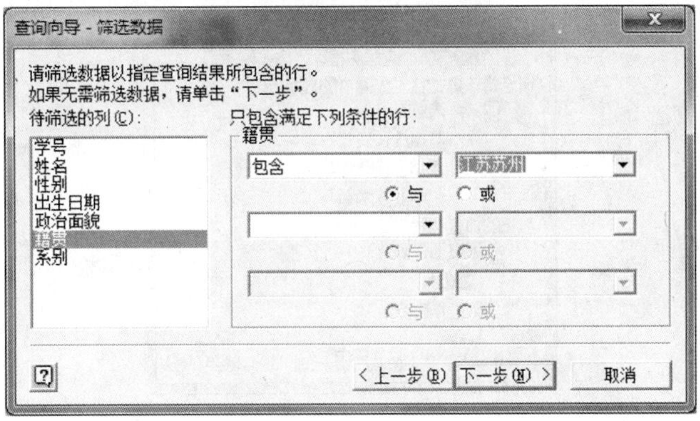

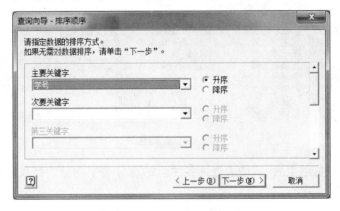

图 6-29　查询向导-筛选数据

➤ 单击"下一步"按钮,进入第三步:排序,选择主要关键字为"学号"。如图 6-30 所示。

图 6-30　查询向导-排序顺序

➤ 单击"下一步"按钮,弹出如图 6-31 所示对话框。

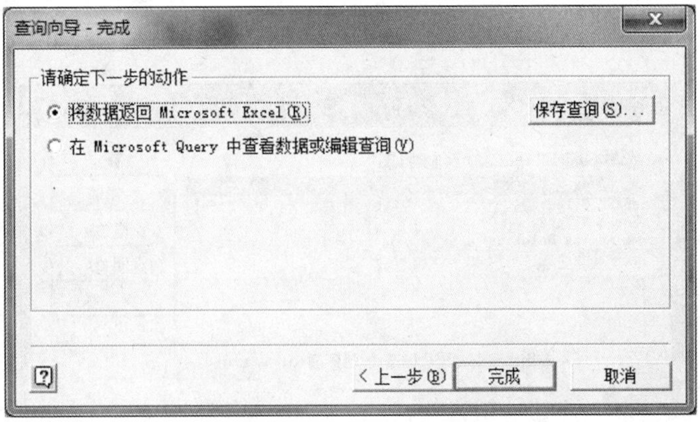

图 6-31　查询向导-完成

➢ 选择"将数据返回 Microsoft Excel"。可以单击"保存查询"按钮将当前的查询保存起来。单击"完成"则将查询结果返回到 Excel 的工作表,并询问结果放置位置。如图 6-32 所示。

图 6-32　指定结果放置位置

➢ 单击"确定"按钮,结果如图 6-33 所示。

	A	B	C	D	E	F	G
1	学号	姓名	性别	出生日期	政治面貌	籍贯	系列
2	0611034002	杨军华	男	1987/8/6 0:00	团员	江苏苏州	计算机学院
3	0611034004	王一冰	女	1986/9/6 0:00	党员	江苏苏州	计算机学院
4	0611034008	闫强	男	1988/8/5 0:00	团员	江苏苏州	计算机学院
5	0611034011	黄暖丹	女	1988/1/6 0:00	团员	江苏苏州	计算机学院
6	0614051004	冯涓	女	1987/12/29 0:00	团员	江苏苏州	电子工程学院
7	0614051009	王亚先	女	1987/11/21 0:00	团员	江苏苏州	电子工程学院
8	0614051010	苗伟	男	1988/12/12 0:00	党员	江苏苏州	电子工程学院

图 6-33　查询结果

【例 6-2】　根据学生表、成绩表查询各学生的总分与平均分。结果中包含的列有:学号、姓名、总分、平均分。

若已经创建过数据源,则可以省略创建数据源的步骤。

➢ 单击"数据"选项卡"获取外部数据"功能组中的"自其他来源"下拉箭头,在弹出的下拉列表中选择"来自 Microsoft Query",打开"选择数据源"对话框。如图 6-34 所示。

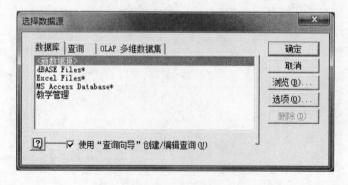

图 6-34　"选择数据源"对话框

> 在"数据库"选项卡中选中"教学管理"。
> 单击"确定"按钮,打开"查询向导-选择列"对话框。
> 在"可用的表和列"中找到"学生表",然后单击 ✚ 展开字段,双击"学号"与"姓名"字段,将字段添加到"查询结果中的列"中。
> 找到"成绩表",然后单击 ✚ 展开字段,双击"成绩"字段,将字段添加到"查询结果中的列"中。如图6-35所示。

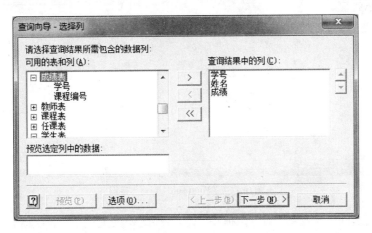

图6-35 选择列

> 单击"下一步"按钮,进入筛选数据。
> 单击"下一步"按钮,进入排序设置,选择主要关键字为"学号"。
> 单击"下一步"按钮,弹出如图6-36所示的对话框。

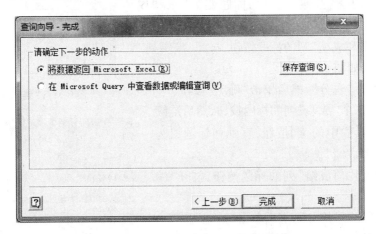

图6-36 查询向导-完成

> 选中"在 Microsoft Query 中查看数据或编辑查询"。
> 然后单击"完成"按钮,打开"Microsoft Query"窗口。如图6-37所示。

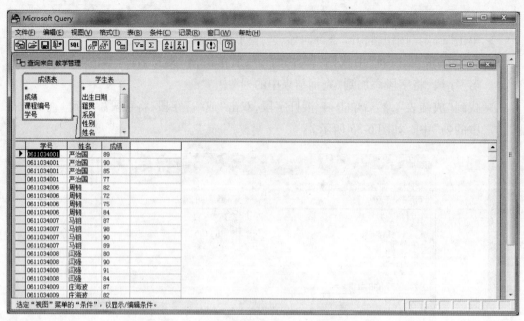

图 6-37   "Microsoft Query"窗口

若两张表之间无连接线,则应该拖动"学生表"的相关关键字(学号)到"成绩表"的相关字段上(学号)。因为,基于多表的查询,必须要为数据源创建连接。

➤ 拖动"成绩表"中的成绩字段到下方的"成绩"列的右侧标题上,再添加一个列。

➤ 单击第一个"成绩"列的标题按钮,然后单击工具栏中的 ∑ 按钮,此时列标题变为"求和成绩"。

➤ 双击"求和成绩"列的标题按钮,打开"编辑列"对话框,如图 6-38 所示。

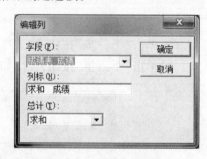

图 6-38   "编辑列"对话框

➤ 输入列标"总分",然后单击"确定"按钮。

➤ 单击第二个"成绩"列的标题按钮,然后连续单击工具栏中的 ∑ 按钮,直到列标题变为"平均值成绩"。

➤ 双击"平均值成绩"列的标题按钮,打开"编辑列"对话框。

➤ 输入列标"平均分",然后单击"确定"按钮。

➤ 关闭"Microsoft Query"窗口,打开图 6-32 所示的对话框,指定结果放置位置。

➤ 单击"确定"按钮,结果如图 6-39 所示。

学号	姓名	'总分'	'平均分'
0611034001	严治国	341	85.25
0611034006	周韧	313	78.25
0611034007	马钥	364	91
0611034008	闫强	345	86.25
0611034009	庄海波	318	79.5
0611034010	戴一平	282	70.5
0611034011	黄暖丹	281	70.25
0614051001	邓正北	207	69
0614051002	潘正武	228	76
0614051003	李张营	227	75.66666667
0614051004	冯涓	228	76
0614051005	俞国军	238	79.33333333
0614051006	徐震	248	82.66666667
0615401001	马云龙	196	65.33333333
0615401002	蒋晴云	231	77

图 6-39   查询结果

第七章

实用案例

本章介绍几个 Excel 在日常问题的处理中的应用。在大多数情况下，使用 Excel 解决问题，都是充分应用了系统带的函数。

7.1　个人财务计算案

本节的个税反向查询和理财产品收益计算这两个例子在理财中比较常见。这两个例子都有着共同点，就是已经知道目标值，倒推条件值。对于这种需求，并不需要编写新的公式或者建立新的数学模型，直接使用已有数学模型，即可完全适应这种逆向分析过程。

7.1.1　个税反向查询

作为员工，往往只是知道每个月打入工资卡中的税后收入金额，但并不知道自己的实际收入。已知税后收入，求解实际收入，是典型的逆向运算问题。根据国家税务机关提供的个人所得税文件，起征点为 3500 元，低于 3500 元的不纳税，超过 3500 元的那部分，在 0～1500 元之间按照 3% 纳税，在 1500～4500 元之间按照 10% 纳税。使用单变量求解解决此问题。

【例 7-1】　某企业工程师，每月打入工资卡中的税后收入为 6200 元，计算他的税前实际收入。具体步骤如下：

➤ 在 A1:C9 单元格区域填充起征点、应纳税所得额、税率、速算扣除额。如图 7-1 所示。

	A	B	C	D	E	F
1	起征点	3500			实际收入	
2	应纳税所得额	税率	速算扣除额		税后收入	0
3	0	3%	0			
4	1500	10%	105			
5	4500	20%	555			
6	9000	25%	1005			
7	35000	30%	2755			
8	55000	35%	5505			
9	80000	45%	13505			

图 7-1　填充数据

➢ 在 F2 单元格中输入公式:

"＝F1－IF(F1＞＝B1,VLOOKUP(F1－B1,A3:B9,2,TRUE)＊(F1－B1)－
VLOOKUP(F1－B1,A3:C9,3,TRUE),0)"。

➢ 选择 F2 单元格,调出"单变量求解"对话框,在对话框中设置相关参数,其中"目标
单元格"为"F2","目标值"为"6200","可变单元格"为"$F$1"。如图 7-2 所示。

➢ 单击"确定"按钮,显示的运算结果如图 7-3 所示。

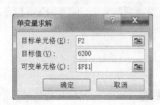

	A	B	C	D	E	F
1	起征点	3500			实际收入	6383.33
2	应纳税所得额	税率	速算扣除额		税后收入	6200
3	0	3%	0			
4	1500	10%	105			
5	4500	20%	555			
6	9000	25%	1005			
7	35000	30%	2755			
8	55000	35%	5505			
9	80000	45%	13505			

图 7-2 "单变量求解"对话框   图 7-3 运算结果

7.1.2 计算等额存款金额

在有孩家庭中,父母往往早早开始为孩子存一笔教育基金,每个月存款金额不变,等
到若干年后形成一个较大金额整数再取出。这种理财方式称为等额存款。等额存款方式
中,每个月的存款额度不变,月末账户总额将包括两个部分,一部分是以前存入的钱和产
生的利息,剩余的部分是当月存入的钱。

【例 7-2】 两夫妻为刚出生的孩子买了一款理财产品,每个月存入固定金额,一直存
到孩子满 15 周岁,年收益率预计为 3.5%,等到孩子 15 周岁时,希望银行账户有 30 万元,
那么需要每月存多少钱? 这个问题可以采用财务公式解决,也可用以下方法解决,具体步
骤如下:

➢ 在 A1:A4 单元格区域填充存款年率、最终受益、每月存款和存款时间(月)。如图
7-4 所示。

	A	B	C	D	E	F
1	存款年率	3.50%				每月账户总额
2	最终受益	¥0.00			第1个月	¥0.00
3	每月存款	¥0.00			第2个月	¥0.00
4	存款时间（月）	180			第3个月	¥0.00
5					第4个月	¥0.00
6					第5个月	¥0.00
7					第6个月	¥0.00
8					第7个月	¥0.00
9					第8个月	¥0.00

图 7-4 单元格区域填充

➢ 在 F2 单元格中建立第一个月的存款公式,在 F2 单元格中输入公式:

"＝$B$3＋SUM(F1)＊(1＋$B$1/12)"。

➢ 每月账户总额为每个月固定存入的金额和上月金额产生的利息及本金之和。最终受益就是第180个月的金额,在B2单元格中输入公式"=F181"。

➢ 选中F2单元格,用鼠标按住区域右下角的填充柄向下填充至181行,使得F2:F181单元格区域显示每个月的明细数据。如图7-5所示。

	A	B	C	D	E	F
173					第172个月	¥0.00
174					第173个月	¥0.00
175					第174个月	¥0.00
176					第175个月	¥0.00
177					第176个月	¥0.00
178					第177个月	¥0.00
179					第178个月	¥0.00
180					第179个月	¥0.00
181					第180个月	¥0.00

图7-5 填充至F181

➢ 选择B2单元格,调出"单变量求解"对话框,在对话框中设置相应参数。其中"目标单元格"为"B2","目标值"为"300000","可变单元格"为"$B$3"。如图7-6所示。

➢ 单击"确定"按钮,即可显示单变量求解状态和最终结果。如图7-7所示。

图7-6 设置参数

	A	B	C	D	E	F
1	存款年率	3.50%				每月账户总额
2	最终受益	¥300,000.00			第1个月	¥1,269.65
3	每月存款	¥1,269.65			第2个月	¥2,543.00
4	存款时间（月）	180			第3个月	¥3,820.06
5					第4个月	¥5,100.85
6					第5个月	¥6,385.38
7					第6个月	¥7,673.65
8					第7个月	¥8,965.68
9					第8个月	¥10,261.48

图7-7 最终结果

 ## 7.2 人力资源管理案例

7.2.1 创建人事信息表

企业中人员较多,流动性较大,因而人力资源部门应该及时做好人事信息数据的整理、汇总分析等工作。

1. 一般数据的输入

新建一个Excel工作簿,在"Sheet1"工作表中输入如图7-8所示内容。(注意:这里所

有信息均为虚构）

序号	工号	姓名	部门	学历	身份证号	生日	性别	年龄	职称	职务	联系电话	居住地址
										员工信息表		
1	1	马爱华			330101197610120114					部长	1234567890	苏州市XX路XX小区X栋XXX
2	2	马勇			330203196908023318					科员	1234567891	苏州市XX路XX小区X栋XXX
3	3	王传			210302198607160938					科员	1234567892	苏州市XX路XX小区X栋XXX
4	4	吴晓丽			210303198412082729					科员	1234567893	苏州市XX路XX小区X栋XXX
5	5	张晓军			130133731013213					部长	1234567894	苏州市XX路XX小区X栋XXX
6	6	朱强			622723198602013432					科员	1234567895	苏州市XX路XX小区X栋XXX
7	7	朱晓晓			32058419701107020X					部长	1234567896	苏州市XX路XX小区X栋XXX
8	8	包晓燕			2105031984120827 2X					科员	1234567897	苏州市XX路XX小区X栋XXX
9	9	顾志刚			210303196508131212					部长	1234567898	苏州市XX路XX小区X栋XXX
10	10	李冰			152123198510030654					科员	1234567899	苏州市XX路XX小区X栋XXX
11	11	任卫杰			120117198507020614					科员	1234567900	苏州市XX路XX小区X栋XXX
12	12	王刚			210303198105153618					科员	1234567901	苏州市XX路XX小区X栋XXX
13	13	吴英			210304198503040065					科员	1234567902	苏州市XX路XX小区X栋XXX
14	14	李志			370212791005477					科员	1234567903	苏州市XX路XX小区X栋XXX
15	15	刘畅			37010219780709295X					科员	1234567904	苏州市XX路XX小区X栋XXX

图 7-8 一般数据

2. 创建"部门""学历"和"职称"序列

部门、学历、职称数据列的内容都是相对固定的，为了防止不合法数据的输入，可以利用数据的有效性来限制输入。

（1）输入序列：在"Sheet2"工作表的 A、B、C 三列分别输入如图 7-9 所示内容。

（2）定义名称：

➢ 在"Sheet2"工作表中，选中单元格区域 A1:A7，单击鼠标右键，弹出快捷菜单，选择"定义名称"命令。或者，在"公式"选项卡中选择"定义名称"命令。

➢ 在弹出的图 7-10 所示的对话框中，在"名称"后输入"部门"，然后单击"确定"按钮，完成部门序列的名称定义。

	A	B	C
1	生产部	博士	高级工程师
2	销售部	硕士	工程师
3	行政部	本科	助理工程师
4	技术部	大专	无
5	财务部	中专	
6	研发部	高中	
7	质检部		

图 7-9 部门、学历、职称序列

图 7-10 定义名称

➢ 用相同的方法，为 B1:B6 单元格区域定义名称"学历"，为 C1:C4 单元格区域定义名称"职称"。

3. 设置数据有效性

➢ 返回到"Sheet1"工作表，选中 D3:D17 区域。然后执行"数据"选项卡中的"数据有效性"命令。

➢ 弹出的"数据有效性"对话框中，选择"设置"选项卡，做如图 7-11 所示的设置。

图 7-11 设置"数据有效性"

➤ 按相同的方法,设置 E3：E17 区域的数据来源为"＝学历";设置 J3：J17 区域的数据来源为"＝职称"。

设置好数据有效性为"序列"后,在单元格中可以输入数据,但只能是序列中的数据,也可以单击单元格旁的按钮,在列表中选择一个数据。

在"部门""学历""职称"列中输入数据,如图 7-12 所示。

	A	B	C	D	E	F	G	H	I	J	K	L	M
1							员工信息表						
2	序号	工号	姓名	部门	学历	身份证号	生日	性别	年龄	职称	职务	联系电话	居住地址
3	1		马爱华	生产部	本科	330101197610120114				工程师	部长	1234567890	苏州市XX路XX小区X栋XXX
4	2		马勇	生产部	大专	330203196908023318				工程师	科员	1234567891	苏州市XX路XX小区X栋XXX
5	3		王传	销售部	本科	210302198607160938				助理工程师	科员	1234567892	苏州市XX路XX小区X栋XXX
6	4		吴晓丽	销售部	本科	210303198412082729				工程师	科员	1234567893	苏州市XX路XX小区X栋XXX
7	5		张晓军	行政部	大专	130133731013213				无	部长	1234567894	苏州市XX路XX小区X栋XXX
8	6		朱强	行政部	本科	622723198602013432				无	科员	1234567895	苏州市XX路XX小区X栋XXX
9	7		朱晓晓	生产部	大专	32058419701107020X				工程师	部长	1234567896	苏州市XX路XX小区X栋XXX
10	8		包晓燕	财务部	大专	21030319841208272X				工程师	科员	1234567897	苏州市XX路XX小区X栋XXX
11	9		顾志刚	财务部	硕士	210303196508131212				无	部长	1234567898	苏州市XX路XX小区X栋XXX
12	10		李冰	研发部	硕士	152123198510030654				高级工程师	科员	1234567899	苏州市XX路XX小区X栋XXX
13	11		任卫杰	生产部	大专	120117198507020614				助理工程师	科员	1234567900	苏州市XX路XX小区X栋XXX
14	12		王刚	研发部	博士	210302198105153618				高级工程师	科员	1234567901	苏州市XX路XX小区X栋XXX
15	13		吴英	质检部	本科	210304198503040065				工程师	科员	1234567902	苏州市XX路XX小区X栋XXX
16	14		李志	质检部	本科	370212791005477				工程师	科员	1234567903	苏州市XX路XX小区X栋XXX
17	15		刘畅	技术部	硕士	37010219780709295X				高级工程师	科员	1234567904	苏州市XX路XX小区X栋XXX

图 7-12 输入相关数据后的效果

4. 利用"数据有效性"防止工号重复输入

在实际工作中,由于人员众多,再加上数据录入人员在输入工号时的主观疏忽,很有可能会重复输入相同的工号,利用单元格的"数据有效性"可以有效地避免工号的重复输入。

➤ 选中 B3：B17 区域,执行"数据"选项卡中的"数据有效性"命令。

➤ 弹出"数据有效性"对话框,设置情况如图 7-13 所示。

设置公式为"＝COUNTIF(B：B,B3)＝1"。

公式的使用含义如下:统计 B 列中某单元格数据出现的次数(如 B3),若等于 1 则说明不重复,否则重复。

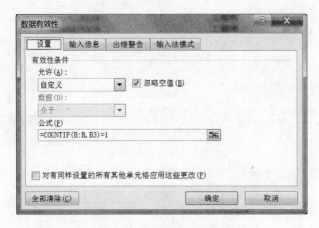

图 7-13　设置自定义有效性

➤ 在"数据有效性"对话框的"出错警告"选项卡中,设置错误信息为"工号不唯一!
请检查!",如图 7-14 所示。
➤ 在 B3:B17 区域输入员工工号,若是工号输入重复,则系统会弹出出错信息。如图
7-15 所示。

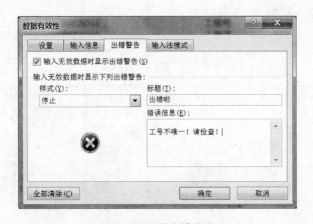

图 7-14　设置出错信息

图 7-15　出错对话框

5. 根据身份证号填充生日、年龄与性别

首先看一下性别字段,若是 15 位身份证号,则最后一位奇数是男性,偶数则为女性;
若身份证号是 18 位,则看倒数第 2 位,奇数为男性,偶数则为女性。

15 位身份证号中,第 7、8 两位表示出生年份,第 9、10 两位表示出生月份,第 11、12
两位为日期;18 位身份证号中,第 7 位到第 10 位表示年,第 11、12 位表示月,第 13、14 位
表示日期。

年龄可以用当前年份减去出生的年份计算而得。具体步骤如下:

➤ 在 G3 单元格中输入公式:

" = DATEVALUE(IF(LEN(F3) = 15, MID(F3 ,7 ,2) &" - "&MID(F3 ,9 ,2) &" - "
&MID(F3 ,11 ,2) , MID(F3 ,7 ,4) &" - "&MID(F3 ,11 ,2) &" - "&MID(F3 ,13 ,
2))) "。

➢ 此时返回出生日期所对应的数值。
➢ 选中 G3 单元格,调出"单元格格式"对话框,设置日期格式。

图 7-16 设置日期格式

➢ 在 H3 单元格中输入公式" = IF(MOD(RIGHT(LEFT(F3 ,17)) ,2) ,"男","女") "。
公式说明:用(LEFT(F3 ,17)),先取出身份证前 17 位,若不足 17 位,以实际位数返回。
➢ 在 I3 单元格中输入公式" = YEAR(NOW( )) – YEAR(G3)",同时设置单元格格式
   为数值格式,小数位为 0 位。
➢ 选中区域 G3 : I3,拖动填充柄到 G17 : I17。
➢ 调整列宽,最终的效果如图 7-17 所示。

	A	B	C	D	E	F	G	H	I	J	K	L	M
1							员工信息表						
2	序号	工号	姓名	部门	学历	身份证号	生日	性别	年龄	职称	职务	联系电话	居住地址
3	1	001	马爱华	生产部	本科	330101197610120114	1976/10/12	男	39	工程师	部长	1234567890	苏州市XX路XX小区X栋XXX
4	2	004	马勇	生产部	大专	330203196908023318	1969/8/2	男	46	工程师	科员	1234567891	苏州市XX路XX小区X栋XXX
5	3	112	王传	销售部	本科	210302198607160938	1986/7/16	男	29	助理工程师	科员	1234567892	苏州市XX路XX小区X栋XXX
6	4	006	吴晓丽	销售部	本科	210303198412082729	1984/12/8	女	31	工程师	科员	1234567893	苏州市XX路XX小区X栋XXX
7	5	007	张晓军	行政部	大专	130133731013213	1973/10/13	男	42	无	部长	1234567894	苏州市XX路XX小区X栋XXX
8	6	008	朱强	行政部	本科	622723198602013432	1986/2/1	男	29	无	科员	1234567895	苏州市XX路XX小区X栋XXX
9	7	049	朱晓晓	生产部	大专	32058419701107020X	1970/11/7	女	45	工程师	部长	1234567896	苏州市XX路XX小区X栋XXX
10	8	052	包晓燕	财务部	大专	21030319841208272X	1984/12/8	女	31	工程师	科员	1234567897	苏州市XX路XX小区X栋XXX
11	9	011	顾志刚	财务部	硕士	210303196508131212	1965/8/13	男	50	无	科员	1234567898	苏州市XX路XX小区X栋XXX
12	10	012	李冰	研发部	硕士	152123198510030654	1985/10/3	男	30	高级工程师	科员	1234567899	苏州市XX路XX小区X栋XXX
13	11	021	任卫杰	生产部	大专	120117198507020614	1985/7/2	男	30	助理工程师	科员	1234567900	苏州市XX路XX小区X栋XXX
14	12	034	王刚	研发部	博士	210303198105153618	1981/5/15	男	34	高级工程师	科员	1234567901	苏州市XX路XX小区X栋XXX
15	13	015	吴英	质检部	本科	210304198503040065	1985/3/4	女	30	工程师	科员	1234567902	苏州市XX路XX小区X栋XXX
16	14	059	李志	质检部	本科	370212791005477	1979/10/5	男	36	工程师	科员	1234567903	苏州市XX路XX小区X栋XXX
17	15	073	刘畅	技术部	硕士	37010219780709295X	1978/7/9	男	37	高级工程师	科员	1234567904	苏州市XX路XX小区X栋XXX

图 7-17 最终效果

➢ 将工作簿保存为"人事信息表. xlsx"。

7.2.2 打印人事信息卡

人事信息卡的打印可以有两种方法,一种方法是在 Excel 中制作表格,一张一张打印;另一种方法是用 Word 的邮件合并功能,结合 Excel 中的数据成批生成信息卡。

1. 在 Excel 中制作信息卡

➤ 打开工作簿"人事信息表.xlsx"。

➤ 在工作表"Sheet1"中,选中区域 B3:B17,然后单击鼠标右键,弹出快捷菜单,选择"定义名称"命令。或者在"公式"选项卡中选择"定义名称"命令。

➤ 在弹出的"新建名称"对话框中,输入"工号",如图 7-18 所示,然后单击"确定"按钮,完成工号列的名称定义。

图 7-18 新建名称

➤ 切换到工作表"Sheet3"中,选择"文件"选项卡,打开"Excel 选项"对话框,在"高级"选项卡中取消选中"显示网格线"。如图 7-19 所示。

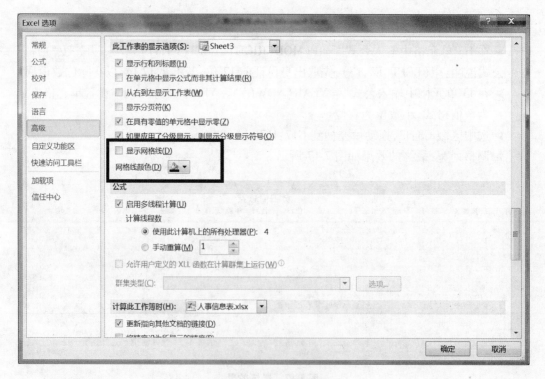

图 7-19 取消网格线

➤ 依照图 7-20 所示的效果,设置工作表中单元格的格式。

图7-20 人事信息卡效果图

> 选中"工号"后的单元格(由 C4:H4 区域合并而得),执行"数据"选项卡中的"数据有效性"命令,在"数据有效性"对话框中,设置"允许"为"序列",来源为" = 工号"。

> 在 C5 单元格中输入公式:

" = IF(ISNA(VLOOKUP(C4,Sheet1! $B$3:$M$17,2,FALSE)) ,"",VLOOKUP (C4,Sheet1! $B$3:$M$17,2,FALSE))"。

公式说明:若 VLOOKUP(C4,Sheet1! $B$3:$M$17,2,FALSE) 返回的结果为#N/A, 即值不存在,返回空文本,否则就返回具体查找到的结果。

> 在 E5 单元格输入公式:

" = IF(ISNA(VLOOKUP(C4,Sheet1! $B$3:$M$17,7,FALSE)) ,"",VLOOKUP (C4,Sheet1! $B$3:$M$17,7,FALSE))"。

> 在 G5 单元格输入公式:

" = IF(ISNA(VLOOKUP(C4,Sheet1! $B$3:$M$17,8,FALSE)) ,"",VLOOKUP (C4,Sheet1! $B$3:$M$17,8,FALSE))"。

> 在 C6 单元格输入公式:

" = IF(ISNA(VLOOKUP(C4,Sheet1! $B$3:$M$17,4,FALSE)) ,"",VLOOKUP (C4,Sheet1! $B$3:$M$17,4,FALSE))"。

> 在 E6 单元格输入公式:

" = IF(ISNA(VLOOKUP(C4,Sheet1! $B$3:$M$17,3,FALSE)) ,"",VLOOKUP (C4,Sheet1! $B$3:$M$17,3,FALSE))"。

> 在 G6 单元格输入公式:

" = IF(ISNA(VLOOKUP(C4,Sheet1! $B$3:$M$17,10,FALSE)) ,"",VLOOKUP (C4,Sheet1! $B$3:$M$17,10,FALSE))"。

> 在 C7 单元格输入公式:

" = IF(ISNA(VLOOKUP(C4,Sheet1! $B$3:$M$17,9,FALSE)) ,"",VLOOKUP (C4,Sheet1! $B$3:$M$17,9,FALSE))"。

➢ 在 E7 单元格输入公式：

" = IF(ISNA(VLOOKUP(C4, Sheet1 ! $B$3 : $M$17, 5, FALSE)), "", VLOOKUP
(C4, Sheet1 ! $B$3 : $M$17, 5, FALSE)) "。

➢ 在 C8 单元格输入公式：

" = IF(ISNA(VLOOKUP(C4, Sheet1 ! $B$3 : $M$17, 12, FALSE)), "", VLOOKUP
(C4, Sheet1 ! $B$3 : $M$17, 12, FALSE)) "。

➢ 在 G8 单元格输入公式：

" = IF(ISNA(VLOOKUP(C4, Sheet1 ! $B$3 : $M$17, 11, FALSE)), "", VLOOKUP
(C4, Sheet1 ! $B$3 : $M$17, 11, FALSE)) "。

➢ 选中 C4 单元格，单击右侧下拉箭头，可以在其中选择不同的工号，在对应的单元格
中便显示出相应信息。

➢ 在打印时，可以选中信息卡。

➢ 在"文件"选项卡中，选择"打印"栏目，在"设置"中选择"打印活动工作表"。如图
7-21 所示。

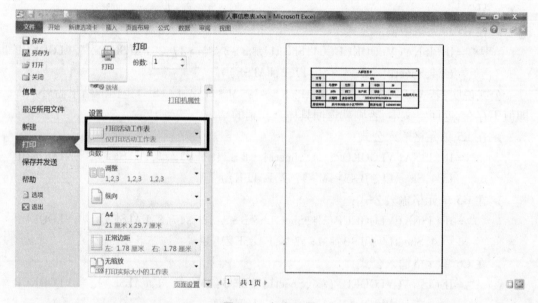

图 7-21 打印设置

2. 在 Word 中制作信息卡

➢ 打开工作簿"人事信息表. xlsx"。将"Sheet1"工作表中第一行标题行删去并保存，
方便后续 Word 对列名的识别。

➢ 打开 Word，新建一个文档，单击"页面布局"选项卡中的"页面设置"功能组右下角
按钮，打开"页面设置"对话框，设置纸张方向为"横向"，然后制作如图 7-22 所示
表格。

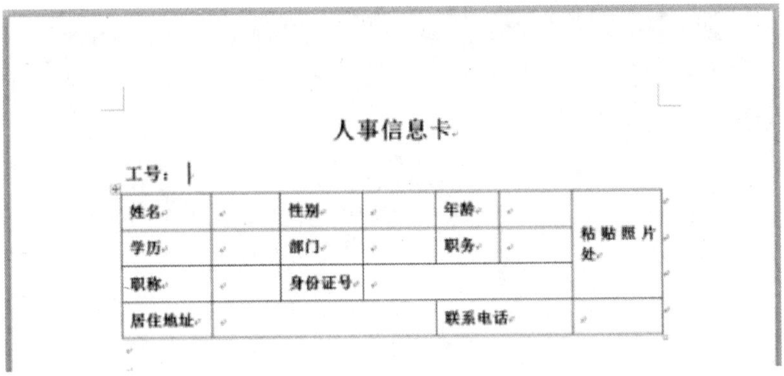

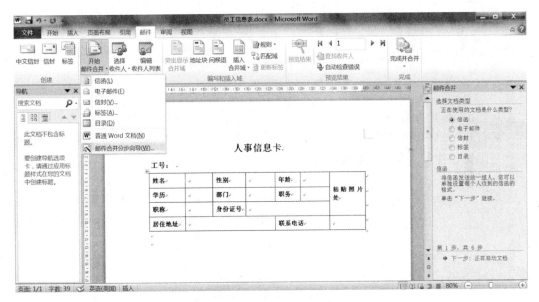

图7-22 制作表格

➢ 在"邮件"选项卡中,单击"开始邮件合并"按钮,在下拉菜单中选择"邮件合并分布
向导"命令,打开"邮件合并"任务窗格。如图7-23所示。

图7-23 开始邮件合并

➢ 在任务窗格中,选择文档类型为"信函",然后单击窗格下方的"下一步:正在启动
文档"。
➢ 在任务窗格中,开始文档选择"使用当前文档",然后单击窗格下方的"下一步:选
取收件人"。
➢ 在任务窗格中,单击 浏览...,弹出如图7-24所示的"选取数据源"对话框。
➢ 在"选取数据源"对话框中选取"人事信息表.xlsx"后单击"打开"按钮。

图 7-24 "选取数据源"对话框

➢ 弹出"选择表格"对话框,选择"Sheet1 $"工作表。如图 7-25 所示。
➢ 打开"邮件合并收件人"对话框,如图 7-26 所示。在此对话框中,可以选择相应的邮件收件人。本例中不做更改,默认是全部选中,单击"确定"按钮。

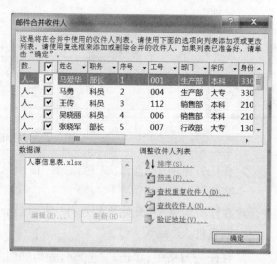

图 7-25 "选择表格"对话框　　　　　　**图 7-26 "邮件合并收件人"对话框**

➢ 在任务窗格中单击"下一步:撰写信函"。
➢ 在任务窗格中,将光标定位在 Word 文档中"工号:"后,然后单击 ▤ 其他项目... ,打开"插入合并域"对话框。

> 在"插入合并域"对话框中,选中"工号",然后单击"插入"按钮,然后单击"关闭"按钮(在单击"插入"按钮后,"取消"按钮变成了"关闭"按钮)。如图7-27所示。

图7-27 "插入合并域"对话框

> 依照此法,在文档的表格中对应位置分别插入相应的合并域,效果如图7-28所示。

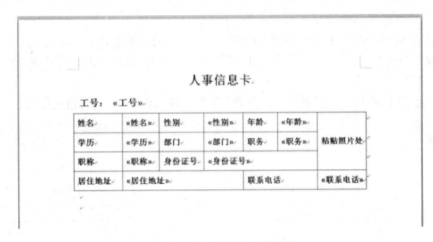

图7-28 插入合并域后的效果

> 在任务窗格中,单击"下一步:预览信函",此时可以预览合并后的效果。单击任务窗格中的 《 和 》 可以预览上一个或下一个收件人。

> 在任务窗格中,单击"下一步:完成合并"。此时有两个选择:可以选择直接打印结果,也可以生成一个新文档存放合并后的结果,用以继续编辑。

> 在任务窗格中,单击 编辑个人信函... ,弹出如图7-29所示对话框。

> 选择"全部",然后单击"确定"按钮,生成一个新文档。可以发现新文档中,每一页为一个员

图7-29 "合并到新文档"对话框

工的信息卡。

➤ 打印合并后生成的文档即可。保存该文档为"人事信息卡.docx"。

7.2.3　销售奖金计算

企业经常会对销售部门的员工进行销售业绩考核,并按照不同的比例提成奖金。如某企业的奖金评定标准如表 7-1 所示。

表 7-1　奖金评定标准

奖金参考值	奖金级别	奖金比例
0.00	<50000	0.0%
50000.00	50000~79999	1.5%
80000.00	80000~129999	2.0%
130000.00	130000~169999	3.0%
170000.00	170000~209999	4.0%
210000.00	≥210000	5.0%

1. 创建销售奖金评定标准表

➤ 启动 Excel 2010 创建一个新的工作簿,另存为"销售奖金计算.xlsx"。

➤ 双击"Sheet1"工作表标签,进入工作表重命名状态,输入新的工作表名"奖金评定标准"。

➤ 参考图 7-30 所示,为"奖金评定标准"工作表输入内容,并进行格式设置。

➤ 双击"Sheet2"工作表标签,进入工作表重命名状态,输入新的工作表名"奖金计算表",并按图 7-31 所示输入内容。

	A	B	C	D
1		奖金评定标准		
2	奖金参考值	奖金级别	奖金比例	
3	0	<50000	0.00%	
4	50000	50000~79999	1.50%	
5	80000	80000~129999	2.00%	
6	130000	130000~169999	3.00%	
7	170000	170000~209999	4.00%	
8	210000	≥210000	5.00%	
9				

图 7-30　"奖金评定标准"工作表内容

	A	B	C	D
1		奖金计算表		
2	姓名	月销售额（元）	奖金比例	奖金额（元）
3	吴晓丽	65480		
4	王刚	136080		
5	朱强	36000		
6	王勇	180010		
7	马爱华	311000		
8	张晓军	208800		
9	顾志刚	165080		
10	孙霞	80500		
11	吴英	153000		

图 7-31　"奖金计算表"工作表内容

➤ 在 C3 单元格中输入公式:" = VLOOKUP(B3,奖金评定标准! \$A\$3:\$C\$8,3)"。

➤ 设置 C3 单元格格式为百分比样式,保留一位小数。

➤ 在 D3 单元格输入公式: = B3 * C3,效果如图 7-32 所示。

	奖金计算表		
姓名	月销售额（元）	奖金比例	奖金额（元）
吴晓丽	65480	1.50%	982.2
王刚	136080		
朱强	36000		
王勇	180010		
马爱华	311000		
张晓军	208800		
顾志刚	165080		
孙霞	80500		
吴英	153000		

图 7-32　输入公式后的效果

➢ 选中 C3：D3，拖动填充柄至 C11：D11，完成所有员工奖金的计算，效果如图 7-33 所示。

	奖金计算表		
姓名	月销售额（元）	奖金比例	奖金额（元）
吴晓丽	65480	1.50%	982.2
王刚	136080	3.00%	4082.4
朱强	36000	0.00%	0
王勇	180010	4.00%	7200.4
马爱华	311000	5.00%	15550
张晓军	208800	4.00%	8352
顾志刚	165080	3.00%	4952.4
孙霞	80500	2.00%	1610
吴英	153000	3.00%	4590

图 7-33　最终效果

➢ 保存工作簿。

7.3　学校管理案例

7.3.1　使用 Excel 生成成绩条

成绩条、工资条是很多学校或单位通知学生或员工相关信息的常用做法，下面介绍两种成绩条的制作方法。

1. 不使用公式制作成绩条

➢ 打开素材中的"成绩汇总表.xlsx"工作簿，另存为"成绩条.xlsx"，选中"成绩汇总表"工作表。

➢ 取消合并居中：选中 C2：Q2 区域，然后单击常用工具栏上的按钮，取消合并及居中。

➢ 将 C2 单元格的内容（思想道德修养与法律基础）复制到 D2 与 E2 单元格；同样，在其他几个空白的单元格中,复制(或输入)对应的课程名。

➢ 选中 C2:Q44 区域,执行"数据"选项卡中的"排序"命令,打开"排序"对话框。

➢ 单击对话框中的"选项"按钮,打开"排序选项"对话框,如图 7-34 所示,在对话框中选中"按行排序",然后单击"确定"按钮。

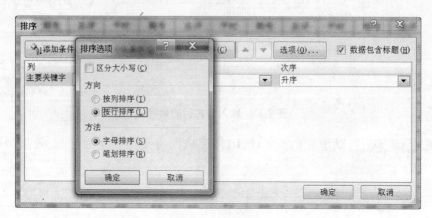

图 7-34　按行排序

➢ 返回到"排序"对话框,在"主要关键字"中选择"行 3",然后单击"确定"按钮。如图 7-35 所示。

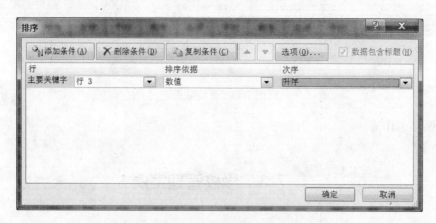

图 7-35　行主要关键字

➢ 将"平时"与"期考"列删除,只保留"总评"列。也就是将 C 列至 L 列删除。

➢ 删除 A2、C3:G3 单元格。

➢ 将 C2:G2 单元格区域的内容复制到 C3:G3 单元格区域。

➢ 删除第二行。处理了部分单元格后的效果如图 7-36 所示。

	A	B	C	D	E	F	G
1	2010-2011学年上学期2009机电工程专业成绩汇总表						
2	学号	姓名	思想道德修养	英语	高等数学	体育	机械制图
3	2004152400	农建华	66	62	20	90	57
4	2005152006	邝源源	68	77	94	89	70
5	2005152014	赵璟	64	37	18	79	80
6	2005152032	王强	75	67	63	70	66
7	2005152037	林浩	65	88	87	91	73
8	2005152042	仟杰	68	92	88	91	79
9	2005152044	韩昱	83	96	96	84	81
10	2005152046	陈曼	83	82	89	74	86
11	2005152049	汪继勇	77	85	83	86	90
12	2005152071	黄韬强	76	84	90	89	62
13	2005152076	赖国荣	78	89	95	89	87
14	2005152080	莫虎	71	71	66	76	82
15	2005152081	罗斌	70	66	66	87	73
16	2005152083	郑宜庆	67	61	35	87	89
17	2005152085	吴柱华	66	66	69	81	68

图 7-36　处理了部分单元格后的效果

➤ 在 H3:H43 填充数字序列"1,2,3,…,43",并将序列向下复制两份,即为 H44:H84 与 H85:H125。

➤ 选中 A3:G43,然后按下【Ctrl】+【X】剪切内容,再选中 A44 单元格,按【Ctrl】+【V】粘贴。

➤ 选中 A2:G2 区域,拖动填充柄到 A43:G43。

➤ 选中 A3:H125 单元格,然后执行"数据"菜单中的"排序"命令,设置为"按列排序",并选择"列 H"为主要关键字升序排列。排序后的效果如图 7-37 所示。

	A	B	C	D	E	F	G	H
1	2010-2011学年上学期2009机电工程专业成绩汇总表							
2	学号	姓名	思想道德修养	英语	高等数学	体育	机械制图	
3	学号	姓名	思想道德修养	英语	高等数学	体育	机械制图	1
4	2004152400	农建华	66	62	20	90	57	1
5								1
6	学号	姓名	思想道德修养	英语	高等数学	体育	机械制图	2
7	2005152006	邝源源	68	77	94	89	70	2
8								2
9	学号	姓名	思想道德修养	英语	高等数学	体育	机械制图	3
10	2005152014	赵璟	64	37	18	79	80	3
11								3
12	学号	姓名	思想道德修养	英语	高等数学	体育	机械制图	4
13	2005152032	王强	75	67	63	70	66	4
14								4
15	学号	姓名	思想道德修养	英语	高等数学	体育	机械制图	5
16	2005152037	林浩	65	88	87	91	73	5
17								5

图 7-37　排序后的效果

➤ 删除 H 列和第 2 行,并修改 A1 单元格内容,并设置相关格式。最终效果如图 7-38 所示。

	A	B	C	D	E	F	G
1	2010-2011学年上学期2009机电工程专业成绩条						
2	学号	姓名	思想道德修养与法律基础	英语	高等数学	体育	机械制图
3	2004152400	农建华	66	62	20	90	57
4							
5	学号	姓名	思想道德修养与法律基础	英语	高等数学	体育	机械制图
6	2005152006	邝源源	68	77	94	89	70
7							
8	学号	姓名	思想道德修养与法律基础	英语	高等数学	体育	机械制图
9	2005152014	赵璟	64	37	18	79	80
10							
11	学号	姓名	思想道德修养与法律基础	英语	高等数学	体育	机械制图
12	2005152032	王强	75	67	63	70	66
13							
14	学号	姓名	思想道德修养与法律基础	英语	高等数学	体育	机械制图
15	2005152037	林浩	65	88	87	91	73
16							
17	学号	姓名	思想道德修养与法律基础	英语	高等数学	体育	机械制图
18	2005152042	仵杰	68	92	88	91	79

图 7-38　最终效果

2. 使用公式生成成绩条

➤ 打开素材中的"成绩汇总表. xlsx"工作簿,另存为"成绩条. xlsx",选中"成绩汇总表"工作表。

➤ 取消合并居中:选中 C2:Q2 区域,然后单击常用工具栏上的 按钮,取消合并及居中。

➤ 将 C2 单元格的内容(思想道德修养与法律基础)复制到 D2 与 E2 单元格;同样,在其他几个空白的单元格中,复制(或输入)对应的课程名。

➤ 选中 C2:Q44 区域,执行"数据"选项卡中的"排序"命令,打开"排序"对话框。

➤ 与上列相似,单击对话框中的"选项"按钮,打开"排序选项"对话框,选中"按行排序",然后单击"确定"按钮。

➤ 返回到"排序"对话框,在"行主要关键字"中选择"行 3",然后单击"确定"按钮。

➤ 将"平时"与"期考"列删除,只保留"总评"列。也就是将 C 列至 L 列删除。

➤ 将 C2:G2 单元格区域的内容复制到 C3:G3 单元格区域。

➤ 删除"成绩汇总表"工作表第 1、2 行。"成绩汇总表"删除部分数据后效果如图 7-39 所示。

➤ 选中"成绩条"工作表中的 A1 单元格,输入公式:

$$= IF(MOD(ROW(),3) = 0,"",IF(MOD(ROW(),3) = 1,成绩汇总表! \$A\$2:$$
$$\$G\$2,INDEX(成绩汇总表! \$A:\$G,INT(ROW()+4)/3,COLUMN()))))$$

➤ 拖动 A1 单元格的填充柄填充到 G1 单元格,效果如图 7-40 所示。

	A	B	C	D	E	F	G
1	学号	姓名	思想道德修养与法律基础	英语	高等数学	体育	机械制图
2	2004152400	农建华	66	62	20	90	57
3	2005152006	邝源源	68	77	94	89	70
4	2005152014	赵璟	64	37	18	79	80
5	2005152032	王强	75	67	63	70	66
6	2005152037	林浩	65	88	87	91	73
7	2005152042	仵杰	68	92	88	91	79
8	2005152044	韩昱	83	96	96	84	81
9	2005152046	陈曼	83	82	89	74	86
10	2005152049	汪继勇	77	85	83	86	90
11	2005152071	黄韬强	76	84	90	89	62
12	2005152076	赖国荣	78	89	95	89	87
13	2005152080	莫虎	71	71	66	76	82
14	2005152081	罗斌	70	66	66	87	73
15	2005152083	郑宜庆	67	61	35	87	89
16	2005152085	吴柱华	66	66	69	81	68
17	2005152086	韦光龙	67	70	70	76	69

◄ ► ►I \ 成绩汇总表 \ 成绩条 /

图 7-39 删除部分数据后效果

	A	B	C	D	E	F	G
1	学号	姓名	思想道德	英语	高等数学	体育	机械制图

图 7-40 复制成绩条标题

➢ 选中 A1:G1 单元格区域,拖动填充柄向下填充到 A122:G122。

➢ 调整单元格格式,最终效果如图 7-41 所示。

	A	B	C	D	E	F	G
1	学号	姓名	思想道德修养与法律基础	英语	高等数学	体育	机械制图
2	2004152400	农建华	66	62	20	90	57
3							
4	学号	姓名	思想道德修养与法律基础	英语	高等数学	体育	机械制图
5	2005152006	邝源源	68	77	94	89	70
6							
7	学号	姓名	思想道德修养与法律基础	英语	高等数学	体育	机械制图
8	2005152014	赵璟	64	37	18	79	80
9							
10	学号	姓名	思想道德修养与法律基础	英语	高等数学	体育	机械制图
11	2005152032	王强	75	67	63	70	66
12							
13	学号	姓名	思想道德修养与法律基础	英语	高等数学	体育	机械制图
14	2005152037	林浩	65	88	87	91	73
15							
16	学号	姓名	思想道德修养与法律基础	英语	高等数学	体育	机械制图
17	2005152042	仵杰	68	92	88	91	79

◄ ► ►I \ 成绩汇总表 \ 成绩条 /

图 7-41 最终效果

7.3.2 党校成绩处理

在学校的成绩处理中,经常会有这种情况:拿到手的成绩总表只是按某个编号进行排序,甚至是无序的,而我们需要将成绩对应到班级或专业。如果用纯手工的做法无疑是费时费力的。充分利用 Excel 的函数功能,可以方便地解决这个问题。

➤ 打开素材中的"党校成绩.xlsx"工作簿。

在此工作簿中有三个工作表:"成绩"工作表是从党校取得的总成绩,按学号排序;"专业"工作表中含有专业代码与班级、支部以及所属系的对照关系;"按支部"工作表是一张空表,目标是将成绩表中的内容按班级、按支部分类进行统计。

学号编码说明:学号一共有 10 位数字,其中前两位表示入学的年份,第 3、4 两位表示学院代号,第 5 位表示学制年数(4 代表 4 年制,5 代表 5 年制),第 6、7 两位是专业代号,最后三位为学生编号。

➤ 选中"成绩"工作表中的 A2:B179 单元格区域,然后按下【Ctrl】+【C】复制内容。

➤ 选中"按支部"工作表中的 B3 单元格,按下【Ctrl】+【V】粘贴内容。

➤ 选中"成绩"工作表中的 C2:C179 单元格区域,然后按下【Ctrl】+【C】复制内容。

➤ 选中"按支部"工作表中的 E3 单元格,按下【Ctrl】+【V】粘贴内容。

➤ 在"按支部"工作表中的 A3 单元格输入"1"、A4 单元格输入"2"。

➤ 选中 A3:A4 单元格,拖动填充柄向下填充至 A180,在 A3:A180 中填充一个等差序列。

➤ 在 D3 单元格输入公式" = VLOOKUP(MID(B3,6,2),专业! \$ A \$ 2: \$ E \$ 38,5,FALSE)"。

➤ 拖动 D3 单元格的填充柄,向下填充到 D180 单元格。

➤ 在 F3 单元格输入公式

" = LEFT(B3,2)&VLOOKUP(MID(B3,6,2),专业! \$ A \$ 2: \$ E \$ 38,3,FALSE)"。

➤ 在 G3 单元格输入公式" = VLOOKUP(MID(B3,6,2),专业! \$ A \$ 2: \$ E \$ 38,4,FALSE)"。

➤ 选中 F3:G3 区域,拖动填充柄向下填充至 F180:G180。

➤ 操作完成以后的效果如图 7-42 所示。

	A	B	C	D	E	F	G
1	第18期入党积极分子培训成绩表						
2	序号	学号	姓名	院系	成绩	班级	支部
3	1	0623401063	申付文	法学系	79	06法学	法学支部
4	2	0623401075	诸科锋	法学系	80	06法学	法学支部
5	3	0623403001	张文良	经济系	70	06会计	会计支部
6	4	0623403036	李晓峰	经济系	74	06会计	会计支部
7	5	0623403039	顾维华	经济系	70	06会计	会计支部
8	6	0623406014	周传兵	外语系	弃考	06日语	日语艺术支部
9	7	0623409052	孙海一	文学系	85	06新闻	新闻支部
10	8	0623410021	廖杰	电子系	72	06信息	信息支部
11	9	0623410028	盛晔	电子系	78	06信息	信息支部
12	10	0623412058	刁慧勋	外语系	80	06英语	英语支部
13	11	0623414007	严春霞	经济系	71	06工商	工商支部
14	12	0623414059	石亮	经济系	63	06工商	工商支部
15	13	0623415013	吴呈	经济系	66	06金融	金融支部
16	14	0623415027	缪嘉佳	经济系	65	06金融	金融支部
17	15	0623415030	王钰铃	经济系	81	06金融	金融支部
18	16	0623417002	秦波	计算科学系	49	06信计	信计支部
19	17	0623418003	李强	机电系	65	06机械	机械支部
20	18	0623420019	胡红晨	经济系	77	06国贸	国贸支部

▎◀ ◀ ▶ ▶▎ 按支部 / 专业 成绩 ✎ /

图 7-42 最终效果